Verlag | ID: 128-50040-1010-1082

Dieses Buch wurde klimaneutral hergestellt. CO_2-Emissionen vermeiden, reduzieren, kompensieren – nach diesem Grundsatz handelt der oekom verlag. Unvermeidbare Emissionen kompensiert der Verlag durch Investitionen in ein Gold-Standard-Projekt. Mehr Informationen finden Sie unter www.oekom.de.

Bibliografische Information der Deutschen Nationalbibliothek:
Die Deutsche Nationalbibliothek verzeichnet diese Publikation in der Deutschen Nationalbibliografie; detaillierte bibliografische Daten sind im Internet unter http://dnb.d-nb.de abrufbar.

Konzeption und Redaktion: Gerhard Albert Jahn
Satz und Layout: Reihs Satzstudio, Lohmar
Korrektorat: Silvia Stammen, München
Umschlaggestaltung: Büro Jorge Schmidt, München
Umschlagabbildung: ullstein bild – CARO/Andreas Riedmiller
Druck: AZ Druck und Datentechnik GmbH, Kempten

Dieses Buch wurde auf 100%igem Recyclingpapier gedruckt.

Sächsische Hans-Carl-von-Carlowitz-Gesellschaft e. V.
zur Förderung der Nachhaltigkeit, Chemnitz (Hrsg.)

Die Erfindung der Nachhaltigkeit

Leben, Werk und Wirkung des Hans Carl von Carlowitz

Inhalt

I Hans Carl von Carlowitz und die historische Begründung der Nachhaltigkeit

2 Nachhaltigkeit – ein Leitbild im Diskurs

3 Von Sachsen nach Rio – und zurück

Vorwort des Herausgebers

Vor 300 Jahren hat der in Chemnitz/Rabenstein geborene Hans Carl von Carlowitz sein Lebenswerk *Sylvicultura oeconomica, oder haußwirthliche Nachricht und Natur-mäßige Anweisung zur wilden Baum-Zucht* herausgegeben. Mit der Frage danach, wie mit Ressourcen umzugehen sei, und mit seiner Aussage, »daß es eine continuir-liche beständige und nachhaltende Nutzung« brauche, hat Carlowitz den Begriff der forstlichen Nachhaltigkeit wesentlich geprägt – und zugleich die Blaupause unseres modernen Nachhaltigkeitsbegriffs entworfen.

Carlowitz warnte dringend davor, mehr Holz zu konsumieren, »als der Wald-raum zu zeugen und tragen vermag«, und er wusste, dass der Mensch »mit ihr (der Natur) agieren« und nicht »wider die Natur handeln« solle. In seiner barocken Spra-che rief dieser sächsische Oberberghauptmann zur Verantwortung für die »armen Unterthanen und die liebe Posterität«, also für die Mitwelt und die nachfolgenden Generationen auf.

Dieses Buch würdigt Hans Carl von Carlowitz als starken Impulsgeber, ja als Schöpfer des heute weltweit diskutierten Leitbilds der Nachhaltigkeit. Diesen Zu-sammenhang wollen wir mit der Wortwahl ›Erfindung der Nachhaltigkeit‹ im Titel dieses Buches sichtbar machen. Mit Carlowitz gelangen wir zu den Wurzeln und zu den grundlegenden Dimensionen der ›Nachhaltigkeit‹, welche angesichts der aku-ten Gefährdung unserer natürlichen Lebensgrundlagen während des ›Erdgipfels‹ der Vereinten Nationen 1992 zum Leitbild erkoren wurde. Während die Konturen dieses Konzepts immer komplexer werden, ist es – um mit dem hervorragenden Carlowitz-Kenner Ulrich Grober zu sprechen – »erhellend, einmal zurück zu den Wurzeln zu gehen und Hans Carl von Carlowitz bei seinem tastenden Suchen nach dem prägnanten Wort über die Schulter zu schauen«.

Mit dem deutschen Terminus ›Nachhaltigkeit‹ (nachhaltend) begründete Carlo-witz einen ethischen Trend, ein Leitbild von universeller Geltung – und einen Exportschlager ›made in Germany‹. Begeben Sie sich mit diesem Buch auf Carlo-witz’ Spuren: Lernen Sie den ›Erfinder‹ der Nachhaltigkeit (neu) kennen, gewinnen Sie Einsichten in die aktuelle Forschung zu Leben, Werk und Wirkung des Hans Carl von Carlowitz und begleiten Sie den Diskurs zum Begriff der Nachhaltigkeit sowie die aktuellen Debatten um eine nachhaltige Entwicklung im 21. Jahrhundert. Ihre Weggefährten und Führer sind renommierte Autoren ganz unterschiedlicher Wissenschaftsgebiete. Diese Vielfalt bildet zugleich den transdisziplinären Ansatz der Nachhaltigkeitsforschung ab. Allen Autoren dieses Buches einen herzlichen Dank für ihre Mitarbeit!

Auf einen besonders glücklichen Umstand möchten wir Sie an dieser Stelle noch hinweisen: Zeitgleich mit dem vorliegenden Band erscheint im oekom verlag eine aktuelle wissenschaftliche Edition der *Sylvicultura oeconomica* des Hans Carl von Carlowitz. Erstmalig ist es damit dem interessierten Leser möglich, die Ganzheit des Carlowitz'schen Erbes und seine Adaption in die Gegenwart zu erschließen.

Ein herzlicher Dank gilt unserem Mitglied Herrn Gerhard A. Jahn für die intensive sowohl konzeptionelle als auch redaktionelle Arbeit in Vorbereitung der Herausgabe dieses Buches. Bedanken möchten wir uns auch beim oekom verlag, der uns die Herausgabe ermöglichte.

Wir verstehen diesen Band als Beitrag für das nationale und internationale Streben nach Nachhaltigkeit und den zugehörigen Diskurs und wünschen Ihnen eine anregende Lektüre.

Glück auf!

Dr. oec. habil. Dieter Füsslein
Vorstandsvorsitzender der
Sächsischen Hans-Carl-von-Carlowitz-Gesellschaft e. V.
zur Förderung der Nachhaltigkeit

Hans Carl von Carlowitz und die historische Begründung der Nachhaltigkeit

Ulrich Grober

Von Freiberg nach Rio –
Carlowitz und die Bildung des Begriffs
›Nachhaltigkeit‹

Wer sich heute für Nachhaltigkeit engagiert, ist nicht nur Teil einer großen und wachsenden globalen Suchbewegung. Er ist auch Teil einer reichen Geschichte. Und diese Geschichte beginnt nicht erst in unserer Gegenwart, nicht erst in den ›think tanks‹, den Denkfabriken der UNO oder des Club of Rome. Dieses *Denken* ist uralt. Es hat tiefe Wurzeln in den Kulturen der Welt. Es ist ein geistiges Weltkulturerbe. Aber die Geschichte des *Begriffs* beginnt mit einem Buch, das in Freiberg geschrieben wurde – hinter den wuchtigen Mauern des spätgotischen Gebäudes unweit des Domes, in dem seit 350 Jahren fast ununterbrochen das sächsische Oberbergamt seinen Sitz hat. Erschienen ist das Buch 1713, vor 300 Jahren, in Leipzig.

Der Titel klingt sperrig: *Sylvicultura oeconomica – Anweisung zur wilden Baumzucht*. Der Autor, Hans Carl von Carlowitz, amtierte 1713 als sächsischer Oberberghauptmann in Freiberg. Sein Buch hat es in sich. Es schenkte uns eine semantische Innovation, die bis heute nachwirkt, ja erst heute ihr volles Potenzial entfaltet. Wenn es in barocker Sprache, in immer neuen Anläufen, in weitschweifigen, kreisenden und tastenden Denkbewegungen die »nachhaltende Nutzung«[1] der Ressource Holz im Dienste des »gemeinen Wesens« (= des Gemeinwesens) und der »lieben Posterität« (Nachkommenschaft) einfordert, erlebt der Leser die Verknüpfung eines spezifischen Wortes mit einer klar umrissenen Idee. Mit diesem Buch begann die Ausprägung dieses Wortes zu einem Begriff, die Begriffsbildung von Nachhaltigkeit. Das Buch liefert uns die Blaupause für unser Leitbild.

Gewiss hat der moderne Begriff einen wesentlich größeren Umfang. Er zielt auf das große Ganze. ›Sustainability‹ gilt als universelles Prinzip für den Umgang mit allen Ressourcen, ja sogar für eine Transformation unserer gesamten Lebensweise, also der Muster, wie wir produzieren, konsumieren und zusammenleben.

---

1 *Sylvicultura oeconomica*, S. 105. Folgende, nicht weiter gekennzeichnete Seitenangaben beziehen sich alle auf dieses Buch.

Für Carlowitz stand noch die »nachhaltende« Nutzung der Ressource Holz im Vordergrund. Doch in den Tiefenstrukturen des Begriffs werden Zusammenhang und Kontinuität zwischen der *Sylvicultura oeconomica* und unserem modernen Konzept sichtbar.

Spiegelt man unseren modernen Diskurs in der alten Quelle, so macht man erstaunliche Entdeckungen: Wo die Brundtland-Kommission der UN 1987 Nachhaltigkeit als eine Entwicklung definierte, »welche die Bedürfnisse der gegenwärtigen Generation befriedigt, ohne die Fähigkeit zukünftiger Generationen zu gefährden, ihre eigenen Bedürfnisse zu befriedigen«, ging es Carlowitz vor 300 Jahren um »eine immerwährende Holtz = Nutzung« (Untertitel) »zum Besten des gemeinen Wesens und denen Nachkommen zum Besten« (Widmung).

Wo der Brundtland-Report von den »future generations« schreibt, spricht Carlowitz von der »lieben Posterität«. Wo Gro Harlem Brundtland »conservation and enhancement« (Bewahrung und Erweiterung) der Ressourcenbasis für erforderlich hält, ist für Carlowitz »Conservation und Anbau des Holtzes … unentbehrlich«.

Wo der Club of Rome-Bericht von 1972 über *die Grenzen des Wachstums* nach einem Modell für die Zukunft sucht, das »sustainable« ist, und das heißt: gegen einen »plötzlichen und unkontrollierbaren Kollaps« gefeit, spricht Carlowitz davon, dass ohne die »nachhaltende« Nutzung der Ressource Holz »das Land in seinem Esse«, in seiner Existenz »nicht bleiben mag« (S. 105), also kollabiert. Wo heutige Ökonomen wie der Amerikaner Herman Daly eine ›steady-state economy‹ entwerfen, also eine stetige Wirtschaft, die im »Fließgleichgewicht« oder »Beharrungszustand« bleibt, sprach Carlowitz von einer »beständigen, continuirlichen und nachhaltenden Nutzung«.

Die Analogien sind frappierend: Heute wie damals geht es darum, die Selbstsorge der gegenwärtigen Generation unlösbar mit der Vorsorge für die kommenden Generationen zu verbinden. Generationengerechtigkeit ist über die drei Jahrhunderte hinweg der ethische Kern dieses Begriffs.

Vielleicht haben Gro Harlem Brundtland und die vielen Wegbereiter des modernen Nachhaltigkeitsdiskurses Carlowitz weder gelesen noch seinen Namen gekannt. Entscheidend ist vielmehr Folgendes: Seit Carlowitz ist die Vokabel, der Wortkörper des allgemeinsprachlichen Verbes »nachhalten« mit Bedeutungen aufgeladen, die es zu einem Begriff machten. Diese Aufladungen blieben erhalten, als der deutsche forstliche Fachterminus »Nachhaltigkeit« im 19. Jahrhundert mit »sustained yield forestry« ins Englische übersetzt wurde. Sie sind bis heute wirksam. Darin liegt die historische Bedeutung der *Sylvicultura oeconomica*. Carlowitz hat als erster eine Form des Wortes »nachhalten« mit dem Gedanken der Daseinsfürsorge und der Daseinsvorsorge verknüpft und so ein Denken der Verantwortung für die nachkommenden Generationen begreiflich gemacht, auf den Begriff gebracht.

Wie konnte ein Begriff aus dem vormodernen, kameralistischen Denken kleiner geschlossener mitteleuropäischer Territorien urplötzlich und explosionsartig in der globalisierten Welt des 20. Jahrhunderts eine derartig fulminante Wirkung entfalten? Eine erste Antwort: Auf den Fotos aus dem Weltall, die um 1970 von den bemannten Mondflügen zur Erde gesendet wurden, sah sich die Menschheit zum ersten Mal in ihrer Geschichte ganz und gar von außen. Ein epochales Ereignis: Schlagartig wurde man sich im ›global village‹ bewusst, dass der blaue Planet insgesamt ein geschlossenes, begrenztes System darstellt: ›spaceship earth‹. Die Grenzen des Wachstums kamen in Sicht und damit der Zwang zur Selbstbeschränkung.

Ein sächsischer Europäer

Wer war dieser Hans Carl von Carlowitz? Was hat ihn zu seiner Leistung befähigt? Ein zeitgenössisches Porträt, gefertigt von dem Leipziger Kupferstecher und Dresdner Hofgraveur Martin Bernigeroth (1670–1733), zeigt ihn als barocken Edelmann. Das auf einem Sockel platzierte Medaillon gibt den Kopf im Dreiviertelprofil wieder. Die Stirnfalten sind tief und stehen senkrecht. Der schmallippige Mund wirkt energisch, der Blick ernst und forschend. Die dunklen Locken seiner langen französischen Perücke fallen auf die Eisenteile einer Zierrüstung, über die er einen samtenen Umhang geworfen hat. Um den Hals hat er ein helles Tuch geschlungen. Das Wappen der Familie rundet das Porträt einer aristokratischen, herrschaftlichen Persönlichkeit ab. Ein kleiner Sonnenkönig? Alleinherrscher im sächsischen Bergstaat? Keineswegs! Wer sein Buch liest, begegnet einem, wie man damals sagte, »Virtuoso«, einem weltoffenen, hochgebildeten, naturverbundenen, von sozialer Verantwortung für das Gemeinwesen geleiteten, weitblickenden und praktisch denkenden Visionär (vgl. die Abbildungen S. 175, 217 und 223).

Geboren wurde Carlowitz am 14. Dezember 1645 auf Burg Rabenstein bei Chemnitz. Seine Familie gehörte zum kursächsischen Uradel. Verfolgt man ihren Stammbaum zurück, so stellt man fest, dass seit mehreren Generationen das Management der Wälder im sächsischen Erzgebirge ihre alleinige Domäne gewesen war. Jagd, Forstwesen und Flößerei waren durch die Jahrhunderte eng verknüpft. Für die kursächsische Ökonomie war die sichere Versorgung der erzgebirgischen Bergwerke und Schmelzhütten mit Holz und Holzkohle von strategischer Bedeutung. Diese Ressource war neben der Wasserkraft und – nicht zu vergessen – der menschlichen Muskelkraft der wesentliche Energieträger bei der Gewinnung, Förderung

Abb. 1:
Kahlschlag, der von Bauern
gepflügt wird, als Beleg
für den Holzmangel;
Frontispiz der
Sylvicultura oeconomica,
Erstausgabe Leipzig 1713.

und Verhüttung der Erze. Über lange Zeiträume wurde die Holzversorgung primär als ein Transportproblem betrachtet. Der Transport aus den Wäldern mit jeweils hiebreifen Beständen in den Kammlagen zu den Erzgruben und Schmelzhütten in den Silberstädten war vor allem Aufgabe der Flößerei. Noch Carlowitz' Vater war in Personalunion Landjägermeister, Oberforstmeister und Oberaufseher der erzgebirgischen Flöße. Doch in den Jahrzehnten nach dem Dreißigjährigen Krieg spitzte sich die Ressourcenkrise um das Holz zu. Sicherlich herrschte kein allgemeiner Holzmangel in Mitteleuropa. Noch waren akute Versorgungsengpässe regional beschränkt. Schon das war höchst besorgniserregend. Denn Holz war über größere Distanzen zur damaligen Zeit nur auf dem Wasserweg abwärts, durch Flöße, transportierbar. Mehrere simultane regionale Krisen summierten sich zu einer allgemeinen Krisenwahrnehmung. Was diese Generation jedoch zutiefst beunruhigte, war die Prognose von Holzmangel, also eine vorhersehbare allgemeine Krise, die in ein oder zwei Generationen eintreten würde, wenn man so weiter machen würde. Carlowitz hat das später in seinem Buch sehr präzise formuliert. Bereits im Untertitel *dem … Grossen Holtz=Mangel … zu prospiciren,* das heißt die Krise des »requisitum primum« (Vorbericht) der zentralen Ressource, vorauszusehen und ihr vorzubeugen, ist das gut zu erkennen.

Der Bildungsgang des jungen Carlowitz war offenbar darauf angelegt, ihn systematisch und zielstrebig auf die Aufgabe vorzubereiten, Auswege aus dieser kommenden Ressourcenkrise zu suchen. Seine prägende Erfahrung war die ausgedehnte Bildungs- und Studienreise, die ihn ab 1665 fünf Jahre lang von Schweden bis Malta, von London bis Venedig quer durch Europa führte. »Fremde Länder sind die besten hohen Schulen kluger Aufführung«, so Hieronymus Wäger, der Freiberger Prediger in seinem Nekrolog auf Carlowitz. Die ›peregrinatio academica‹, auch ›grand tour‹ oder ›Kavalierstour‹ genannt, war im 17. Jahrhundert für Söhne von Fürsten und Adligen obligatorisch. Sie diente gleichermaßen der Erweiterung des allgemeinen geistigen Horizonts wie der gezielten Vertiefung von Fachkenntnissen. Leitbilder waren der ›uomo universale‹, der ›homme du monde‹, der ›Virtuoso‹, die allseitig gebildete, weltoffene und weltläufige Persönlichkeit.

Das Gespenst der Holznot ging überall in Europa um. Das Problem hatte eine hohe politische Priorität. Auf mehreren Stationen seiner europäischen Lehr- und Wanderjahre konnte Carlowitz die jeweiligen Lösungsansätze – und deren Terminologie – studieren. Diese europäische Perspektive ist der *Sylvicultura oeconomica* eingeschrieben. »Binnen wenig Jahren«, schreibt er, »ist in Europa mehr Holtz abgetrieben worden / als in etzlichen seculis erwachsen« (S. 44). Das Ende dieser Entwicklung sei leicht vorauszusehen. Schon Melanchthon habe ein »Zorn-Gericht des grossen Gottes« prophezeit, »dass nehmlich am Ende der Welt man an Holtz grosse Noth leiden werde« (S. 50). Auf seiner langen Reise durch Europa hat Carlowitz die Lösungsansätze studieren können. Er hat sich, und das ist wichtig für seine spätere sprachschöpferische Leistung, mit dem Vokabular vertraut machen können, in dem über die Lösungen gesprochen wurde.

1666 war er in London, als ein Buch des britischen Großgrundbesitzers, Gartenplaners, Kunsthistorikers und Höflings John Evelyn Furore machte. Entstanden war es auf Initiative der gerade gegründeten Royal Society. Unter dem Titel *Sylva or a Discourse of Forest Trees and the Propagation of Timber* plädierte es leidenschaftlich für die »Vermehrung des Holzes«, die Aufforstung der devastierten Wälder. In England sorgte man sich insbesondere um den Schiffbau des Landes und das »hölzerne Bollwerk Brittaniens«, die Marine. John Evelyn sah die Wälder des Landes als ein »unerschöpfliches Magazin«, aber nur wenn sie »with care« (sorgsam, pfleglich) behandelt würden. Seine Formel dafür lautet: »to manage Woods discreetly«. Das heißt: Die Wälder »unterscheidend«, also ihre jeweilige Eigenart beachtend und behutsam *managen*.

Die Zukunft der Holzvermehrung sah Evelyn freilich vor allem im »providential planting«, dem »vorausschauenden Pflanzen«, also der künstlichen Verjüngung. In Baumschulen gezogen, in den ersten Jahren durch Zäune vor Vieh- und Wildverbiss geschützt, sollten die Bäume in Holzplantagen heranwachsen: in geraden Reihen, gleichmäßig, geometrisch, uniform. Wie in einer Allee oder einem Park. Der »größte Nutzen« und die »beste Eignung« bestimmen, welche Baumart jeweils kultiviert werden soll. Evelyn pädiert für »speedy-growing« (schnellwachsende) Baumarten. Er ist davon überzeugt, dass der menschliche Geist der wilden Natur eine neue Ordnung geben könne und – nicht zuletzt im Interesse der nachfolgenden Generationen – geben müsse.

Seinen leidenschaftlichen Aufruf: »Let us arise and plant« (Lasst uns also aufstehen und Bäume pflanzen) untermauert er mit zahlreichen Beispielen für gute Praxis aus ganz Europa. Sein eindringlichstes Plädoyer – und das Leitmotiv seines Buches – gilt der Vorsorge für die »posterity«, die Nachwelt. Jede Generation – so zitiert er ein lateinisches Sprichwort – sei »non sibi soli natus« – nicht für sich allein geboren. Sie ist vielmehr »born for posterity« – für die Nachwelt, die nachfolgenden Generationen geboren. Seine eigenen Zeitgenossen aber, fügt er anklagend hinzu, seien offenbar »fruges consumere nati« – geboren, um die Früchte der Erde zu konsumieren.

An dieser Stelle entwickelt Evelyn die Ethik einer vorausschauenden und verantwortlichen Gesellschaft: »... man sollte kontinuierlich pflanzen, damit die Nachwelt Bäume hat, die geeignet sind, ihr zu dienen. Das aber ist unmöglich, wenn wir weiter so unsere Wälder zerstören, ohne an ihrer Stelle vorsorglich neue zu pflanzen und ohne die Bäume, die wir tatsächlich nutzen, nur mit großer Behutsamkeit und Rücksicht auf die Zukunft fällen.«

Carlowitz weist in seinem Buch auf die englischen Erfahrungen hin (S. 83, 96), ohne John Evelyn namentlich zu erwähnen. Doch bereits der Titel der fast 50 Jahre später erscheinenden *Sylvicultura oeconomica*, der Bauplan des Buches, Argumentation und Terminologie sowie eine ganze Reihe identischer Beispiele lassen vermuten, dass Carlowitz Evelyns *Sylva* sehr gründlich studiert hat.

Im Frankreich des Jahres 1667 konnte er auf seiner ›grand tour‹ aus der Nähe studieren, wie Jean Baptiste Colbert, der allmächtige Minister des Sonnenkönigs Ludwig XIV. seine ›grande réformation des forêts‹ vorantrieb. »La France perira faute de bois« – Frankreich wird an Holzmangel zugrunde gehen. Mit diesem schrillen Alarmruf hatte Colbert 1661 die Forstreform eingeleitet. Deren wesent-

Abb. 2:
Der Raubbau
an den Wäldern.
Vignette aus
Sylvicultura oeconomica,
Leipzig 1713.

liche Ziele: Die Einkünfte der Staatskasse aus den königlichen Forsten wiederher-stellen; die Angst vor drohendem Holzmangel beseitigen; genügend Holz für den Schiffbau bereitstellen. Die übergeordnete Idee hatte der Sonnenkönig höchstper-sönlich in einer handschriftlichen Notiz formuliert: »… il était nécessaire de faire un bon ménage des bois« – für ein »gutes Management« der Wälder sorgen, mit dem Holz gut haushalten.

Diese Anweisung wird in den Ordonnanzen von 1669 operationalisiert. Beim Abholzen einer Fläche müssen Samenbäume stehen bleiben. Durch die Aussaat und das Pflanzen von Bäumen sind »leere Stellen«, also Kahlschlagflächen und Lichtungen wiederaufzuforsten. Ein Viertel jeder Fläche Niederwald muss abge-teilt und für die Weiterentwicklung zum Hochwald reserviert werden. Reserven »zurückhalten« (retenir) – man kann auch übersetzen – »nachhalten«. Mit dieser beiläufigen Formulierung greifen die Ordonnanzen der späteren deutschen Wortschöpfung ›nachhaltig‹ vor. Nachhaltigkeit zielt immer auf die Bildung von Reserven. Man verzichtet auf sofortige Nutzung zugunsten späterer Nutzungen und Nutzer. Der Wortschatz der Ordonnanzen wirkt an solchen Stellen erstaunlich modern. Carlowitz selbst verweist auf die französischen Ordonanzen als eine zentrale Anregung. Hier sei »fast das gantze Summarium unseres Vorhabens zu finden« (S. 84).

Das Schlüsselwort im europäischen Diskurs ist *conservation*. Mit der *conservation des bois* ist keine statische »Konservierung« der Wälder gemeint, kein Natur-»schutz« im Sinne eines Verzichts auf Nutzung. Vielmehr geht um es die Erhaltung der Produktivkraft des Waldes, um die Bewahrung der Regenerationsfähigkeit und damit seiner Kapazität, *à perpetuité* – auf ewig – Holz zu erzeugen. *Conservation* bedeutet *erhaltende Nutzung* und diese erfordert: Die Erneuerung der Ressourcen zum Maß, Maßstab, ja zur Bedingung ihrer Nutzung zu machen – und nicht den jeweiligen Bedarf, die Nachfrage. Hier erscheint ein Paradigmenwechsel im Denken über Ressourcen, den wir bis heute nicht bewältigt haben.

Carlowitz benutzt den Terminus an vielen Stellen seines Buches. Er spricht beispielsweise von der »Conservation des Holtzes« (S. 97), von der »Conservation derer Wälder« (S. 83), von der »Conservation des Menschen« (S. 372), ja sogar umfassend von der »Conservation des Lebens« (S. 373). Er spricht auch von der »sustentation und conservation« eines Landes (S. 44) und greift an dieser Stelle auf das lateinische Wurzelwort von ›sustainability‹ zurück.

Der Terminus ›Conservatio‹ war zu der Zeit nicht nur Schlüsselbegriff im europäischen Diskurs über den Holzmangel, sondern auch eine wichtige Kategorie der Philosophie. Die ›conservatio sui‹, die humane ›Selbsterhaltung‹, bildete sogar das zentrale Projekt der Frühaufklärung.

Carlowitz kannte den Sinnhorizont dieses Wortes lateinischer Herkunft. Er benutzte dieses Fremdwort an vielen Stellen seines Buches, so wie er es in der zeitgenössischen europäischen Literatur vorgefunden hatte. Im deutschen Sprachraum gab es freilich in dieser Zeit eine Bewegung, eine deutsche Wissenschaftssprache zu schaffen, die an die Stelle der lateinischen ›lingua franca‹ treten könnte. Einer ihrer Wortführer war der mit Carlowitz gleichaltrige, aus Leipzig stammende Philosoph Gottfried Wilhelm Leibniz. 1698 veröffentlichte Leibniz ein Plädoyer für die Ersetzung des Lateinischen durch das Deutsche in der wissenschaftlichen Literatur und Terminologie unter dem Titel *Unvorgreiffliche Gedanken, betreffend der Ausübung und Verbesserung der Teutschen Sprache*. Kam von dort der Impuls für Carlowitz, statt von »Conservation« oder konservierenden Nutzung nun von »nachhaltender Nutzung« zu sprechen?

Die Entstehung der *Sylvicultura oeconomica*

1678 ernannte der Kurfürst Johann Georg II. den 33-jährigen Hans Carl von Carlowitz zum Vize-Berghauptmann in Freiberg. Dessen Vorgesetzter war Abraham von Schönberg, der den ›Bergstaat‹ mit eiserner Hand und innovativem Geist leitete. Es scheint, als ob Carlowitz in all den Jahren bis Schönbergs Tod 1711 mit der operativen Leitung des Gruben- und Hüttenwesens wenig befasst war. Offenbar hatte er freie Hand, um sich auf die Lösung des »prospicirten Holtzmangels« zu konzentrieren. Er war, wie der Freiberger Historiker Herbert Kaden kürzlich nachgewiesen hat, Mitglied der Holz-Kommission der Dresdner Kammer, kümmerte sich um ganz praktische lokale Probleme, studierte aber intensiv die einschlägige Fachliteratur. In dieser Zeit reifte die gedankliche Substanz und die Begrifflichkeit seines Werkes heran.

Der unmittelbare Vorläufer von ›nachhaltig‹ in der zeitgenössischen deutschen Fachsprache ist ›pfleglich‹. Dieses Wort ist sicherlich noch an das lateinische ›colere‹ und ›cultura‹ angelehnt. Für Carlowitz war dieser Ausdruck ein »uralter Holtz-Terminus«, der »in hiesigen Landen gebräuchlich« sei. Er zitiert die Verwendung dieses Begriffs im Standardwerk der Kameralwissenschaften seiner Zeit, dem *Teutschen Fürstenstaat*. Dessen Autor, Veit Ludwig von Seckendorff, leitete zu der Zeit die ›Cammer‹, die Finanzbehörde, im thüringischen Herzogtum Sachsen-Gotha. In diesem kleinen, waldreichen Territorium versuchte Herzog Ernst der Fromme nach dem Kollaps des Landes im Dreißigjährigen Krieg einen lutherischen Modellstaat zu gründen. Sich selbst sah er in der Rolle des »guten hauß-vaters«. Sein Programm war eine »reformatio vitae«, eine Lebensreform auf der Grundlage des Katechismus. »Die gehöltze pfleglich brauchen« bedeutet in Seckendorffs Fürstenstaat, sie also »zu handhaben, daß solche eine beständige revenüe auf lange jahre geben«. Es solle (diese Stelle zitiert Carlowitz auf S. 87 f.) »*über den ertrag der höltzer nicht gegriffen, sondern eine immerwährende beständige holtz=nutzung dem Herrn und eine beharrliche feuerung, auch andere holtz=nothdurfft, dem lande, von jahren zu jahren, bey ihrer zeit, und künfftig den nachkommen bleiben*«. Auf dieser Tradition »pfleglicher« Holznutzung fußt die Argumentation von Carlowitz. Gegen den Raubbau am Wald setzt die *Sylvicultura oeconomica* die eiserne Regel: »Daß man mit dem Holtz pfleglich umgehe« (S. 87).

Die Ergebnisse seiner beruflichen Erfahrungen, Lebenserfahrungen, Reisen und Forschungen über den Umgang mit der Ressource Holz legte Hans Carl von Carlowitz 1713 in einem über 450 Seiten starken Folioband vor. Die *Sylvicultura oeconomica* oder *Anweisung zur wilden Baumzucht* wurde vom Leipziger Buchhändler Johann Friedrich Braun verlegt. Das Werk erschien im selben Jahr, in dem Johan-

nes Böttger sein erstes weißes, durchsichtiges Meissner Porzellan präsentierte – möglicherweise auf derselben Leipziger Ostermesse.

Sein Ausgangspunkt ist die Ressourcenkrise seiner Zeit. Er begreift sie als eine Folge von Bevölkerungswachstum, von früher Industrialisierung und von zunehmender Gier in der Gesellschaft. Er kritisiert das auf kurzfristigen monetären Gewinn – auf »Geld lösen« (S. 79) – ausgerichtete Denken seiner Zeit. Ein Kornfeld bringe jährlichen Nutzen, auf das Holz des Waldes dagegen müsse man Jahrzehnte warten, bis es hiebreif sei. Trotzdem sei die fortschreitende Umwandlung von Waldflächen zu Äckern und Wiesen ein Irrweg (Vorbericht). Der gemeine Mann würde die jungen Bäume nicht schonen, weil er spüre, dass er deren Holz nicht mehr selbst genießen werde. Er »gehet verschwenderisch damit um / meinet, es könne nicht alle werden« (S. 94). Zwar könne man aus dem Verkauf von Holz in kurzer Zeit »ziemlich Geld heben … Allein wenn die Holtz und Waldung erst einmal ruinirt / so bleiben auch die Einkünffte auff unendliche Jahre hinaus zurücke / und das Cammer=Wesen wird dadurch gäntzlich erschöpffet / daß also unter gleichen scheinbaren Profit ein unersetzlicher Schade liegt« (S. 87).

Carlowitz beschreibt die Schlüsselrolle der Ressource Holz und betont, »daß das Holtz zur conservation des Menschen unentbehrlich sey« (S. 372), da »keine

Wirtschafft ... den Gebrauch des Feuers und des Holtzes entrathen« könne. Deswegen plädiert er für ein Bündel von praktischen Maßnahmen: Eine – modern ausgedrückt – Effizienzrevolution durch »Holtzsparkünste«, wie etwa Verbesserung der Wärmedämmung beim Hausbau und Verwendung von energiesparenden Schmelzöfen, Kachelöfen und Küchenherden (S. 43 f.); die planmäßige Aufforstung durch das »Säen und Pflantzen der wilden Bäume« (S. 49); die Suche nach »Surrogata« für das Holz, zum Beispiel Torf (S. 425 ff.). Er empfiehlt hier die Nutzung fossiler Energien zur Überbrückung von Zeiten des Holzmangels – also als Brückentechnologie!

Aber dann entwickelt er eine überwölbende Idee: Dass die »Consumtion des Holtzes« sich im Rahmen dessen bewegen müsse, was der »Wald-Raum / zu zeugen und zu tragen vermag« (Vorbericht). Hier kommt er dem modernen englischen ›sustainable‹ (wörtlich: tragbar) sehr nahe! Dass man das Holz, das so wichtig sei wie das tägliche Brot, »mit Behutsamkeit« nutze, sodass »eine Gleichheit zwischen An- und Zuwachs und dem Abtrieb des Holtzes erfolget« und die Nutzung »immerwährend, continuirlich, und perpetuirlich« stattfinden könne. »Deßwegen sollen wir unsere oeconomie also und dahin einrichten / daß wir keinen Mangel daran leiden / und wo es abgetrieben ist / dahin trachten / wie an dessen Stelle junges wieder wachsen möge« (S. 98).

Carlowitz veranschaulicht diesen Zusammenhang mit einem Sprichwort: »Man soll keine alte Kleider wegwerffen / bis man neue hat«, und fährt fort: »Also soll man den Vorrath an ausgewachsenen Holtz nicht eher abtreiben / bis man siehet / daß dagegen gnugsamer Wiederwachs vorhanden«. Nachhaltig ist das, was für den »Wiederwachs« sorgt, also die Produktionskraft der Natur erhält, ihre Fähigkeit zur Regeneration stärkt, was ihr Zeit lässt zum »Nachwachsen«, die natürliche »Verjüngung« (das Wort ist eine Eindeutschung des lateinischen »regeneratio«) – schützt.

Die Blaupause für ›nachhaltig‹

Für dieses neue Denken scheint dem Autor das traditionelle Wort ›pfleglich‹ nicht präzise und anschaulich genug, um die langfristige zeitliche Kontinuität von Naturnutzung zum Ausdruck zu bringen. Den lateinischen Terminus ›Conservatio‹ möchte er offensichtlich eindeutschen. Wie geht er dabei vor? Werfen wir einen genauen Blick auf die Schlüsselstelle seines Buches, in welcher der neue Terminus erscheint:

»Aber da der unterste Theil der Erden sich an Ertzen durch so viel Mühe und Unkosten hat offenbahr machen lassen / da will nun Mangel vorfallen an Holtz und Kohlen (= Holzkohle) dieselbe gut zu machen; Wird derhalben die gößte Kunst / Wissenschaft / Fleiß und Einrichtung hiesiger Lande darinnen beruhen / wie eine sothane (= solche) Conservation und Anbau des Holtzes anzustellen, daß es eine continuirliche beständige und *nachhaltende* Nutzung gebe / weil es eine unentbehrliche Sache ist / ohne welche das Land in seinem Esse nicht bleiben mag« (S. 105 f.).

Carlowitz spricht hier zunächst über die Abhängigkeit der Metallurgie von der Energiequelle Holz und von dem drohenden Mangel daran. Dann fragt er – immer noch in den gewohnten sprachlichen Bahnen – nach den Bedingungen der »Conservation« dieser Ressource. Es geht auch ihm um eine Nutzung, die so angelegt ist, dass sie zwar Holz erntet, aber den Wald »bewahrt«. Die Naturverjüngung durch den »Anflug« von Samen, so Carlowitz, müsse durch künstliche Verjüngung, den »Anbau«, also das Säen und Pflanzen von Bäumen, unterstützt werden. Gemeint ist die Aufforstung oder Wiederaufforstung der »Blößen« in den devastierten Wäldern.

Ziel von »Conservation« und »Anbau« ist die »Nutzung«, aber, und darauf kommt es ihm hier an, die langfristige, auf Dauer mögliche Nutzung. Um diesen Aspekt hervorzuheben und zu präzisieren, reiht Carlowitz nun drei in der Bedeutung eng verwandte Zeitbestimmungen aneinander: das Lehnwort aus dem Lateinischen »continuirlich«, das die Regelmäßigkeit und Dauerhaftigkeit der Prozesse signalisiert, das Attribut »beständig«, das die Vorstellung von zeitlicher Unbegrenztheit mit der von ortsgebundener Stabilität verbindet, und schließlich »nachhaltend«. Mit diesem Wort wird die Vorstellung von zeitlicher Dauer und Stabilität (»nach« einem bestimmten Zeitpunkt immer noch »halten«) nuanciert durch die Vorstellung des Einteilens (etwas nachhalten oder vorhalten, damit haushalten) und Zurückhaltens für später, der sparsamen, haushälterischen Verwendung begrenzter Ressourcen.

Eine weitere Bedeutung, die in diesem Wort mitschwingt, ist die Idee der Treuhänderschaft. ›Tho trower handt naholden‹ (zu treuer Hand nachhalten) war bereits eine feststehende Redewendung in der spätmittelalterlichen deutschen Rechtssprache. Sie bedeutete: »etwas für jemand anderen, für später, treuhänderisch aufbewahren und verwalten«. Bereits hier erscheint »nachhalten« als Praxis der Vorsorge für die Zukunft. Verstärkt wird die ›Gravität‹ dieser Textstelle durch den abschließenden Kausalsatz: Ohne die Ressource Holz und deren »nachhaltende Nutzung« vermöge »das Land in seinem Esse nicht bleiben …« Schon hier die

Vorstellung von Nachhaltigkeit als Gegenbegriff zu Kollaps, die diesen Begriff im 21. Jahrhundert so aktuell macht!

Bemerkenswert, darauf weist der Germanist Uwe Pörksen hin, ist die durchgehend verbale Ausdrucksform, die Carlowitz an dieser Stelle verwendet. Auch seine Substantive sind Handlungsbezeichnungen. »Conservation« zielt ebenso wie »Anbau« und »Nutzung« auf die jeweilige Tätigkeit: konservieren, anbauen, nutzen. Die Existenz des Landes schließlich wird mit der substantivierten Verbform ›esse‹ (Dasein) als ein sich vollziehender Vorgang ausgedrückt. Selbst die Adjektive sind auf Handlungen (kontinuieren, bestehen, nachhalten) orientiert.

Die Partizip-Präsens-Form ›nachhaltend‹ signalisiert einen aktiven Vorgang. Gemeint ist eine Handlung (nämlich eine bestimmte Art und Weise der Nutzung), die durch ihren konkreten Verlauf darauf abzielt und tatsächlich aktiv bewirkt, dass etwas erhalten bleibt. Der verbale Ausdruck rückt das Handeln und das systemische Denken in den Fokus. »Wenn wir fragen«, so Uwe Pörksen, »ob ein Tun ›nachhaltend‹ ist, bzw. wirkt, gerät das ganze Umfeld ins Vibrieren und zeigt seine Teilhabe«.

An dieser Stelle enthält die *Sylvicultura oeconomica* den ›Urtext‹ unseres Nachhaltigkeitsbegriffs. Auch wenn Carlowitz das Wort im nächsten Kapitel noch einmal benutzt, wenn er von einem »Holtz = Vorrath« spricht, der wohl »nachhalten« werde (S. 113), präsentiert er es ohne besondere Hervorhebung, erst recht ohne eine Definition, auf die ja noch heute aus guten Gründen verzichtet wird. Doch erscheint das Wort in einer festen Verbindung (»nachhaltende Nutzung«) und vor allem mit einer komplexen semantischen Prägung und einer inhaltlichen Substanz, die sich mit dem Kern unseres modernen Begriffs decken.

Konturen des »Dreiecks der Nachhaltigkeit«

Die *Sylvicultura oeconomica* enthält nicht nur den Wortkörper in seiner heutigen Bedeutung. Entscheidend ist, dass in dessen Kontext embryonal, aber mit klaren Konturen das ›Dreieck der Nachhaltigkeit‹ erscheint. Dieses Zusammendenken von Ökologie, Ökonomie und sozialer Gerechtigkeit ist heute grundlegend für eine Theorie der Nachhaltigkeit.

Wie spricht Carlowitz über die Natur? Sie ist »milde« (im damaligen Sprachgebrauch: freigebig, S. 91). Es ist eine »gütige Natur« (S. 113); »Mater natura« – Mutter Natur. Carlowitz spricht von der »constantia naturae« (S. 60), vom »Wunder der Vegetation«, von der »lebendig machenden Krafft der Sonnen« (S. 24), von dem »wunernswürdigen ernährenden Lebens=Geist« (S. 22), den das Erdreich enthalte.

Die Pflanze ist »corpus animatum ... ein belebter Cörper ... welcher aus der Erden auffwächset / von selbiger seine Nahrung an sich zeucht, sich vergrössert und vermehret« (S. 23). Der Bäume »*äußerliche Gestalt*« steht in einem Zusammenhang mit der »innerlichen Form, Signatur, Constellation des Himmels / darunter die grünen« (S. 21). Die Natur ist »unsagbar schön«. Sie ist »nimmermehr zu ergründen« (S. 31). Sie »hält den Menschen noch viele Dinge verborgen« (S. 39). Aber wir können im Buch der Natur lesen und im Experiment erforschen, »wie die Natur spielet und der sonderbaren Wunder-Wercke der Natur nachdenken« (S. 39).

Kein Zweifel, in solchen Formulierungen erreicht Carlowitz› Denken über Natur eine Tiefe, die dem heutigen Diskurs über Ökologie und Nachhaltigkeit weitgehend abhandengekommen ist. Nehmen wir nur die – scheinbar – simple Feststellung, dass es sich bei nachwachsenden Rohstoffen um »lebendige« Ressourcen handelt. Um Lebewesen. Heute sprechen wir von ›Biomasse‹. Dieser Ausdruck suggeriert unbegrenzte Verfügbarkeit. Doch nachwachsende Rohstoffe sind im Unterschied zu mineralischen und fossilen Ressourcen von einer intakten Umwelt abhängig. Sie wachsen nicht immer und überall nach. Für ihre Fotosynthese sind sie auf die Energiequelle Sonne, für Wachstum und Fortpflanzung auf die Fruchtbarkeit der Böden und viele andere Bedingungen angewiesen. Diese großen ökologischen Zusammenhänge kommen bei Carlowitz zur Sprache. Sie haben noch eine ästhetische, ja eine spirituelle Dimension.

Wie ist das ökonomische Denken angelegt? Der Ausgangspunkt ist die simple Feststellung: Der Mensch befindet sich nicht mehr im Garten Eden. Carlowitz zitiert die bis heute als Formel für Nachhaltigkeit herangezogene Stelle aus der Schöpfungsgeschichte des Alten Testaments: Das Gebot, die Erde zu bebauen und zu bewahren (1. Mose 1, 2, 15). Sie dient ihm als biblische Begründung für eine moralisch fundierte Ökonomie (S. 104).

Doch seit seiner Vertreibung aus dem Paradies darf der Mensch »nicht alles der Natur ... alleine überlassen« (S. 113). Er kann sich nicht darauf verlassen, dass die Natur einen immerwährenden Überfluss liefert. Vielmehr muss er der »vegetation der Erden hierunter zur Hülffe kommen« (Vorbericht) und »Verstand und Hand mit anlegen« (S. 113), dabei darf er aber niemals »wider die Natur handeln« (S. 39), sondern muss stets »mit ihr agiren« (S. 31). Der Gedanke einer naturgemäßen Ökonomie wird an vielen Stellen variiert: »Also soll man ... der Natur nach ahmen / weil selbige am besten weiß / was nützlich / nöthig und profitabel dabey ist«. Ein Verständnis von der Einbettung der menschlichen Ökonomie in den Haushalt der Natur, das die heutigen Theoretiker einer ›green economy‹ nur selten erreichen.

Aber was versteht Carlowitz eigentlich unter Ökonomie? Das Wort taucht bereits im lateinischen Titel des Buches auf: *Sylvicultura oeconomica*. Zu übersetzen wäre der Titel wohl angemessen mit »haushälterischer Waldbau oder Waldkultur«. Die Idee »haußzuhalten« (Vorbericht), also der sparsame und effiziente Umgang mit den Ressourcen, ist zentral. Aus einem Minimum an Ressourcen ein Maximum an Wirkung zu erzielen, ist das Ziel der Ökonomie und der ›Menagirung‹ (Vorbericht), des Ressourcen-Managements. Leitbild ist die Haushaltung des »verständigen Hauß=Vaters« (S. 77) – auch bei dem Betreiben von Manufakturen, Bergwerken und ›Commercien‹. Es ist sicherlich keine auf »Geld heben« fixierte, expansive Wachstumsökonomie.

Ausdrücklich lehnt Carlowitz eine Strategie ab, die darauf abzielt, dass ein »Land sich seiner Nothdurfft von andern Orten« holt (S. 94) oder sogar »fremde Provinzen sich unterwürffig machen will« (S. 97). Eine Absage an den Kolonialismus! In einer Zeit, in der sich die herrschenden Eliten der westeuropäischen Länder von kolonialen Eroberungen die endgültige Überwindung der Ressourcenkrise versprachen.

Im Einklang mit seinem ökologischen und ökonomischen Denken formuliert Carlowitz sozialethische Grundsätze: »Sattsame Nahrung und Unterhalt« stehen jedem zu, auch »denen armen Unterthanen und der lieben Posterität« (Widmung). Es geht dabei zunächst um die »Nothdurfft«. Im modernen Nachhaltigkeitsdiskurs heißt das ›basic needs‹ – Grundbedürfnisse. Doch Carlowitz fasst durchaus eine Entwicklung ins Auge. In der Widmung an seinen König August den Starken spricht er von dem Ziel, »den Handel und Wandel zu erheben«. Er spricht vom »Auffnehmen« des Landes, also »der Beförderung der allgemeinen Landes=Wohlfarth« oder – mit einer alten Metapher – von der »Flor« (S. 49), dem Aufblühen des Landes. Gemeint ist stets das »Beste des gemeinen Wesens« (Widmung), also das Wohlergehen des gesamten Gemeinwesens. Für Carlowitz und seine Zeitgenossen geht es dabei nicht in erster Linie um die Steigerung des materiellen Reichtums. An einer Stelle spricht er von der »Glückseligkeit« (S. 94). Im zeitgenössischen Diskurs war das ein zentraler Wert. Spinoza ging es um die »beatitudo«, Leibniz um die »Glückseeligmachung des menschlichen Geschlechts«. Gemeint ist immer der Anspruch auf Glück in diesem Leben – im Unterschied zur Seligkeit im Jenseits. Es ist in etwa das, was wir heute mit dem Wort Lebensqualität ausdrücken.

Die Selbstsorge der lebenden Generationen, die Fürsorge für sie ist jedoch unlösbar verbunden mit der Vorsorge für die »Nachkömmlinge, die Nachwelt, die Nachfahren, die liebe Posterität« – also die nachfolgenden Generationen. In dem 300 Jahre alten Buch finden wir es an vielen Stellen variiert. Auch hier kommt eine Tiefe ins Spiel, die uns abhandengekommen ist. Bei der »lieben Posterität« handelt es sich um eine feste Formel, die eine besonders innige Beziehung und eine in die Zukunft reichende Verantwortung zum Ausdruck bringen soll. Keineswegs ist diese Formel auf die Nachkommenschaft einer fürstlichen oder adligen Familie beschränkt. Ein Beleg: Mit seinem Roman *Simplicissimus* über den Dreißigjährigen Krieg, so formulierte Grimmelshausen 1668, wolle er »der lieben Posterität« hinterlassen, was für Grausamkeiten im Dreißigjährigen »Teutschen Krieg« verübt worden seien.

Im Carlowitz'schen Zukunftsdenken manifestiert sich das ethische Prinzip, das den Nachhaltigkeitsbegriff von den Urtexten bis heute durchdringt: Verantwortung für die Zukunft übernehmen.

Das Wort »nachhalten« kommt in seinem Buch nur noch ein einziges Mal vor. In dem Kapitel »vom Holtz-Verkohlen« berichtet Carlowitz von den »Zigäunern« in Ägypten und Ungarn, »die das Schmiedewerck auch wohl in freyen Felde treiben und zu dem Ende kleine Oefen und Geräthe mit sich herum führen / absonderlich aber gute Wissenschafften haben / guten Kohl (= Holzkohle) zu brennen / so lange *nach hält* / und in Feuer mehr / als anderer Kohl dauert. Das Eisen sollen sie auch vortrefflich wohl härten können …« (S. 394). Eine kleine, anrührende Huldigung eines Virtuoso an andere Virtuosi. Berührungsängste gegenüber den Kulturen der Welt waren dem sächsischen Edelmann fremd.

Die Karriere eines Begriffs

Hans Carl von Carlowitz starb am 3. März 1714 in Freiberg. Sein Buch blieb präsent. Eine zweite Auflage, herausgegeben von den Verlegern Johann Friedrich Brauns seel. Erben, erschien 1732. In den ersten Jahrzehnten des 18. Jahrhunderts gehörte die *Sylvicultura oeconomica* zur Pflichtlektüre der Kameralisten in den deutschen Kleinstaaten und darüber hinaus. In der ›Ökonomischen Gesellschaft‹ des Kantons Bern studierte man sie ebenso wie in lutherischen Pfarrhäusern im damals an das schwedische Reich angeschlossene Finnland. Carlowitz' Terminus »nachhaltend« verfestigte sich allmählich zu einem klar umrissenen Begriff. Dabei wurde das Wurzelwort mit dem Suffix »-ig« verknüpft und zu »nachhaltig« modifiziert.

Ein früher Beleg findet sich in einem Dokument aus der Kammer des Herzogtums Sachsen-Weimar. In dem *Fürstlich-Sächsisch-Weimarischen Forstlagerbuch* von 1729 fragt der Verfasser, der weimarische Oberlandjägermeister Hermann Friedrich von Göchhausen (1663–1733), wie das Holz »künfftighin pfleglich und *nachhaltig* zu gebrauchen und was dessen jährlicher Ertrag seyn könne«. Drei Jahrzehnte später wurde Sachsen-Weimar zum ersten Versuchsfeld für eine Forstwirtschaft, die sich an dem neuen Konzept orientierte. Um die weitere Übernutzung der Waldungen zu stoppen, forderten weimarische Forstleute im Jahre 1760 eine gründliche Begutachtung der Wälder durch eine sachverständige Kommission. Daraufhin unterzeichnete die 23-jährige Regentin Anna Amalia einen Erlass zur umfassenden Bestandsaufnahme und Planung für die herzoglichen Wälder: Sie sollten »geometrisch ausgemessen, forstmäßig beschrieben werden und eine auf richtigen Grundsätzen der Forstwissenschaft festgesetzte neue und *nachhaltige* Forsteinrichtung« erhalten. Die erste flächendeckende ›Forsteinrichtung‹ in der Geschichte! In dieser Tradition arbeitete der thüringische Forstmann Heinrich Cotta (1763–1844). Mit Zeitgenossen wie Georg Ludwig Hartig (1764–1837) und Gottlob König (1776–1849) hat er den forstlichen Nachhaltigkeitsbegriff systematisch ausgearbeitet, operationalisiert und zur Grundlage einer Wissenschaft gemacht. »Die Forstwissenschaft«, schrieb Cotta 1817, »lehrt die Waldungen so zu behandeln, daß sie als solche den größten Nutzen *nachhaltig* gewähren.« Zu der Zeit stand Cotta bereits in sächsischen Diensten. Dort leitete er eine umfassende Forsteinrichtung und begründete 1817 die »Königlich Sächsische Forstakademie zu Tharandt«, die sehr bald Studenten aus ganz Europa anzog.

Absolventen der Tharandter Forstakademie (und der anderen deutschen forstlichen Akademien) trugen wesentlich dazu bei, den deutschen Begriff in alle Welt zu exportieren. Dabei ergab sich die Notwendigkeit, ihn zu übersetzen. Sowohl im Französischen als auch im Englischen griff man dazu auf Ableitungen des lateinischen Verbs ›sustinere‹ zurück: In Nancy, der von dem Cotta-Schüler Adolphe Parade (1802–1864) im Jahre 1824 mit gegründeten französischen forstlichen »Ecole supérieure« sprach man vom »principe du *rendement soutenu*«. Die deutschen Forstleute Dietrich Brandis (1824–1907) und Wilhelm Schlich (1840–1925), die ab 1864 im Dienst der britischen Kolonialverwaltung das europäische Modell auf die Wälder Indiens übertragen wollten, übersetzten das Wort analog: »To give a *sustained yield* of produce in the future«, so heißt es im monumentalen Standardwerk *Schlich's Manual of Forestry*, sei das oberste Ziel forstlichen Handelns.

In den Fassungen ›nachhaltiger Ertrag‹, ›rendement soutenu‹ und ›sustained yield‹ gingen Idee und Begriff der forstlichen Nachhaltigkeit bereits 1951 in die Sprache der gerade gegründeten Vereinten Nationen ein. In diesem Jahr formulierte die Food and Agriculture Organization (FAO, die Welternährungsorganisation der UN) auf der Basis dieser Begrifflichkeit ihre »Grundsätze der Forstpolitik«. Es dauerte noch mal 30 Jahre, bis der international gebräuchliche Fachausdruck als Blaupause des universellen Konzepts ›sustainable development‹ diente.

Nachhaltigkeit als Begriff, könnte man sagen, ist ein Geschenk der deutschen Sprache an die globalisierte Welt des 21. Jahrhunderts. In dem Wort ist alles enthalten, worauf es ankommt. Es hat die nötige Gravität, also die existenzielle Perspektive der umfassenden Daseinsvorsorge. Es hat die nötige Elastizität, also die Fähigkeit, diese Substanz an die jeweiligen konkreten Bedingungen anzupassen. So wird es zum Kompass für die Erkundung eines unbekannten Terrains: der Zukunft.

Die Begriffe richtigstellen

Warum im Jahr 2013 Carlowitz und sein 300 Jahre altes Buch neu zur Kenntnis nehmen, ja sogar lesen?

Auf die Frage, was er als erstes tun würde, wenn ihm der Kaiser die Regierung des Staates anvertraute, antwortete im 6. Jahrhundert vor unserer Zeitrechnung der chinesische Weise Konfuzius: »Unbedingt die Bezeichnungen richtigstellen«. ›Zheng Ming‹ – die Richtigstellung der Worte – wörtlich übersetzt »auf korrekte Begriffe halten« – steht noch heute im Zentrum chinesischer Philosophie.

Eine solche Arbeit am Begriff, eine neue Sorgfalt des Umgangs damit scheint heute im Fall von *Nachhaltigkeit* besonders dringlich. Alle reden von Nachhaltigkeit und das ist gut so. Aber dabei ist das Konzept in das Feuerwerk der Reklamesprache und der politischen Propaganda geraten. Wo alles nachhaltig ist, ist nichts mehr nachhaltig. Diese Beliebigkeit macht uns begriffslos. Ist das Wort schon verbraucht? Jetzt, da wir es so dringend brauchen? Nämlich als »key to human survival«, als Schlüssel zum Überleben der Menschheit. Können wir darauf verzichten? Haben wir einen gleichwertigen Ersatz? Ein anderes Wort mit demselben Bedeutungsumfang, mit der derselben Gravität und Flexibilität? Die Alternative zum sehr riskanten Verzicht auf den Begriff: Der schleichenden Entkernung des Begriffs die Suche nach seinem Kern entgegenzusetzen. Diese Suche führt uns in die Geschichte des Begriffs – und zu Carlowitz. In den Anfängen einer Begriffsbildung wird immer Elementares verhandelt. Hier wird die Substanz entwickelt, die später ihr Potenzial entfaltet, aber im Prozess der Operationalisierung und Anwendung zu verschwimmen droht. In diesem Sinn kann die *Sylvicultura oeconomica* uns heute dienen: Als Quelle, in der wir unseren Gebrauch des Wortes spiegeln und überprüfen können – und seine Würde neu erfahren. Die Entdeckung der Nachhaltigkeit geht weiter.

Ulrich Grober, Die Entdeckung der Nachhaltigkeit – Kulturgeschichte eines Begriffs. Antje Kunstmann Verlag, München, 2013. Auf Englisch: Sustainability – A cultural history. Translated by Ray Cunningham, Green Books, Totnes UK, 2012.

Günther Bachmann

Die historischen Wurzeln des Leitbildes Nachhaltigkeit und das 21. Jahrhundert[1]

Die Idee und das Vermächtnis des Hans Carl von Carlowitz haben große Bedeutung für uns. Dies möchte ich anhand einiger Parallelen zwischen seiner und unserer Zeit aufzeigen.

Sein Geburtsjahr, 1645, liegt mitten in einer bedeutsamen Zeit: Drei Jahre vor dem Ende des Dreißigjährigen Krieges, mittendrin in einem ungeheuren Ausmaß von Not, Tod und Vertreibung, in einem wahren Menschheitstrauma. Wer 1645 geboren wird und überlebt, dem steht ein Leben in einer großen Transformation bevor. Die Veränderungen sind sowohl lokal als auch regional und sogar geopolitisch. Sie erfassen die Art und Weise des Regierens und die Bedingungen des Wirtschaftens und sind im Leben der Menschen unmittelbar spürbar. Sie waren so groß, dass sie der heutigen Zeit kaum nachstehen. Damals entstanden »Tigerstaaten«. Um es plakativ zu sagen: Was heute China ist, war damals das entstehende Preußen.

1713, mehr als ein halbes Jahrhundert später schreibt Carlowitz ein großartiges Buch, eine heute noch bewunderte Leistung, mit der er die forstwirtschaftliche Praxis veränderte. Und mehr noch: Er schuf etwas, das weit über die Forstwirtschaft hinaus relevant ist: Die Maxime der Nachhaltigkeit.

Jedoch: Wer mehr über diese historischen Wurzeln wissen will, findet bislang nur wenig. Zwar gibt es das verdienstvolle Buch von Ulrich Grober und die Fachanalyse des Historikers Joachim Radkau zur Ära der Ökologie. Aber in unseren allgemeinen Geschichtsbüchern kommt Hans Carl von Carlowitz nicht vor. Man sucht ihn sogar vergebens in dem kürzlich erschienenen, sehr umfangreichen Werk über deutsche Wissenschaftler, Erfinder, Künstler und Intellektuelle, *The German Genius*, des britischen Autors Peter Watson. Da spricht heute fast jedermann – zugegeben manchmal leider ohne Tiefe und den gebührenden Respekt, aber immer-

---

1   Aus der Rede bei der Sächsischen Hans-Carl-von-Carlowitz-Gesellschaft aus Anlass des Deutschen Aktionstages Nachhaltigkeit in der Rabensteiner Kirche St. Georg am 1. Juni 2012. In seinem Vortrag würdigt der Generalsekretär des Nachhaltigkeitsrates die Initiativen der Carlowitz-Gesellschaft als Beitrag zum Aufbau einer Kultur der Nachhaltigkeit.

hin – von dem Begriff Nachhaltigkeit, da haben wir nun einen der Urväter der Nachhaltigkeit in Deutschland und können auf dreihundert Jahre zurückschauen, aber im kulturellen Gedächtnis spielt er kaum eine Rolle. Warum? Weil sich Carl von Carlowitz' Buch schwer lesen lässt? Sicherlich auch dies. Weil die Forstwirtschaft ein zu schmales Fach ist? Kaum.

Wahrscheinlich ist indessen, dass sich Carl von Carlowitz den üblichen Kategorien entzieht:

- Er ist kein Akademiker. Wir finden ihn also nicht in den Wissenschaftsgeschichten.
- Er gehört nicht zu den großen Naturforschern. Er notierte seine Idee der Bestandsbeobachtung lange vor der Zeit der großen naturkundlichen Sammlungen. Carl von Linné, Alexander von Humboldt und Thomas Malthus entfalteten ihr Lebenswerk erst Jahrzehnte später.
- Er gehört nicht zu den Wirtschaftstheoretikern. Anders als in Frankreich spielten merkantilistische oder physiokratische Ideen in Sachsen kaum eine Rolle.
- Er ist auch kein Revolutionär und kein sozialromantischer Schwärmer. Die kamen später.

Carl von Carlowitz ist vielmehr ein Hybrid. Einer, der sich systematisch um den Zusammenhang bemüht, und das in einer Zeit des Absolutismus, in der es kaum Ermutigungen für diese Art des Denkens gab, wenn es nicht von oben kam. Einer, dessen Denken quer lag zu den Disziplinen der Wirtschafts- und Sozialgeschichte, dem es um die Veränderung der Praxis ging, eine Veränderung, die akademisches und praktisches Wissen zusammenbrachte.

Dies ist beispielhaft für ein modernes Verständnis von Wissen für nachhaltige Lösungen, das aus Praxis und Wissenschaft kommt. Es verbindet Nachdenklichkeit und Pragmatismus. Es bringt technische Innovationen mit sozialen Rahmenbedingungen zusammen. Nichts anderes ist heute gefragt.[2]

Gleichwohl bleiben Lücken und Defizite. Wir wissen vieles nicht, besser: Ich weiß vieles nicht, was interessant wäre und von hohem Aufklärungswert.

- Warum war es das Jahr 1713, indem er sein Buch veröffentlichte? Was sprach für dieses Datum, ein Jahr vor seinem Tod? Hatte er vor, ein Lebenswerk zu schreiben? Hatte er lange gewartet? Brauchte er fünfzig Jahre des Studiums und des

2 Deshalb hat der Rat für Nachhaltige Entwicklung auch die Carl-von-Carlowitz-Vorlesung begründet: Prof. Dr. Wolfgang Haber – Ökologie –, Prof. Dr. Carlo Jaeger – Volkswirtschaft – und Frau Prof. Dr. Gesine Schwan – Sozialwissenschaften/Politikwissenschaft – haben die historischen Wurzeln in das heutige Verständnis von Nachhaltigkeit eingebracht. Die Vorlesungen sind als Buchreihe erschienen im oekom verlag.

praktischen Lernens, bis er von dem, was er schreiben wollte, überzeugt war? Wie hoch war die Auflage? Warum kam es nach knapp zwanzig Jahren zum Nachdruck, danach aber nicht mehr?

◆ Hatte das Buch eine unmittelbare Wirkung? Schränkte es den Holzeinschlag ein? Löste es eine Welle von Maßnahmen zur Wiederaufforstung aus? Ist es in forstwirtschaftlichen Dekreten und Verwaltungsvorschriften umgesetzt worden und haben die sich direkt auf Carlowitz berufen? Gab es genug Samen zu kaufen? Griff man auch auf weniger gut standortangepasste Arten zurück?

◆ War das Buch eigentlich karrierefördernd oder blieb es ein Fremdkörper? Tanzte der Autor aus der Reihe? War Carl von Carlowitz ein Whistleblower? Ein Abweichler, ein randständiger Weltverbesserer oder drückte er nur aus, was längst viele seiner Profession dachten?

◆ Störte Carlowitz eigentlich mit seinen Ansichten? Oder war man auf ihn neugierig und gespannt? Blieb Carlowitz' Buch ein Solitär oder veranlasste es Gegner zur Opposition und zu Streitschriften?

Drei Stichworte:
Transformation, Wachstum, Zählen und Entscheidungskultur

Drei Stichworte sind aus meiner Sicht für die heutige Zeit von besonderer Bedeutung: Transformation, Wachstum sowie das Zählen und die Entscheidungskultur.

Erstens: Transformation

Das Deutschland, in dem Carl von Carlowitz aufwuchs, war das Deutschland nach dem Dreißigjährigen Krieg. Können wir uns diese apokalyptische Zeit vorstellen?

In der Mark Brandenburg fand die Hälfte der Bevölkerung den Tod. Krieg wechselte sich mit Beulenpest, Ruhr und Pocken ab. In den Elbauen marschierten die gegnerischen Heere wiederholt auf. Das Wort ›verheerend‹ stammt daher. Dort kamen bis zu 60 Prozent der Einwohner um. Über Schmerz und Leiden hinweg prägte diese Erfahrung Generationen: Schwedenschanzen, Schwedentrunk sind noch heute gebräuchliche Worte, die ihren Ursprung in der damaligen Zeit haben. Sie stehen für Krieg und Tod, Folter und Demütigung. Das Sammeln von mündlichen überlieferten Mythen, Märchen und Gebräuchen in der Zeit der Gebrüder Grimm ging in den Wüsten der Mark weitgehend leer aus.

Auch die Burg Rabenstein wurde zerstört. Chemnitz und die Dörfer der Umgebung waren ausgeplündert und ausgebrannt. Wallensteins Soldateska hatte hier gewütet »wie die Feuerflamme bei dunkler Nacht«, sagte Friedrich Schiller. Dann, mindestens ebenso grausam, kam das schwedische Heer über die Menschen und dann schließlich die Pest.

Die Zeit nach dem Dreißigjährigen Krieg war zwar nicht vollständig friedlich, aber sie war eine Zeit des wirtschaftlichen Wachstums, auch des Wettrüstens für den nächsten Krieg: Erze wurden abgebaut, Hochöfen errichtet, Flotten ausgerüstet. Das Land Augusts des Starken stand als Montanrevier im Zentrum.

Heute fordern Politiker und Wissenschaftler eine dritte Industrielle Revolution oder eine große Transformation im Übergang zu einer klimaverträglichen Wirtschaft und Gesellschaft. Das nährt den falschen Eindruck, es handele sich um eine historische Singularität. Kein Zweifel, hier stehen große Herausforderungen ins Haus. Aber singulär und einzigartig ist diese Transformation nicht. Der Historiker Jürgen Osterhammel spricht zum Beispiel vom neunzehnten Jahrhundert als einer Zeit, in der die ganze Welt verwandelt wurde, ohne Masterplan, ohne allgemeingültigen Startpunkt, sondern als Wirkung durchaus oft widersprüchlicher, unterbrochener, diskontinuierlicher Effekte. Im Grunde also ein Netzwerk-Effekt.

Carl von Carlowitz setzte eine große Transformation auf die Tagesordnung, nicht zuletzt deswegen, weil er inmitten einer solchen lebte. In den Worten von Sebastian Haffner war die Zeit nach dem Dreißigjährigen Krieg in der Mitte Europas eine Zeit großer Transformationen. Er sieht in Preußens Geschichte die fortwährende Fähigkeit des Staates, sich zu verändern und zu erneuern. Das begann bei Friedrich Wilhelm, dem Großen Kurfürsten. Der Geist dieser Zeit wirkte auch in den Nachbarländern.

Und mittendrin wuchs Carl von Carlowitz auf. Er kannte sich mit Holz und Flößen, mit Holzkohlemeilern und dem Forst gut aus. Mit zwanzig Jahren trat er seine Bildungsreise an. Er wurde Europäer. Fünf Jahre tourte er durch Europa. Von einem Brennpunkt der Forstpolitik trieb es ihm zum nächsten: In London erlebte er den großen Brand und die Vernichtung der Flotte in der Themse, beides Ereignisse von holzpolitisch höchster Priorität. Als er in Paris ist, verkündete Jean Baptiste Colbert, der mächtige Minister des mächtigen französischen Absolutismus, seine ›grande réformation des forêts‹. Sein Hauptaugenmerk galt der Flotte seines Sonnenkönigs. Sie verschlingt Unmengen von Holz, die die königlichen Forste jedoch wegen Raubbau gar nicht mehr liefern können. Da griff Colbert durch und reduzierte den Holzeinschlag. Erstmalig gab es eine Inventur der Wälder. Das Forstwesen organisierte er um. 1669 schrieb seine ›grande ordonnance‹ die Wiederherstellung und Erhaltung von Hochwald vor. Für Carlowitz ist das »das gantze Summarium« seines späteren Buches. Carlowitz besuchte auch Venedig. Überall drückte der Holzmangel die Wirtschaft und die Geopolitik, hier die Flotte, dort den Erzbergbau.

Die Bedeutung der Forstpolitik war im damaligen Europa etwa dort angesiedelt, wo wir heute den Euro, die Schuldenbremse und die Energiepolitik sehen. Es ging um die Basis von Wohlstand und um die Verzinsung der Zukunft. Darunter tat man es nicht. Wenn das keine Transformation ist.

Zweitens: Wachstum

Die Nachhaltigkeitsidee ist, wo sie auftaucht, ein Kind der Krise. Um 1700 war die Existenz des sächsischen Silberbergbaus und damit die Quelle des Wohlstands von August dem Starken bedroht. Man fürchtete aber nicht etwa die Erschöpfung der Lagerstätten, sondern den Holzmangel: Der Grubenausbau, der Erzabbau mittels Feuersetzen, vor allem aber die mit Holzkohle betriebenen Öfen der Schmelzhütten verschlangen ganze Wälder, die Umgebung der Bergwerke war weitgehend kahl geschlagen. Das Flusssystem des Erzgebirges hatte man schon mit immensem Aufwand ausgebaut, um selbst die entlegenen Kammlagen abholzen zu können. Sachsens Floßwesen war seinerzeit eines der modernsten Europas.

Aber der Mangel war nur Oberfläche. Worum es eigentlich ging, waren die Grenzen des Wachstums, eines zerstörenden und verbrauchenden Wachstums. Nicht, dass man das damals so nannte. Aber wir erkennen es aus heutiger Sicht: Wachstum ist ein schwammartiger Vorgang. Er stampft alle möglichen Bedeutungen – auch die positiven, die aus Armut und Not herausführen und Chancengleichheit schaffen, – zu einem unkenntlichen Einheitsbrei. Und wenn man nicht aufpasst, sind die natürlichen Lebensgrundlagen zerstört. Nachhaltigkeit ist zwar auch ein Begriff mit einigen unklaren Rändern, aber er hat einen klaren Kern. Für diesen steht Carl von Carlowitz.

Seine historischen Wurzeln führen heute wie damals zu den drei wichtigen Handlungsoptionen:

- Effizienz, damals mehr Energieeffizienz bei der Erzverhüttung,
- Kultur, damals suffizienter Verzicht auf Nutzung und der Übergang zu einer nachhaltigen Forstbestandsführung,
- Innovation, damals Ersatz von Holz durch Kohle und andere Brennstoffe.

Der Dreiklang ist wichtig. Effizienz, Lebenskultur und Suffizienz sowie Innovation gehören zusammen. Mit allen Überlegungen, die das eine auf Kosten des anderen ausschließen, macht man sich etwas vor. Der Verzicht gehört zur Nachhaltigkeit wie die Innovation, die Selbstbegrenzung wie die Neugier auf neue Möglichkeiten, die Sachkompetenz neuen Wissens wie das Bewahren von Grundsätzen. Das Einfordern von Verhaltensänderungen bei anderen wie das eigene Handeln. Es kommt auf die Mischung an.

Wir sehen das heute an der Energiewende: Vieles ist in Gang gesetzt, dennoch besteht die Sorge, die Summe der Teile könnte kein Ganzes ergeben. Aber gerade um das Ganze muss es gehen. Deshalb hat die Ethik-Kommission unter Leitung von Prof. Dr. Töpfer und Prof. Dr. Kleiner ein Gemeinschaftswerk gefordert. Das ist keine Formel, sondern der Ernstfall eines Politikstils, der jetzt mühsam eingeübt werden muss.

Drittens: Das Zählen und die Entscheidungskultur

Mit dem Zählen fängt alles an. Carl von Carlowitz führte die Bestandserfassung ein. Es geht um das richtige Erfassen und Verstehen dessen, was der Bestand ist: Nicht nur an Bäumen, sondern im weiteren Sinne gilt es auch zu verstehen, was an Saatgut da ist, an Nährstoffen, an ökologischen Dienstleistungen. Es geht im übertragenen Sinn auch um den Bestand an Werten und Werthaltungen. Das erinnert an das Ideal des ehrbaren Kaufmanns. Der verkauft, was er auch wirklich hat. Er kauft und verkauft, wofür er auch wirklich einstehen kann, und eben keine Schneeball-Wetten auf den Niedergang von ohnedies nur ausgeliehenen Aktien, keine Derivate von zweifelhaften oder toxischen Krediten. Ein achselzuckendes ›too big to fail‹ gibt es dann nicht. Too big to fail: Zu groß, um einfach bankrott zu gehen. Was für ein Irrtum! Größe schützt nicht vor Niedergang, weder Banken noch Staaten. Die Geschichte ist voll von ganzen Gesellschaften, die an ihrer Hybris untergegangen sind. Jared Diamonds Analyse der Niedergänge und Zusammenbrüche von Gesellschaften und Staaten zeigt das.

Too big to fail? Das, was versagen kann, das, was fehlerhaft sein kann, ist letztlich nur unser Urteilsvermögen und unsere eigene Vorstellungskraft, ob wir uns die zerstörenden Konsequenzen des eigenen Handelns respektive die Folgen des Umsteuerns vorstellen können. Das fängt dort an, wo ich feststelle, was überhaupt der Bestand ist. Das muss – so ungefähr – auch Carl von Carlowitz gedacht haben.

Deshalb ist das Zählen bis heute eine hochpolitische Frage. Wir drücken uns um die Wahrheit herum. Umwelt- und Sozialkosten verdrängen wir: In Unternehmensbilanzen bleibt die Umwelt weitgehend unsichtbar, in der Realität des Wirtschaftens ist sie dies nicht. Wichtige Schäden an der Umwelt werden in der betrieblichen Kosten- und Nutzenbilanz bis heute nicht kalkuliert. Das muss sich ändern, auch wenn es das betriebswirtschaftliche Denken fundamental herausfordert.

Eine Welt mit in einigen Jahrzehnten neun Milliarden Menschen, mit weniger Armut und höherem Lebensstandard, eine Welt im Klimastress und mit Restriktionen im Hinblick auf die natürlichen Ressourcen, eine solche Welt setzt dem normalen konventionellen Wachstum enge Grenzen, zeigt aber auch Möglichkeiten für eine langfristig angelegte Politik, zum Beispiel für

- ein vollständiges Recycling aller Wertstoffe,
- eine Ernährung ohne Wegwerfen von Lebensmitteln,
- eine nachhaltige Landwirtschaft und
- eine stabile Finanzierung von Zukunftsinvestitionen in eine »grüne« Infrastruktur.

Pendant zur Petition von Carlowitz

1713 verfasste ein Untertan eine Petition an seinen Fürsten, höflich, zurückhaltend, vorsichtig. Was ist das Pendant in einer Demokratie mit repräsentativ gewählten Parlamenten, in einer sozialen Marktwirtschaft, mit einer steten Zunahme an Wissen und öffentlicher Debatte, mit Nachhaltigkeitsräten, Stiftungen, einem ausgefeilten Bildungswesen? Was heute die größten praktischen Wirkungen in Richtung auf Nachhaltigkeit hat, sind gemeinschaftlich entwickelte und getragene, ökologische und soziale Produktstandards und Verhaltensnormen, die entlang von globalen Wertschöpfungsketten, sei es im Falle von Holz, Kaffee, Kakao, Fisch, Textilien, Geldanlagen, Verantwortung und Wissen um Wirkungen sicherstellen sollen. Ich bin mit dem erreichten Stand nirgendwo zufrieden und hoffe auf viel weitere, auch konzeptionelle Schritte, aber ich sehe hier schon viele Gutes auf den Weg gebracht. Wir könnten mehr, wenn wir aus den historischen Wurzeln lernen würden.

Lerneffekte aus historischen Wurzeln

Ein Lerneffekt ist, sich immer an den für die Wirtschaft und den Konsum strategischen Ressourcen zu orientieren. Carlowitz' Impuls zur Nachhaltigkeit bleibt unseren Geschichtsbüchern bisher weitgehend verborgen, weil der Wald seine wirtschaftsstrategische Bedeutung verloren hat und das Nachhaltigkeitskonzept eben gerade nicht fortentwickelt wurde. So geschah es, dass die Industrialisierung Einzug hielt: Trompetend, stampfend, walzend, alles verbrauchend, das Nachhaltigkeitsdenken in den Hintergrund drückend.

Ein zweiter Lerneffekt betrifft die Interdisziplinarität und das Über-den-Tellerrand-Blicken. Die ersten Impulse zur Nachhaltigkeit blieben – entgegen der eigentlichen Idee – monodisziplinär und damit ohne weitergehende Wirkung. Auch heute drohen falsche Entscheidungen, wo der Blick nicht weit genug geht. Ich nehme die Solarwirtschaft als Beispiel. Für den schlechten Stand der deutschen Solarwirtschaft wird die sogenannte Überförderung der Solar-Strom-Einspeisung verantwortlich gemacht und in der Tat brauchen wir hier Neuorientierungen im Rahmen der Energiewende. Aber: Die Kritik an der Solarstrategie ist einseitig und »übersieht« zum Beispiel, dass der deutsche Maschinenbau von den Verkaufserfolgen der Konkurrenten deutscher Solarfirmen profitiert. Mehr als 70 Prozent der weltweit installierten Solarzellen werden mit deutschen Maschinen produziert. Ein zweites Aber: Die Solarförderung will ja innovativ sein. Aber sie übersieht auch wieder durch Einseitigkeit, dass die deutsche Photovoltaikbranche 2009 lediglich 2,5 Prozent ihres Umsatzes in die Forschung gesteckt hat. Das ist – nach Daten des Bundeswirtschaftsministers – zu wenig. Das verarbeitende Gewerbe liegt bei fünf, die Elektroindustrie bei rund sieben und die Medizintechnik bei etwa zehn Prozent.

Hypothetische Frage

Zum Schluss, eine völlig hypothetische Frage. Welches aktuell erschienene Buch hätte Carl von Carlowitz gerne gelesen, was hätte ihn an unserem Kenntnisstand interessiert?

Vielleicht hätte er zu Daniel Kahneman und seinem Buch mit dem Titel *Schnelles Denken und Langsames Denken* gegriffen. Kahneman hat 2002 als erster Nichtökonom – er ist Psychologe – den Nobelpreis für Wirtschaft erhalten. Seine Forschungen zeigen uns viele Einsichten in den eigenen persönlichen Alltag wie auch im Hinblick auf Entscheidungsabläufe in der Wirtschaft. Er widerspricht der These vom allein rational entlang seiner Präferenzen entscheidenden Homo oeconomicus. Für Kahneman fördert das rationale Zählen die Illusion der unbeschränkten Gültigkeit einer Entscheidung. Nach ihm gibt es eine bedingungsfreie Unterscheidung von richtig und falsch eigentlich nicht. Carlowitz würde sich vielleicht für Kahnemans These interessieren, dass wir dazu tendieren, die Welt geordneter, einfacher, vorhersagbarer und kohärenter zu sehen als sie tatsächlich ist. Und dass die Glaubwürdigkeit unserer Überzeugungen überwiegend von der Qualität der Geschichte abhängt, die wir über das erzählen, was wir an Informationen haben, auch wenn wir nicht alles an vorhandenem Wissen mobilisieren. Er würde wissen, dass Nachhaltigkeit mit der Veränderung der Entscheidungskultur beginnt.

Literaturhinweise

Grober, Ulrich: Die Entdeckung der Nachhaltigkeit – Kulturgeschichte eines Begriffs. Antje Kunstmann Verlag, München 2010.

Haber, Wolfgang: Die unbequemen Wahrheiten der Ökologie. Eine Nachhaltigkeitsperspektive für das 21. Jahrhundert. oekom verlag, München 2010.

Jaeger, Carlo: Wachstum – wohin? Eine kurze Geschichte des 21. Jahrhunderts. oekom verlag, München 2011.

Kahneman Daniel: Schnelles Denken, langsames Denken. Siedler Verlag, München 2012.

Radkau, Joachim: Die Ära der Ökologie, C.H. Beck, München 2011.

Watson, Peter: Der deutsche Genius. Eine Geistes- und Kulturgeschichte von Bach bis Benedikt XVI. Bertelsmann 2010.

Ernst Ulrich Köpf

Von der forstlichen Nachhaltigkeit zur Nachhaltigen Entwicklung

Carlowitz' Idee, die wir als ›Leitbild‹ der Nachhaltigkeit« verstehen, fordert heraus: *erstens* zu klären, was tatsächlich nach der Veröffentlichung der *Sylvicultura oeconomica* geschah, sodass diesem Werk noch nach dreihundert Jahren Aufmerksamkeit zukommt; *zweitens* zu versuchen, dessen aktuelle Bedeutung für das 21. Jahrhundert zu erkennen und herauszuarbeiten. In den folgenden Ausführungen verschränkt sich beides. Das heißt, die Konsequenzen für unsere Zeit und ihre Zukunft werden unmittelbar im Zusammenhang mit den historischen Entwicklungen erläutert. Man darf nicht erwarten, dass diese Geschichte einen umfassenden Lösungsansatz für anstehende Probleme des 21. Jahrhunderts bietet. Doch gerade weil die Geschichte vor dreihundert Jahren begann und bis heute wirksam ist, wird die aktuelle Bedeutung dieses ›Leitbilds der Nachhaltigkeit‹ deutlich.

Voraussetzung Geschichtsbewusstsein

Dreihundert Jahre umfassen zehn Generationen und dreihundert Jahre seit 1713 sind für Menschen ein langer historischer Zeitraum. Dazu kommen unglaubliche zivilisatorische Veränderungen gerade in diesen Jahrhunderten. Aus deutscher Perspektive umfasst diese Zeit ein Jahrhundert des Absolutismus und der Aufklärung, das Napoleonische Zeitalter, Romantik und Biedermeier, die industrielle Revolution, die Entwicklung des Eisenbahnwesens und immer neuer Technologien, national wie global eine gewaltige Bevölkerungsvermehrung, Bismarckzeit und Wilhelminismus, zwei Weltkriege und ihre gewaltigen Folgen, europäische Bewegung, Wirtschaftswunder und Wirtschaftskrisen, Moderne und Postmoderne.

Wälder haben demgegenüber Bestand. Einzelne Bäume überdauern ein-, zwei-, dreihundert Jahre und mehr. Früh absterbende Individuen sind im Gefüge des Waldes – im Ökosystem – wichtig, sie bleiben indessen, anders als alt gewordene Baumriesen, meist unbeachtet. Nikolaus Lenau sagt darüber: »… dass alles Werden und Vergehen nur heimlich still vergnügtes Tauschen« sei. So kann man, im

Abb. 1:
Landschaft im 18. Jahrhundert
mit Niederwaldwirtschaft
im Vordergrund.

▶

Abb. 2:
Kulturlandschaft
mit Holznutzung
im 17. Jahrhundert.
Zeichnung von Hohberg, 1687.

Gegensatz zur Zivilisation, die Natur beschreiben. Bilddokumente zeigen uns, dass sich auch Landschaften und im Besonderen der Habitus der Wälder im Gang der jüngeren Entwicklung sehr verändert haben und verändern.

Hans Carl von Carlowitz gab 1713 einen bedeutsamen Anstoß für die Entwicklung dessen, was wir ›forstliche Nachhaltigkeit‹ nennen. Für das Verständnis dieser Idee ist es wichtig, den Unterschied im Zeitrhythmus bei den Menschen und in der Natur wahrzunehmen. Hektisches Erleben bei kurzem Gedächtnis prägt Geschick und Empfinden der Menschen – Gleichmaß und ruhige Entwicklung ist demgegenüber natürlichen Prozessen eigen (sieht man ab von Katastrophen und gewaltsamer Zerstörung, von drohendem Kollaps nach systemischer Fehlentwicklung[1]). Bei der ›forstlichen Nachhaltigkeit‹ geht es nach menschlichem Empfinden um sehr lange Fristen, um entsprechendes Denken beim Umgang mit dem Wald. Der Handelnde muss dabei die Grenzen seines Einflusses kennen und die Verantwortung für die Folgen seines Tuns einschätzen können. Das geht nicht ohne Geschichtskenntnis, Geschichtsbewusstsein, eine Ahnung von den lange wirk-

---

1   Vgl. z. B. Lewis 1998; Berman 2000; Diamond 2005.

samen, komplexen Prozessen im Waldökosystem. Die Natur aber ist und bleibt Grundlage für *alles* Leben, trotz hochtechnisierter Zivilisation auch für Existenz und Wohlergehen der Menschheit.

Carlowitz zeigt sein Geschichtsbewusstsein im ersten Kapitel seines Werkes, das so beginnt:

> »Wie duster das alte Teutschland vor Zeiten wegen der ungeheuren grossen Wälder muß ausgesehen haben/ kann man aus dem Corn. Tacito im 5ten Capitel seines Buchs / so er sonderlich von Teutschland geschrieben / abnehmen.«[2]

Auch Kapitel II enthält Historisches. Seine Sorgen jedoch beruhen auf folgender Feststellung:

> »Es sind aber diese/ als auch vorgemeldete Wälder und Gehölze nicht mehr vollständig / sondern / wo sie nicht sonderlich gehäget / oder ihnen wegen der Lage und Beschaffenheit des Orts nicht wohl beyzukommen / ziemlich mit Blössen

---

2 Carlowitz 1713, Cap. I, § 1. (Die Schrägstriche stehen so im Original; erst die zweite Auflage von 1732 enthält Satzzeichen.)

angefüllet / welches um so vielmehr zu bewundern / indem Teutschland / so zuvor mit Holtze überladen gewesen / anietzo über dessen anscheinenden Mangel Klage führen muß.«[3]

Um über Geschichte Bescheid zu wissen, stehen uns heute zusätzliche, erweiterte und leichtere Wege offen. Doch wird Geschichtsbewusstsein keineswegs so gepflegt, wie es Wissenschaft und Publizistik, moderne Dokumentationstechniken und Kommunikation erlauben. Es stünde dafür genügend Zeit zur Verfügung, wo doch alle Produktion und weite Teile des Konsums heute unglaublich effizient sind... Jedenfalls gibt es ohne Geschichtsbewusstsein keine ›nachhaltige Entwicklung‹. Sie aber ist Stichwort für die Brücke zum 21. Jahrhundert, zu unserem Thema.

Wir feiern in dem Buch *Sylvicultura oeconomica* von Carlowitz die ›forstliche Nachhaltigkeit‹ als ein Anliegen, das er nach seinen Vorstellungen und den Möglichkeiten seiner Zeit umfassend darstellt. Zuletzt Sächsischer Oberberghauptmann, sorgte er sich gewiss in erster Linie um die ihm anvertraute Industrie. Sie war grundlegend für das Wohlergehen des Fürstenhauses und den Wohlstand im Land. Holz wurde benötigt als Bau- und Werkstoff sowie Energieträger, insbesondere in Form von Holzkohle für die Verhüttung der Erze. Im weiten Umkreis von Freiberg, dem Zentrum des Sächsischen Bergbaus und seinem Amtssitz, waren die Wälder weitgehend abgeholzt und durch andere Landnutzung verdrängt.

Immer weitere Transportwege für die nötigen Hilfsstoffe aus den Wäldern waren technisch und finanziell zu bewältigen, auch durch Frondienste der Bauern, deren Leistungsfähigkeit man aber nicht überfordern konnte. Zudem spürte man regional eine Verknappung und Teuerung beim Holz, Folge der Bevölkerungsvermehrung, zunehmender Produktionstätigkeit und steigenden Bedarfs durch wachsende Ansprüche. Der Anstoß, den Carlowitz gab, führte somit zu verstärkten Bemühungen um Rationalisierung im Holzverbrauch, um nachhaltige Holzproduktion und die Erarbeitung technischer Voraussetzungen für eine ›nachhaltige Forstwirtschaft‹ in Deutschland. Dass das Buch *Sylvicultura oeconomica* 18 Jahre nach dem Tod des Autors in zweiter, erweiterter Auflage gedruckt wurde, beweist eine starke Wirkung bei maßgebenden Forstleuten jener Zeit. Es dauerte noch etwa hundert Jahre, bis die Komponenten einer nachhaltigen Forstwirtschaft – der Forstbetrieb auf Grundlage vermessener Wälder, qualifizierte Ausbildung der Förster als Betriebsführer und periodische Revision und Planungskorrektur – technisch beherrscht wurden und institutionell zusammengefügt sowie dauerhaft geleistet

---

3 Ebd. Cap. I, § 9. Die Ansicht einiger Historiker, Förster hätten – um Einfluss auf den Wald zu gewinnen – den Holzmangel ohne Grund behauptet, ist mit diesem Zitat widerlegt.

werden konnten.[4] Mit Glück begegnete man so der gewaltigen Intensivierung der Zivilisation und hohen Beanspruchung der Umwelt.[5] Dies geschah, durch die Umstände bedingt, in den nationalen Grenzen.

Damals wie heute gilt: Entwicklung kann man nicht übers Knie brechen. Sie braucht ihre Zeit und Probleme sind Schritt für Schritt praktisch zu lösen.[6] Wie in früheren Epochen neigen die Mächtigen heute zu ›Hybris‹ – zu übertriebener Größe, zu komplexen Institutionen, zu Aufgabenstellungen, die im Grunde als frevelhaft zu bezeichnen sind.[7] Dabei hängen die Kostenschätzungen von zufällig schwankenden Preisen ab und technische Prognosen sind oft fehlerhaft. Zudem erschweren drängende Medien und ein auf Profitgier ausgerichtetes Geldwesen das überlegte Handeln. Die Politik steht in Abhängigkeit von dominanten Wirtschafts-interessen – das sind die der Großen – und erklärt ihre unkalkulierbar riskanten Entscheidungen für ›alternativlos‹. Die unvernünftigen Lebensweisen in der westlichen Zivilisation bedrohen die natürlichen Grundlagen der menschlichen Existenz zulasten kommender Generationen. Werden Wege gesucht, die Lebensweise der sieben und möglicherweise bald neun Milliarden Menschen auf dieser Welt anders zu gestalten, kommen Bedenken auf wegen der Ertragsausfälle, der Kosten, der Verteilung der Lasten. Gewiss, Gewinnstreben ist bei Wettbewerb unumgänglich. Doch darf es sich nicht gegen die Menschen wenden, gegen deren Zukunft, und die Politik sollte es nicht forcieren. Was also lehrt uns Carlowitz?

Lange Entwicklung zu ›forstlicher Nachhaltigkeit‹

Zu betrachten ist die forstliche Entwicklung, welche dem Anstoß der *Sylvicultura oeconomica* folgte. Es ist eine lange Geschichte, die hier nur punktuell behandelt werden kann. Angeregt von Carlowitz, suchten Regierungen in Teilen Deutschlands Lösungen für eine »nachhaltige« Forstwirtschaft. Forstmänner fanden sich,

---

4 Ausführlicher bei Köpf 2012, S. 43 ff.

5 Die hier unterstrichene Bedeutung der forstwirtschaftlichen Entwicklung steht in einem gewissen Widerspruch zu Publikationen, die – nicht unberechtigte, aber doch einseitige – Kritik an den historischen Tatsachen üben, z. B. Küchli 1997.

6 Sowohl öffentliche als auch privatwirtschaftliche Projekte laufen Gefahr, wegen Missachtung dieser Regel technisch und/oder finanziell außer Kontrolle zu geraten – gegenwärtig z. B. »Stuttgart 21«; der Großflughafen Berlin-Schönefeld; das »Projekt Weltkonzern« der Fa. Daimler-Benz unter Jürgen Schrempp; das »Brasilien-Projekt« von Thyssen-Krupp unter Ekkehard Schulz (*Die Zeit* No. 28/05.07.2012, S. 12–14).

7 ›Too big to fail‹ ist definitiv Beweis dieser Fehlentwicklung; wie zu allen Zeiten bedeutet es, dass die Bevölkerung dafür blutet, was andere im Größenwahn anzetteln.

welche die dafür notwendigen Voraussetzungen erarbeiteten und erprobten. Grober (2010) hat diesen Vorgang wie folgt knapp geschildert:

> »Eine Gesellschaft raffte sich auf, ihre ruinierten Wälder wieder aufzuforsten,
> und suchte nach Methoden, die neuen Wälder auf Dauer zu erhalten. Carlo-
> witz hatte den Begriff geliefert, die Forstleute von Anna Amalia in Sachsen-
> Weimar hatten es aufgenommen. In den folgenden Jahrzehnten wurde das
> Konzept überall in die Praxis umgesetzt. Mit den Methoden, die das Zeitalter
> des Rationalismus bereitstellte. Nachhaltigkeit wurde rationalisiert, mathema-
> tisiert, ökonomisiert und der Natur eingeschrieben. So avancierte es zum heili-
> gen Gral einer neuen Lehre vom Waldbau. Tatsächlich gelang es auf diesem
> Weg, die Entwaldung zu stoppen und rückgängig zu machen. Eine Erfolgs-
> geschichte.«[8]

Bald erschienen bedeutende Fachveröffentlichungen: 1757 zum Beispiel *Grundsätze
der Forst-Oeconomie* des Kameralisten[9] Wilhelm Gottfried von Moser (1729–1793).
Dieses alte Buch erlangt überraschende Aktualität durch die Spekulations-, Ban-
ken-, Weltwirtschafts- und Staatsschuldenkrise seit 2007, in der aktuellen Finanzkrise. »Forstökonomie«, heißt es, könne nicht auf Gewinn ausgerichtete Betriebswirtschaft sein, sie sei vielmehr »Mittel zur Hebung der produktiven Kräfte des
Landes«.[10] Wer weiß noch in Zeiten spekulativer Gier um diese Selbstverständlich-
keit? Während Carlowitz und Moser die Lage nach dem Gesichtspunkt der Nachhaltigkeit beurteilen, beuten einflussreiche Egoisten die greifbaren Ressourcen der
Welt für sich und ihr Milieu aus. Sie tun, als handle es sich bei der Natur um eine
unerschöpfliche Quelle der Bereicherung.

Schließlich konnten Warnschüsse wie *Der stumme Frühling* (Carson 1962) und
Die Grenzen des Wachstums (Meadows et al. 1972) daran auch nichts ändern. Vielmehr hat die weder durchschau- noch kontrollierbare Finanzarchitektur unserer
Zeit der globalen Ausbeutung von Mensch und Natur subtile Wirksamkeit verliehen. Nachhaltiges Wirtschaften ist nicht vom Geldwesen her zu regeln. ›Finanzen‹

---

8   Grober 2010, S. 162.

9   Kameralisten sind die Vertreter der ›Staatswissenschaft‹ im Deutschland des 18. Jahrhunderts. An besonders
    errichteten Universitäts-Lehrstühlen, zuerst seit 1727 in Preußen (Halle, Frankfurt/Oder), entwickelte und
    lehrte man die ›Kameralwissenschaft‹. Diese Lehre umfasste zum einen ›Ökonomie‹: allgemeine Haus-
    haltungsregeln, Stadtwirtschaft (Handel, Gewerbe) und Landwirtschaft; zum anderen die ›Verwaltung des
    Staates‹: »Polizei« mit Maßregeln zur Pflege und Mehrung des allgemeinen Volkswohlstandes sowie Nutzung
    der staatlichen Güter und Erhebung von Steuern und Abgaben. (Quelle: Meyers Konversationslexikon,
    6. Aufl., Zehnter Band, Bibliographisches Institut, Leipzig, Wien 1907).

10 Nach Kremser 1990, S. 283 (bezugnehmend auf K. Mantel und J. Pacher, Forstliche Biographie vom 14. Jahr-
    hundert bis zur Gegenwart, Band I, Hannover 1976).

Abb. 3:
Weltweite Ausbeutung
von Menschen und Natur –
kein neues Phänomen.
Koloniale Handelsströme
über den Atlantik im
16. bis 19. Jahrhundert.

(mittellateinisch *finantia*) sind ›fällige Zahlungen‹[11] – sie schränken notwendiges Handeln ein, können eine Entwicklung abwürgen. Geld muss produktivem Handeln als Schmiermittel zur Verfügung stehen, wie Öl dem Motor. Es muss stimulieren! Moser benennt einen allzeit gültigen Grundsatz jeder vernünftigen Forstpolitik – und jeder ›nachhaltigen Entwicklung‹!

Man erkannte, dass es, wenn man nachhaltig wirtschaften möchte, unerlässlich ist, die Wälder zu vermessen und einzuteilen sowie Holzvorräte und Wachstumsprozesse zu erfassen. Hier ragt im 18. Jahrhundert Carl Christoph Oettelt (1727–1802) hervor. Von ihm erscheint 1765: *Beweis, daß die Mathesis bei dem Forstwesen unentbehrliche Dienste tue.* Er gilt als der Forstmann, dem Friedrich Schiller im Ilmenauer Wald begegnete. Darüber wird berichtet:

> »Die Bestandeskarten waren ausgebreitet, die Schläge waren auf zweimal 120 Jahre projektiert und mit ihren Jahreszahlen bezeichnet; daneben lag im Plan das bezielte Ideal eines vollkommenen Nadelwaldes, welcher bis zum Jahre 2050 verwirklicht werden sollte.«[12]

---

11 Drosdowski 1989, S. 187.

12 Bericht 1814 in der forstlichen Zeitschrift *Sylvan*, zitiert aus Koch 1957, S. 57.

Abb. 4: Arbeitstrupp bei der Forstvermessung. Kupferstich aus dem 18. Jahrhundert.

Man muss sich klar machen: Vor mehr als zweihundert Jahren plant Oettelt bis weit über unsere Gegenwart hinaus! Freilich – wie bereits ausgeführt – Bäume wachsen langsam, und sie leben lange. Der historische Zeitraum, den wir betrachten, umfasst nur etwa zwei Baumgenerationen. Das heißt auch, dass man die Wälder in ihrer Zusammensetzung und ihrem Aussehen nur begrenzt verändern kann. Legt man heute Eichenkulturen an, könnten deren erfolgreichste Individuen ums Jahr 2300 als Furniereichen zur Verfügung stehen. Doch was in so langer Zeit wirklich mit ihnen geschieht, weiß im Voraus niemand. Niemand kann einschätzen, was die Nachgeborenen von den Eichen halten werden, ob sie mit ihnen etwas anfangen wollen, ob sie sich überhaupt dafür interessieren. Historische Abläufe sind unberechenbar, unvorhersehbar. Und dennoch müssen wir nachhaltig wirtschaften.

Es zeigt sich: Das üblich gewordene Rentabilitätsdenken zerstört die Zukunft – schleichend, für die meisten unbemerkt. Und das nennen wir Wirtschaft? Harvard-Professor Niall Ferguson, Finanz- und Wirtschaftshistoriker, sagt deutlich genug: »Lobbygruppen und zunehmend egoistische Teile der Eliten haben ein System geschaffen, das man legale Korruption nennen könnte«![13] Gründlich wird Adam

---

13 Niall Ferguson im *Zeit*-Interview mit Thomas Fischermann, John F. Jungclaussen und Angela Köckritz; aus dem
    Englischen von Thomas Fischermann. *Die Zeit* No 36, 30.08.2012, S.24. (Siehe auch Ferguson 2008.)

Smith (1723–1790) missverstanden, wenn man dessen »unsichtbare Hand«[14] für eine Rechtfertigung dieses Wirtschaftssystems hält. Auf Nachhaltigkeit ausgerichtetes Wirtschaftshandeln lässt demgegenüber der Zukunft Spielraum. Es möchte den Nachgeborenen eine menschenwürdige Existenz bewahren. Rentabilität ist als Entscheidungskriterium unbrauchbar, weil es »Vertrauen« in Geld erfordert. In Wirklichkeit begegnet man durch kurzfristiges Gewinnstreben der Sorge, der Konkurrent könnte es gewinnen. Geld hat nur momentanen Wert, denn er ist an die aktuell vorhandene Gütermenge gebunden. Historisch vermittelt Geld Macht und bewirkt Konzentration von Macht.[15] Dies merken die Menschen immer zu spät und reagieren dann mit Gewalt, was Gegengewalt auslöst. Richtig wäre, zu tun – und zwar unbedingt –, was nach vernünftiger Einschätzung künftiges Leben unterstützt. Zu vermeiden ist, was der Zukunft voraussehbar schadet. Forstliche Nachhaltigkeit, wie sie Carlowitz vorgeschlagen hatte, wie sie Oettelt ins Auge fasste, wie sie seither realisiert wurde, macht das vor. Insofern ist sie Vorbild für ›nachhaltige Entwicklung‹.

Ein hoch produktiver Schriftsteller zu Ende des 18. Jahrhunderts war Georg Ludwig Hartig (1764–1837). Er begann in Hessen, arbeitete vorübergehend in Württemberg und kam als Chef der Forstverwaltung nach Preußen. Unter anderem veröffentlichte er 1791 eine *Anweisung zur Holzzucht für Förster*; 1795 eine *Anweisung zur Taxation der Forste oder zur Bestimmung des Holzertrags der Wälder*; und 1803 *Grundsätze der Forst-Direction*. Caspar Heinrich von Sierstorpff (1750–1842) schrieb *Ueber die forstmäßige Erziehung und Benutzung der vorzüglichen Holzarten*.

1767 begründete Hans Dietrich von Zanthier (1717–1778) in Ilsenburg (Harz) ein erstes forstliches Bildungsinstitut.[16] Die Qualifizierung von Fachkräften wurde allgemeines Anliegen. ›Meisterschulen‹ nannte man die privaten Einrichtungen zur Unterrichtung junger Förster, die zahlreich gegründet wurden. Statt waidgerechter Jäger bildete man ›holzgerechte Jäger‹ aus. Zu dieser Bezeichnung hatte Carlowitz angemerkt, es sei ein »Beynahmen für ein sonderl. Lob geachtet«.[17] An verschie-

---

14 Smith 1776, Ausgabe 1978, S. 371: »Nun ist aber das Volkseinkommen eines Landes immer genau so groß wie der Tauschwert des gesamten Jahresertrags oder, besser, es ist genau dasselbe, nur anders ausgedrückt. Wenn daher jeder einzelne soviel wie nur möglich danach trachtet, sein Kapital zur Unterstützung der heimischen Erwerbstätigkeit einzusetzen … … … wird [er] in diesem, wie auch in vielen anderen Fällen von einer unsichtbaren Hand geleitet, um einen Zweck zu fördern, den zu erfüllen er in keiner Weise beabsichtigt hat.« Diese theoretische Erklärung für das Zusammenspiel in einer arbeitsteiligen Wirtschaft wird unzulässig verallgemeinert, wenn in unserer Zeit völlig enthemmt privatisiert, dereguliert, liberalisiert und der Wettbewerb über alle Maßen forciert wird.

15 Zur gründlichen Auseinandersetzung mit der Rolle des Geldes sei Brodbeck 2009 empfohlen.

16 Kremser 1990, S. 287.

17 Carlowitz 1713, S. 87.

denen Universitäten, etwa in Freiburg, Jena, Marburg und an der Hohen Karls-schule zu Stuttgart lehrten Kameralisten im 18. Jahrhundert ›Forstwissenschaft‹. Die Erzeugung des Holzes stand im Mittelpunkt des Interesses. Zum Durchbruch nachhaltiger Wirtschaftsführung im Forstbetrieb trug schließlich Heinrich Cotta (1763–1844)[18] entscheidend bei. Als Sohn eines Försters im Herzogtum Sachsen-Weimar-Eisenach studierte er nach seiner Jägerlehre längere Zeit zu Hause, ehe ihm 1784/85 ein kurzes Studium an der Universität Jena ermöglicht wurde. In der Folge scharten sich junge Leute um den auf diese Weise überdurchschnittlich gebildeten jungen Förster und ließen sich von ihm unterweisen. 1794 gewährte Herzog Carl August (1757–1828) seiner Schule die offizielle Anerkennung. Man kann dies als Gründungsdatum der Forstlehranstalt ansehen, die Cotta 1811 nach Tharandt überführte. Nach Sachsen wurde er berufen, um die staatlichen Wälder zu vermessen. Damit schuf er die Grundlage für die planmäßige Führung eines pfleglichen Forstbetriebs. 1816 wurde aus seiner Forstlehranstalt die ›Königlich Sächsische Forstakademie zu Tharandt‹, wodurch die qualifizierte Ausbildung von Förstern für eine sachkundige Betriebsführung gesichert wurde. 1832 kam dazu die periodische Revision der gesamten Betriebsplanung durch eine Forsteinrich-tungsanstalt. So fügte er die bereits oben genannten Komponenten zusammen zu einem institutionellen System nachhaltiger Forstwirtschaft in Sachsen. Etwa zur selben Zeit wirkten Georg Ludwig Hartig und Friedrich Wilhelm Leopold Pfeil (1783–1859) im gleichen Sinne in Preußen. Und bald war dieses System in allen Teilen Deutschlands eingeführt.

Der Aufbau von Wäldern, der nun überall in Deutschland stattfand, war »Inves-tition« – Einsatz von Arbeit, Geld, Know-how im Forstbetrieb. Gerade die lang-fristige Bindung, die dieser Einsatz bedeutet, und die erst spät auftretenden Erträge motivierten Forstwissenschaftler in Deutschland, erstmalig eine Investitionsrech-nung zu entwickeln.[19] Mit einem Zinssatz wurden Auszahlungen und Einzahlun-gen der ›Umtriebszeit‹ (der Lebenszeit eines Waldbestandes aus gleichaltrigen Bäumen) auf einen Zeitpunkt umgerechnet und so der ›Reinertrag‹ des Waldes für diese Periode bestimmt. Erwartet man von allen zukünftigen Umtriebszeiten die-sen fiktiven Reinertrag, kann man ihn als ›ewige Rente‹ ansehen und deren Gegen-wartswert berechnen. Dieses Konstrukt in eine mathematische Formel gefasst, ermöglicht rein rechnerisch diejenige Umtriebszeit, den Holzvorrat, die Baumart zu ermitteln, welche den höchsten finanziellen Ertrag verspricht. Kaum war die-ser ›Waldbau des höchsten Ertrags‹ publiziert,[20] erhob sich heftiger Widerstand bei

---

18 Vgl. Richter 1950; Thomasiu 2011.
19 Faustmann 1849; Pressler 1858/1885; Heyer 1871.
20 Pressler 1858/1885.

Praktikern gegen die ›Bodenreinertragslehre‹. 1871 schrieb Gustav Heyer missbilligend: »Eine Versammlung von Notabeln des Forstbeamtenstandes erliess gegen seine (Presslers, d. V.) Thesen einen Protest, den sie nicht einmal zu motivieren für nöthig hielt.«[21] Heute kann man distanziert der Bodenreinertragslehre eine interessante mathematische Leistung zusprechen. Man muss ihr aber auch – abgesehen von der problematischen Geldorientierung – einen Mangel vorhalten, der für Theorieanwendung typisch ist: Statt zur Erläuterung der Probleme und zur Erklärung der Zusammenhänge denkt man *normativ*, hält die Lösung für *rational*. Indessen betreffen theoretische Erklärungen meist nur bestimmte Aspekte eines in Wirklichkeit komplexen Kausalgefüges. Daher setzten sich die waldbaulich erfahrenen Förster mit Recht zur Wehr. Denn die Natur folgt nicht mathematischem Kalkül und unsichere Geldwerte werden durch Mathematik nicht zuverlässiger. So setzte sich der ökologische Waldbau letztendlich durch.

Die neuen Wälder in Deutschland erwiesen sich als den Anforderungen eines zunehmend dicht bevölkerten und umweltbelasteten Industrielandes gewachsen. Sie erfüllen inzwischen Funktionen der Rohstoffversorgung, der Beschäftigung und Einkommenssicherung, vielfältiger Erholungsformen, oft schwer erfüllbarer Vorstellungen und Wünsche teils global, teils lokal orientierter, meist urbaner Naturschützer. Sie dienen dem Erosionsschutz, der Wasserwirtschaft, der CO_2-Bindung und bilden ein relativ gesundes Lebensumfeld und die unverzichtbare Kulisse des Tourismus. Das ist ein erstaunlich gutes Ergebnis! Ungeduldige Kritiker sollten gelten lassen, dass der Wald immer Spuren von Zeiten zeigt, in denen man ihn nicht wunschgemäß behandeln konnte. Tatsächlich hat die Erfolgsgeschichte der forstlichen Nachhaltigkeit in der Vorbereitung auf die Rio-Konferenz 1992 zu dem Vorschlag des Brundtland-Reports,[22] geführt, ›nachhaltige Entwicklung‹ zum Ziel globaler Politik zu erklären. Das wurde so beschlossen und eine neue Ära hätte ihren Anfang nehmen können. Ob aber Wille und Kraft gegen die starken Interessen an der Beibehaltung bisheriger Strukturen ausreichen werden? Die Wohlstandsgesellschaft beharrt auf den gewohnten Vorteilen und verschließt die Augen vor ›Slum Conditions‹, ›Working Poor‹, Hunger, Verelendung und wachsender Ungleichheit, ebenso vor den daraus erwachsenden Problemen.[23] Das Leitbild Nachhaltigkeit – aktueller denn je?

---

21 Heyer 1871, S. VII f.

22 Unter Vorsitz der ehemaligen norwegischen Ministerpräsidentin Gro Harlem Brundtland erarbeitete die Weltkommission für Umwelt und Entwicklung (»Brundtland-Kommission«) den Bericht »Our Common Future – Unsere gemeinsame Zukunft«, der 1987 veröffentlicht wurde.

23 Vgl. Wilkinson, Pickett 2009.

Alte Probleme in neuer Dimension

Gleich zu Beginn seines Werkes lenkt Carlowitz den Blick auf die Tatsache, dass
notwendige Produktivität und das Wohlergehen der Menschen im Land nicht ohne
die Pflege des Waldes, nicht ohne aktiven, nachhaltig-pfleglichen Umgang mit der
Natur zu haben sind:

> » ... es giebt nunmehro die Erfahrung gnugsam am Tag / daß man in solchen
> Gedancken sich allzu weit vergangen / indeme der einreissende Holtz=Man-
> gel / da so viel 1000.Acker Wald=Revier zum Acker=Teich=Feld=Wiesen= und
> Garten=Bau gezogen / auch der Mensch selbst in vielen Stücken den Holtz=An-
> wachs mehr verhindert / als befördert / uns mit Schaden gar einanders lehret;
> dahero / gleichwie notorisch / daß keine Wirthschafft / kein Feld=Acker=Berg=
> Garten=Bau / Viehe=Zucht und so ferner / ohne sonderbahre Zuthuung derer
> Menschen Hände / Sorge / Mühe und Fleiß / völlig aufkommen / noch immer
> fort solche bestehen mögen; Also lässet sich auch ein dergleiches von denen
> wilden Bäumen und Wäldereyen mit allen Fug und Recht bestärcken / zumahl
> in denen Ländern und Provinzien / welche an Städten und Dörffern wohl an-
> gebauet und bewohnet [...]«[24]

Es klingt unbeholfen[25] – doch macht es Grundsätzliches deutlich: Menschen,
welche die Landschaft bewohnen, leben von ihr. Dabei verdrängen sie den Wald,
wodurch allmählich Holzmangel entsteht. Es bedarf menschlicher Tätigkeit (»Zu-
thuung derer Menschen Hände«), das Land zu pflegen und zu nutzen. Zu guter
Letzt müssen gerade in bewohnter Landschaft auch die Bäume und Wälder gepflegt
werden, weil sie für die Existenz der Menschen unverzichtbar sind. Das galt zur
damaligen Zeit *regional*. Es erschien den Fortschrittsgläubigen in der Periode danach veraltet und verlor in der herrschenden Auffassung seine Bedeutung. Heute
jedoch beschreibt es die *globale* Lage! Wo viele Menschen sich drängen und durch
ihr Vorhandensein die Natur verdrängen, bleibt für ›Wildnis‹ kein Platz. Carlowitz
sah das so. Es mag für Menschen in der Gegenwart nicht so leicht erkennbar sein.
Einerseits die Arbeitsteilung, andererseits zunehmende Erschließung und Ausbeutung der Welt nährte die Illusion, die Industrialisierung führe unbegrenzten
Wohlstand herbei. Industrieproduktion ist wichtig für den Wohlstand, das steht
außer Frage. Von der Ausbeutung der Welt aber lässt man nicht, weil die Alternativen bedrohlich erscheinen. Indessen sind ebenso die *Grenzen des Wachstums*

---

24 Carlowitz 1713,Vorbericht.

25 Es ist anzunehmen, dass Carlowitz den Text diktiert hat; laut gelesen wird er verständlicher.

(Meadows et al. 1972) längst erkannt wie die Schädlichkeit auseinanderdriftender Lebensmöglichkeiten (Wilkinson, Pickett 2009). Ist ein Denkfehler erkennbar?

Im Wortsinn, und das mag überraschen, wird in dem Ansatz von Carlowitz alles ökonomisch: οικος (oikos) – Haus- oder Gemeinwesen; νόμος (nomos) – Herkommen, Ordnung, Recht. ›Ökonomie‹ bedeutet eigentlich Wirtschaftsordnung. Sie sollte ein möglichst stabiler Rahmen sein, in dem Menschen ihre Angelegenheiten, möglichst autonom, vernünftig wahrnehmen können: ›nachhaltig wirtschaften‹, wie es normales Bestreben ist, das nicht durch Geldgier verdorben wird. In diesem Sinn ist in der realen Welt alles ökonomisch – doch ›Money making‹ ist es nicht! Da wird der Denkfehler sichtbar: Gelderwerb darf nicht zu verantwortungslosem Zugriff auf das gemeinschaftlich erarbeitete Sozialprodukt verkommen. Rücksichtslosigkeit und Egoismus haben im Rahmen einer nachhaltigen Wirtschaftsordnung keinen Platz. Sie sind gesetzlich zu unterbinden wie Stehlen und Rauben oder wenigstens zivilrechtlich zu regeln wie ungerechtfertigte Bereicherung.[26]

Wohl ist der Geldwert als Maß für individuelle Wertschätzung eines Gutes eine ökonomische Größe. Ihre Aussagekraft hängt aber davon ab, ob funktionsfähige Märkte bestehen, was keineswegs selbstverständlich ist. Vor unabschätzbaren Kosten wird gewarnt, wo dem Gemeinwohl eigennützige Interessen gegenüberstehen. Eine wichtige Aufgabe der Politik ist es, Wohltaten und Lasten – auch zwischen den Generationen – gerecht zu verteilen. Nach bisherigen Regeln sollte das in nationaler Verantwortung geschehen, doch mit der Globalisierung wird das immer schwieriger. Der Welthandel unterläuft die gesetzlich festgelegten Wirtschaftsordnungen. Internationale Verträge ersetzen den demokratischen Prozess. Sie sind in dem oben angesprochenen Sinn der ›Wohlstandsillusion‹ verpflichtet – einem Irrglauben. In den traditionellen Industrieländern blicken die Menschen weg, wenn ihnen das Maß der Ausbeutung tatsächlich begegnet, das weltweit die Natur zerstört und Menschen in Armut zwingt. Subtil wirken die Mechanismen des Finanzsystems mit einseitigen Sparzwängen.[27] Nicht Neid oder Angst stellen die herrschende Wirtschaftsverfassung infrage. Es ist dieselbe rationale Sorge, die Carlowitz in seinem Werk vermittelt. Sie muss dazu motivieren, diese Welt sinnvoll zu nutzen und zu pflegen, im Interesse der Menschen.

---

26 Die §§ 812–822 des Bürgerlichen Gesetzbuches (BGB) regeln »ungerechtfertigte Bereicherung« als schuldrechtliches Verhältnis zwischen Rechtspersönlichkeiten. Diese Regelungen erfassen nicht die hier angesprochene »ungerechtfertigte Bereicherung«, die darin besteht, dass heutzutage der Rechtsanspruch auf große Teile des Sozialproduktes ohne wirtschaftliche Leistung durch reine Geldgeschäfte erworben wird.

27 Vgl. Klein 2007. Sie beschreibt den »Katastrophen-Kapitalismus« zurückliegender Jahrzehnte. Inzwischen ist die Eurozone betroffen – Folge der US-Immobilienkrise, des Banken-Crashs und der Wirtschaftsrezession, welche die Staatsschuldenproblematik sichtbar werden ließen und die Rettungsschirm-Politik auslösten.

*Abb. 5: Aus Anpflanzung hervorgegangener Fichten-
bestand mit Borkenkäferherd nach Sturmschaden
vom Januar 2007. Er bringt früh Rendite, entspricht
aber nicht dem Ziel eines ökologisch stabilen,
Multifunktionswaldes.*

*Abb. 6: Nachhaltig bewirtschafteter Wald, gestuft
aufgebaut, standortsgemäße Baumartenmischung
hier mit Douglasie, erfüllt vielerlei Erwartungen
der Waldbesitzer, der Erholungssuchenden und
der Landschaftspflege.*

Ökonomie heißt ›Wirtschaftsordnung‹, und was wir praktizieren, ist das Gegenteil: ein gemeingefährliches System der Rücksichtslosigkeit! Deshalb droht »Untergang«, wie Hornsmann vor sechzig Jahren schrieb,[28] – Kollaps! Umwelt und Sozialwesen müssen in Ordnung gehalten werden – diese Erkenntnis entspricht exakt
der Idee der Nachhaltigkeit.

Die Waldfunktionen, von denen die Rede war, sind im eigentlich ökonomischen
Sinn ›Produkte‹ –vom Forstbetrieb erzeugte wirtschaftliche Güter. Der Waldbesitzer erhält seinen Wald leistungsfähig, indem er ›investiert‹. Im Forstbetrieb setzt
er Arbeit, Geld, Know-how ein, damit der Wald die Funktionen erfüllen kann,
die heute und in Zukunft von ihm erwartet werden. Um ›Rendite‹ darf es dabei
nicht gehen! Aktive Arbeit bewirkt das Notwendige: Holz wird produziert, vielleicht zum Eigenverbrauch oder zum Verkauf; ein gesundes Ökosystem, das die
Nachhaltigkeit des Betriebs sichert; Erholungsmöglichkeiten, schöne Landschaft,
Biodiversität, Klimaschutz durch CO_2-Bindung, Steigerung der Produktivität des

---

28 Vgl. Hornsmann 1951.

Waldes. Alles dies sind ›Produkte‹ oder ›Nebenprodukte‹, je nach der Zielsetzung des Forstbetriebes. Dass der Waldbesitzer und seine Mitarbeiter vom finanziellen Ertrag ihrer Arbeit leben müssen, ist ebenfalls eine Bedingung der Nachhaltigkeit. Erst die Moderne fordert überschießenden Geld-Gewinn, über den Unternehmer-lohn hinaus – eine Fehlentwicklung! Der Profit bewirkt einseitige Umverteilung und stört das Gemeinwesen in seinem sozialen Gefüge.[29]

Naturschutz bedeutet nicht die Rückkehr in Verhältnisse, wie sie vor der Besie-delung unserer Welt durch den Menschen herrschten. Man kann die Landschaften nicht großräumig entvölkern. Im erklärten Sinne kann Naturschutz nur ›Produkt‹ sein. Er wird von Menschen herbeigeführt, und zwar in Rivalität mit anderen Bedürfnissen und Produkten. Wie in der Landwirtschaft entschieden wird, auf welche Weise der Acker bestellt werden soll, muss man in der Waldwirtschaft über den Aufbau des Waldes im Hinblick auf die ins Auge gefassten Nutzungen ent-scheiden. Schließt man Nutzungen aus, kann eine Holzplantage entstehen – oder ein Totalschutzgebiet. Nachhaltig ist nur eine Waldform, welche künftigen Gene-rationen möglichst viele Nutzungsmöglichkeiten nach Wunsch und Bedürfnis offenlässt, ein multifunktional gestalteter Wald. ›Wildnis‹ ist leider ein Traum, ein immer weniger realistischer Traum! Wer ihn träumt, nimmt die Abhängigkeit der Menschen von ihren natürlichen Lebensgrundlagen nicht wahr. Seltsamer Weise verhält er sich ähnlich wie jene, die glauben, sie lebten vom Geld. Schuld ist das fal-sche Bild von Ökonomie, das heute die Menschen beherrscht. Man hat die Urpro-duktion aus dem Auge verloren, hält selbst die Industrie für sekundär und setzte ganz auf Dienstleistungen – sogar Finanzdienstleistungen! Dabei leben wir von der Natur. Wir müssen sie erhalten, pflegen, gestalten, und zwar im Rahmen unse-rer Ökonomie. Die Welt schädigen, sie gar ruinieren, war niemals ökonomisch, es ist gemeingefährlich!

Weltweit existieren nur noch Reste von ›Wildnis‹ und Urwaldflächen schwin-den.[30] Global erleben wir, was Carlowitz 1713 lokal beobachtete und was sein um-fangreiches Plädoyer für »wilde Baumzucht« begründete. Wir müssen ihm heute in der verallgemeinerten Form einer ›nachhaltigen Entwicklung‹ folgen. Dem stehen freilich die übertriebenen Ansprüche unserer rücksichtslosen Zivilisation entgegen, die für wachsende Menschenmassen Vorbild und Ansporn sind. Stell-größe für eine Politik der Vernunft des 21. Jahrhunderts ist eine ressourcensch o-

---

29 Vgl. Wilkinson, Pickett 2009.

30 »Die Zerstörung von Wäldern hat sich insgesamt etwas verlangsamt, schreitet aber dennoch in vielen Ländern in alarmierendem Tempo voran. Nach der von der FAO im Fünf-Jahres-Rhythmus durchgeführten Erfassung globaler Waldflächen gingen zwischen 2000 und 2010 durchschnittlich ca. 13 Mio. ha Wald jährlich verloren – v. a. durch die Umwandlung tropischer Wälder in Ackerland.« (FISCHER WELTALMANACH 2012, S. 721).

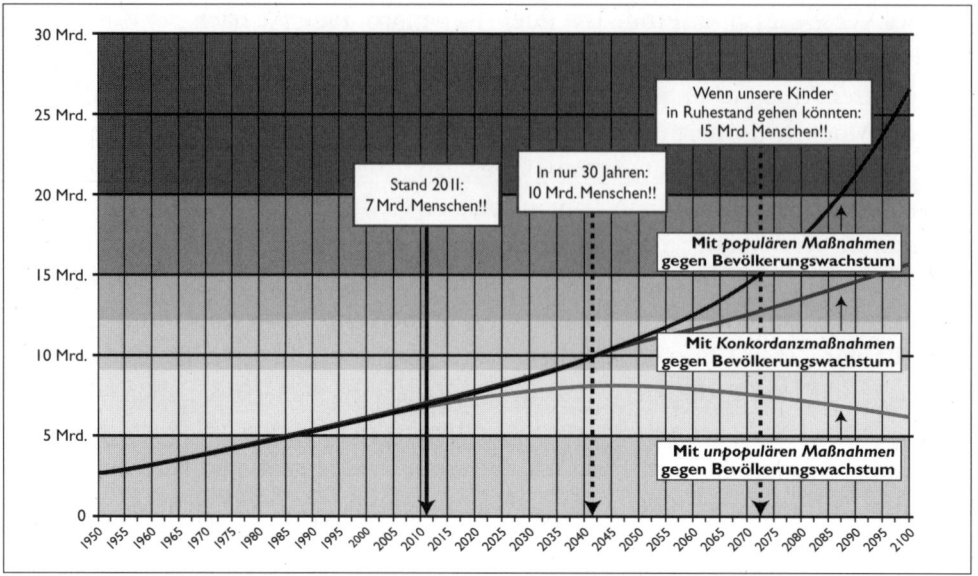

Abb. 7: UN-Grafik offizieller Schätzungen für die Entwicklung der Weltbevölkerung. Über die Zukunft kann man nichts Gewisses sagen, man muss verschiedene Möglichkeiten in Betracht ziehen.
Die untere Kurve zeigt die Entwicklung mit unpopulären Maßnahmen; die mittlere die mit Konkordanz-(Übereinstimmungs-)lösungen und die obere Kurve weist auf die Entwicklung mit populären Maßnahmen gegen Bevölkerungswachstum hin. Quelle: UN, Population Division.

nende Wirtschaftsordnung und entsprechendes Konsumverhalten. Stattdessen schüren die alten Mächte latente Ängste um die Beherrschung der Weltmärkte und vor einer vermeintlich drohenden Dominanz der Schwellenländer. Die Dimension des Problems ergibt sich aus der Entwicklung der Weltbevölkerung: Die Gesamtzahl der Menschen lag zu Beginn des 18. Jahrhunderts bei etwa 700 Millionen; sie betrug um 1800 etwa eine Milliarde; um 1900 erreichte die Weltbevölkerung 1,5 Milliarden Menschen; und heute leben mehr als sieben Milliarden auf der Welt. Biologisch unterliegt die Spezies Homo sapiens einer ›Massenvermehrung‹. Im hygienischen Sinne handelt es sich um eine ›Kalamität‹, gegen die man einschreiten müsste. Die typisch S-förmige Entwicklungskurve einer Massenvermehrung scheint sich langsam einem Maximum zu nähern. Die jüngste Bevölkerungsprognose der UN schätzt die Zahl der Menschen im Jahr 2050 mit 9,3 Milliarden und im Jahr 2100 mit 10,1 Milliarden.[31] Damit sollte man sich arrangieren. Um Konflikten entgegenzuwirken, steht eine ›nachhaltige Entwicklung‹ als Aufgabe des 21. Jahrhunderts an.

---

31 Angaben nach FISCHER WELTALMANACH 2012, S. 34.

Zusammenfassung

Das Leitbild der Nachhaltigkeit, das wir Carlowitz verdanken, hat sich als ›forstliche Nachhaltigkeit‹ bewährt und führte zum globalpolitischen Konzept einer nachhaltigen Entwicklung. Viele Erfahrungen mussten in der Forstwirtschaft gemacht werden und der Lernprozess geht weiter. Die obigen Erläuterungen zu diesem Prozess geben Hinweise, was beachtet werden sollte, um zu einer nachhaltigen Entwicklung im 21. Jahrhundert zu kommen. Sie lassen sich so zusammenfassen:

1) Die reale Welt ist Grundlage unserer Existenz, virtuelle Welten bringen keine Lösung.
2) Es gilt, die natürliche Umwelt des Menschen als Grundlage seiner Existenz zu erkennen und zu pflegen.
3) Entwicklung braucht Zeit. Ständige, generationenübergreifende Bemühungen sind nötig.
4) Technologien für effiziente und schonende Nutzung der natürlichen und menschlichen Ressourcen sind weiterzuentwickeln.
5) Nicht nur die Umwelt, auch das Sozialwesen muss in Ordnung gehalten werden; Verteilungsgerechtigkeit ist Voraussetzung dafür.
6) Eine nachhaltige Entwicklung benötigt ein institutionelles Gefüge.
7) ›Geldgier‹ führt in die Irre: Höchste Rentabilität verhindert die notwendigen Investitionen und zerstört ökologische Strukturen sowohl der menschlichen Gesellschaft als auch der natürlichen Umwelt.
8) ›Too big to fail‹ ist eine gefährliche Regel, weil sie der Konzentration von Macht und Einfluss folgt, statt sie zu teilen und zu kontrollieren.
9) Stattdessen sollte ›Subsidiarität‹ nicht nur anerkannt, sondern verwirklicht werden: die örtliche Gemeinschaft von Menschen als wichtigste Handlungsebene, der übergeordnete Ebenen helfen sollten, ihre Probleme zu lösen.[32]

»Was morgen sein wird, soll uns heute nicht bekümmern« – so steht es in der Wochenzeitschrift *DIE ZEIT* vom 13. September 2012 in einem Kommentar zum

---

32 Subsidiarität: »Wie dasjenige, was der Einzelmensch aus eigener Initiative und mit seinen eigenen Kräften leisten kann, ihm nicht entzogen und der Gesellschaftätigkeit zugewiesen werden darf, so verstößt es gegen die Gerechtigkeit, das, was die kleineren und untergeordneten Gemeinwesen leisten und zum guten Ende führen können, für die weitere und übergeordnete Gemeinschaft in Anspruch zu nehmen; zugleich ist es überaus nachteilig und verwirrt die ganze Gesellschaftsordnung. Jedwede Gesellschaftätigkeit ist ja ihrem Wesen und Begriff nach subsidiär; sie soll die Glieder des Sozialkörpers unterstützen, darf sie aber niemals zerschlagen oder aufsaugen.« (Pius XI: Sozialenzyklika »Quadrogesimo anno«, Rom 1931, Nr. 79 – zit. nach Staatslexikon Recht, Wirtschaft, Gesellschaft in 5 Bänden, hrsg. Von der Görres-Gesellschaft, 7. Aufl., Verlag Herder, Freiburg / Basel / Wien, 5. Band 1989, Spalte 386.)

Urteil des Bundesverfassungsgerichts zur Euro-Rettung durch die Europäische Zentralbank. Es klingt wie eine Bestätigung der Erkenntnis, zu der uns Carlowitz geführt hat: Nachhaltige Entwicklung ist nur erreichbar, wenn wir uns von der Dominanz des Geldes in der Wirtschaftspolitik lösen. Was morgen sein wird, muss uns heute bekümmern – sonst tritt das ein, was Carlowitz vorausahnte: der Kollaps!

Literaturhinweise

Behringer, Wolfgang: Kulturgeschichte des Klimas – Von der Eiszeit bis zur globalen Erwärmung. C. H. Beck, München 2007.

Berman, Morris: The Twilight of American Culture. W. W. Norton & Company, New York (N.Y.) 2000 – deutsche Ausgabe: Kultur vor dem Kollaps? Wegbereiter Amerika. Aus dem Amerikanischen von Jürgen Pelzer, Edition Büchergilde, Frankfurt am Main 2002.

Brodbeck, Karl-Heinz: Die Herrschaft des Geldes – Geschichte und Systematik. Wissenschaftliche Buchgesellschaft, Darmstadt 2009. 2. Auflage 2012.

Carlowitz, H. C. von: Sylvicultura oeconomica oder Haußwirthliche Nachricht und Naturmäßige Anweisung zur Wilden Baum-Zucht. – Johann Friedrich Braun, Leipzig 1713. Nachdruck in den Veröffentlichungen der Bibliothek »Georgius Agricola« der TU Bergakademie Freiberg, Nr. 135, 2000.

Carson, Rachel: Silent Spring, published by Houghton Mifflin, Boston (Mass.) 1962. Aus dem Amerikanischen übertragen von Margaret Auer: Der stumme Frühling. Biederstein Verlag, München 1963.

Diamond, Jared: Collapse. How Societies Choose to Fail or Succeed. Verlag Viking, Penguin Group, New York 2005. Aus dem Amerikanischen von Sebastian Vogel: Kollaps – Warum Gesellschaften überleben oder untergehen. Fischer Taschenbuch Verlag, Frankfurt am Main 2006.

Drosdowski, Günther: Duden-Etymologie – Herkunftswörterbuch der deutschen Sprache, 2. Aufl. Der Duden, Band 7, Dudenverlag, Mannheim/Zürich 1989.

Faustmann, Martin: Berechnung des Werthes, welchen Waldboden, sowie noch nicht haubare Holzbestände für die Waldwirtschaft besitzen. Allgemeine Forst- und Jagd-Zeitung 1849. [Der Beitrag erschien anonym.]

Ferguston, Niall: The Ascent of Money: A Financial History of the World. Penguin Books Ltd., London 2008. Aus dem Englischen von Klaus-Dieter Schmidt: Der Aufstieg des Geldes. Econ / Ullstein Verlag, Berlin 2009.

Fischer Weltalmanach: Der neue Fischer Weltalmanach 2012. Fischer Taschenbuchverlag, Frankfurt am Main 2011.

Grober, Ulrich: Die Entdeckung der Nachhaltigkeit – Kulturgeschichte eines Begriffs. Verlag Antje Kunstmann, München 2010.

Hartig, Georg Ludwig: Grundsätze der Forst-Direction. Hadamar 1805; Reprint herausgegeben von der Georg-Ludwig-Hartig-Stiftung 1996.

Hartig, Georg Ludwig: Anweisung zur Taxation der Forste oder zur Bestimmung des Holzertrags der Wälder. Giessen 1795; Reprint herausgegeben von der Georg-Ludwig-Hartig-Stiftung 1996.

Hartig, Georg Ludwig: Anweisung zur Holzzucht für Förster. Marburg 1791; Reprint herausgegeben von der Georg-Ludwig-Hartig-Stiftung 1991.

Heyer, Gustav: Die Methoden der forstlichen Rentabilitätsrechnung. Teubner, Leipzig 1871.

Hornsmann, Erich: … sonst Untergang (Die Antwort der Erde auf die Mißachtung ihrer Gesetze). Verlagsanstalt Rheinhausen, Rheinhausen 1951.

Klein, Naomi: The Shock Doctrine. The Rise of Disaster Capitalisme. Metropolitan Books, New York, und Klopf Canada, Toronto. Aus dem Englischen übersetzt von Hartmut Schickert, Michael Bischoff und Karl Heinz Siber: Die Schock-Strategie – Der Aufstieg des Katastrophenkapitalismus. S. Fischer Verlag, Frankfurt am Main 2007.

Koch, Wilhelm: Vom Urwald zum Forst. Kosmosbändchen 214, Franckh'sche Verlagsbuchhandlung, Stuttgart 1957.

Köpf, Ernst Ulrich: Nachhaltigkeit und globales Finanzwesen. Scheidewege – Jahresschrift für skeptisches Denken 42, Jahrgang 2012/2013, S. 42–58.

Küchli, Christian: Wälder der Hoffnung. Verlag Neue Zürcher Zeitung 1997.

Kremser, Walter: Niedersächsische Forstgeschichte. Selbstverlag Heimatbund Rotenburg/Wümme e.V., Rotenburg/Wümme 1990.

Meadows, Dennis et al.: The Limits to Growth, Universe Books, New York 1972. Aus dem Amerikanischen von Hans-Dieter Heck, »Die Grenzen des Wachstums«, Bericht des Club of Rome zur Lage der Menschheit, dva informativ, Deutsche Verlagsanstalt Stuttgart 1972.

Lewis, Chris. H.: The Paradox of Global Development and the Necessary Collapse of Modern Industrial Civilization. In: Dobkowski, Michael N. & Wallimann, Isidor (Hrsg.): The Coming Age of Scarcity – Preventing Mass Death and the Genocide in the Twenty-first Century. Syracuse University Press, Syracuse (N.Y.) 1998, S. 43–60.

Pressler, Max Robert: Der rationelle Waldwirt und sein Waldbau des höchsten Ertrags. Hefte 1–5 Dresden; Heft 6 Leipzig; Heft 7 Dresden; Hefte 8 und 9 Tharandt und Leipzig 1858/85.

Richter, Albert: Heinrich Cotta – Leben und Werk eines Deutschen Forstmannes. Neumann Verlag, Radebeul und Berlin 1950. Neu hrsg. von Prien, Siegfried, Verlag J. Neumann-Neudamm, Melsungen 2010/2011.

Sierstorpff, Caspar Heinrich von: Über die forstmäßige Erziehung, Erhaltung und Benutzung der vorzüglichen inländischen Holzarten. Nebst einigen Beiträgen, welche das Forstwesen überhaupt betreffen. Reprint der Auflage von 1796, Forstliche Klassiker Band 6, hrsg. von Bernd Bendix, Verlag Kessel, Remagen-Oberwinter 2010.

Smith, Adam: An Inquiry into the Nature and Causes of the Wealth of Nations. 1776. Aus dem Englischen übertragen von Horst Claus Recktenwald: Der Wohlstand der Nationen. C. H. Beck'sche Verlagsbuchhandlung, München 1974; revidierte Fassung Deutscher Taschenbuch Verlag, München 1978.

Thomasius, Harald: Heinrich Cotta – Zum Jubiläum eines Klassikers der deutschen Forstwirtschaft. Sächsische Heimatblätter 4/2011, S. 366–380.

Wilkinson, Richard & Pickett, Kate: The Spirit Level. Why More Equal Societies Almost Always Do Better. By Allen Lane, an imprint of Penguin Books, London 2009. Aus dem Englischen von Edgar Peinelt & Klaus Binder: Gleichheit ist Glück. Warum Gerechte Gesellschaften für alle besser sind. Tolkemitt Verlag bei Zweitausendeins, Frankfurt am Main 2010.

Harald Thomasius

Die Sylvicultura oeconomica – eine Rezension aus heutiger Sicht

1. Das geistige und politische Umfeld des Edlen Herrn Hans Carl von Carlowitz

Die Beschäftigung mit Hans Carl von Carlowitz und seiner Schrift *Sylvicultura oeconomica* rechtfertigt es, sich mit der Zeit und dem politischen Umfeld, in dem der Autor gelebt und dieses Buch geschrieben hat, kurz zu beschäftigen.

Sie umfasst die in der sächsischen Geschichte bedeutungsvolle Periode zwischen der Reformation durch Martin Luther (1483–1546) und der frühen Aufklärung – die an den Universitäten Wittenberg und Leipzig nicht vertreten war – dann aber an der thüringischen Universität Jena (1558) (Erhard Weigel 1625–1699, Gottfried Wilhelm Leibniz 1646–1716) und an der brandenburgischen Universität Halle (1669) (Veit von Seckendorff, Christian Thomasius 1655–1728, Johann Christian Wolff 1679–1754 u. a.) offene Türen fand.

Heimstadt der frühen Aufklärung war zu dieser Zeit die niederländische Universität Leyden, an der Baruch Spinoza (1632–1677), Christian Wittich und andere Vertreter dieser Denkrichtung tätig waren und kartesische Theorien verkündeten (Schöffler 1974). Es waren Anstöße zu rationalem Denken, zur Infragestellung althergebrachter Glaubensbekenntnisse, zur experimentellen Prüfung naturgesetzlicher Prozesse und auch Verwerfung mittelalterlicher Dogmen, wenn sie den Maßstäben der Vernunft nicht standhielten.

Politisch war es in Kursachsen die Zeit zwischen Kurfürst August von Sachsen (1553–1586), der sich um sein Land sehr verdient gemacht und die Forstwirtschaft etabliert hatte[1] (Tab. 1) und Kurfürst Friedrich August I. (1694–1733), genannt der

---

[1] Nach der etwa 600-jährigen Vor- und Frühgeschichte des sächsischen Forstwesens wurde mit den für die Wälder aller Eigentumsformen verbindlichen Holzordnungen von 1543 (Colditz und Dresden) und 1560 (die übrigen Ämter) eine leistungsfähige kursächsische Forstwirtschaft etabliert. Das kam durch
  – Erfassung der Wälder in den kurfürstlichen Ämtern,
  – Vermessung, Kartierung und Taxation regalherrlicher Forsten
  – und Durchsetzung der landesherrlichen Holzordnungen
zum Ausdruck. Um diese für die damalige Zeit bemerkenswerten Errungenschaften hat sich vor allem Kurfürst August von Sachsen, nicht nur als Landesherr allgemein, sondern auch als Mäzen der Geodäsie und Kartografie, Pfleger von Natur und Landschaft sowie passionierter Jäger verdient gemacht.

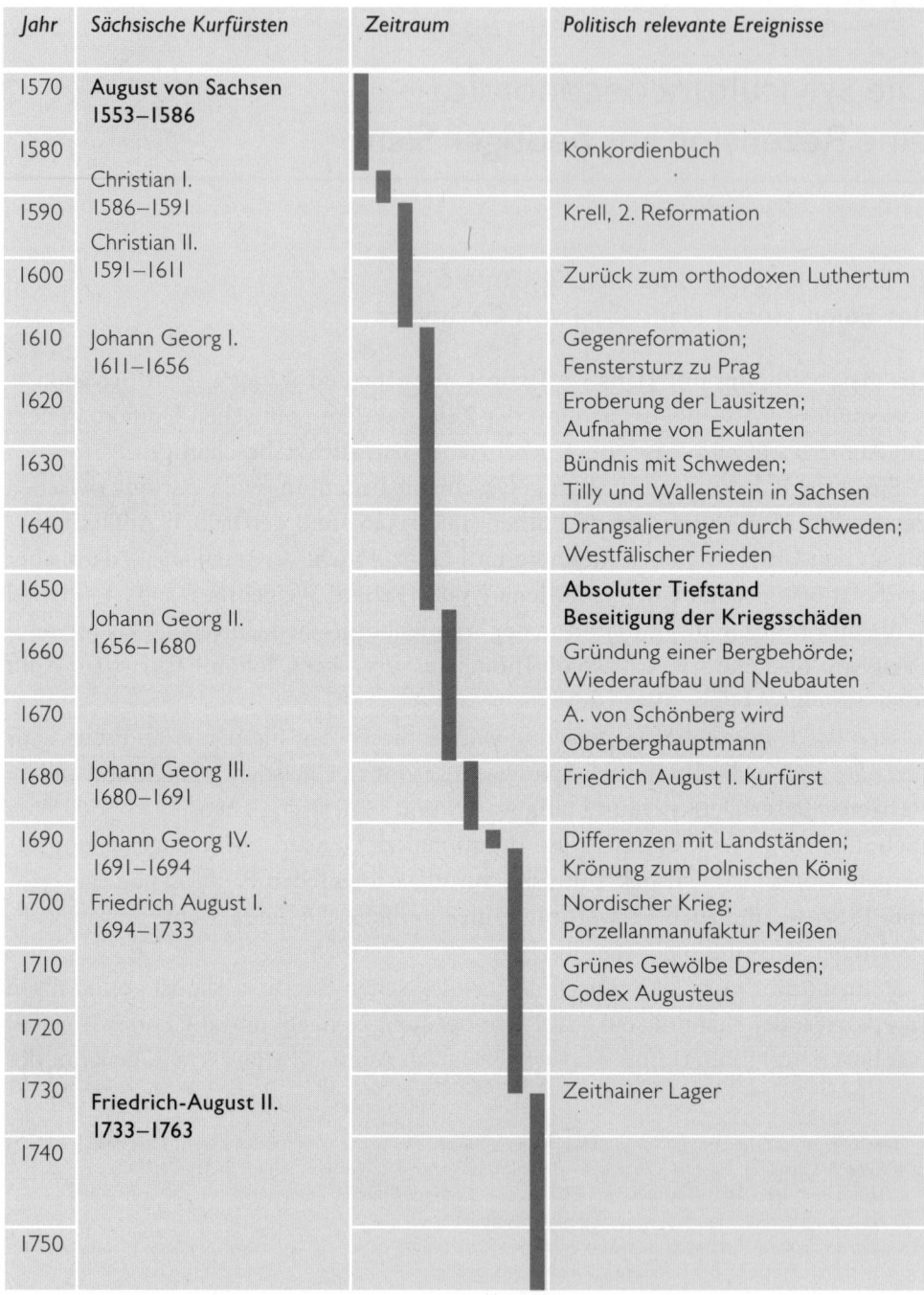

Jahr	Sächsische Kurfürsten	Zeitraum	Politisch relevante Ereignisse
1570	**August von Sachsen 1553–1586**		
1580			Konkordienbuch
	Christian I.		
1590	1586–1591		Krell, 2. Reformation
	Christian II.		
1600	1591–1611		Zurück zum orthodoxen Luthertum
1610	Johann Georg I. 1611–1656		Gegenreformation; Fenstersturz zu Prag
1620			Eroberung der Lausitzen; Aufnahme von Exulanten
1630			Bündnis mit Schweden; Tilly und Wallenstein in Sachsen
1640			Drangsalierungen durch Schweden; Westfälischer Frieden
1650			**Absoluter Tiefstand Beseitigung der Kriegsschäden**
	Johann Georg II.		
1660	1656–1680		Gründung einer Bergbehörde; Wiederaufbau und Neubauten
1670			A. von Schönberg wird Oberberghauptmann
1680	Johann Georg III. 1680–1691		Friedrich August I. Kurfürst
1690	Johann Georg IV. 1691–1694		Differenzen mit Landständen; Krönung zum polnischen König
1700	Friedrich August I. 1694–1733		Nordischer Krieg; Porzellanmanufaktur Meißen
1710			Grünes Gewölbe Dresden; Codex Augusteus
1720			
1730	**Friedrich-August II. 1733–1763**		Zeithainer Lager
1740			
1750			

Tab. 1: Zeitliche Folge der sächsischen Kurfürsten von 1570 bis 1750 sowie leitender Forstleute aus der Familie von Carlowitz / Rabenstein

Forstleute aus der Familie von Carlowitz / Rabenstein	Zeitraum	Forsthistorisch relevante Ereignisse	Jahr
		Vermessung und Taxation der Wälder; Holzordnung, Forstbedienstete	1570
			1580
			1590
Georg von Carlowitz 1596–1619			1600
Hans Georg von Carlowitz 1609–1643			1610
			1620
			1630
Georg Dietrich I. 1645–1651			1640
			1650
		H.C.v. Carlowitz **Studium in Jena**	
Carl Georg von Carlowitz 1664–1680		Kavalierreise H.C.v. Carlowitz C.G.v. Carlowitz Landforstmeister	1660
Hans Carl von Carlowitz ≈**1670–1714**		H.C.v. Carlowitz Kammerjunker H.C.v. Carlowitz **Vice-Berghauptmann**	1670
Georg Dietrich II. 1684–1722		Reforstierungen im Erzgebirge	1680
		Gutachten Holzversorgung; Fachschriftsteller	1690
		Gutachten **Holzkommission**; Krankheit	1700
		H.C.v. Carlowitz **Oberberghauptmann**; *Sylvicultura oeconomica*	1710
			1720
			1730
			1740
			1750

Starke, dem – abgesehen von seiner Jagdleidenschaft – persönliche Verdienste um den Wald und die Forstwirtschaft kaum bescheinigt werden können.

In diesem Intervall kam es unter den Kurfürsten Christian I. und dessen Sohn Christian II. zu Glaubensauseinandersetzungen (Konkordienformel 1577, Ausbreitung des Calvinismus um 1590, Justizmord an Kanzler Krell 1601, Rückkehr zum orthodoxen Luthertum) mit einschneidenden personellen Veränderungen in den kursächsischen Verwaltungen. Dann folgte der Dreißigjährige Krieg (Kurfürst Johann Georg I. 1611–1656), in dem das lutherische Kursachsen zwischen den kaiserlichen und protestantischen Armeen pendelte und seine Bevölkerung entsetzlich darunter leiden musste. In den Jahren danach (Westfälischer Friede) standen innenpolitische Probleme (Wiederaufbau besonders der ländlichen Gebiete im Erzgebirge) sowie die Stärkung von Industrie und Handel im Vordergrund (Kurfürst Johann Georg II. (1656–1680). Auf Johann Georg II. folgten in kurzer Zeit die beiden Kurfürsten Johann Georg III. (1680–1691) und Johann Georg IV. (1691–1694), über die aus forsthistorischer Sicht wenig berichtet werden kann.

Die noch heute bekannteste Persönlichkeit aus dem Haus Wettin war dann Kurfürst Friedrich August I. (genannt der Starke) (1694–1733), seit 1697 König von Polen. Seine Regierungszeit wurde geprägt durch Pracht und Prunk, Jagdvergnügen und Mätressen. Die ihm von Hans Carl von Carlowitz entgegengebrachte Widmung ist wohl eine barocke Höflichkeitsformel gewesen.

2. Zur Person des Autors

Über die Person des in Fachkreisen bekannten Buchautors wurde in jüngster Zeit häufig publiziert, nachdem man in ihm den Vater der Nachhaltigkeit entdeckt haben will. In diesen Arbeiten wird auch sein Lebenslauf beschrieben, auf den hier verwiesen werden kann (Lauterbach 2000, Grober 2001, Mathé 2001, Schuster 2001, Deegen 2004, Jentsch 2011, Köpf 2012, Schmidt 2012, Bendix 2013). Nur einige Ergänzungen, die sich in erster Linie auf seinen Bildungs- und Berufsweg beziehen, seien gestattet.

Drei Jahre vor dem Ende des Dreißigjährigen Krieges wurde Hans Carl von Carlowitz in Rabenstein bei Chemnitz geboren. Das war, abgesehen von den mit seinem Elternhaus verbundenen Privilegien, eine Zeit größter Not sowie wirtschaftlichen und kulturellen Tiefstandes im Lande.

Die von ihm besuchten allgemeinbildenden Schulen waren gehobene, wahrscheinlich altsprachlich ausgerichtete Bildungsstätten in Werdau (1652/53–1658) sowie das bekannte städtische Gymnasium in Halle (1658–1664).

Danach begab er sich zum Studium der Rechts- und Staatswissenschaften, allerdings nicht – wie zu erwarten gewesen wäre – an eine der altlutherisch-orthodoxen Universitäten Wittenberg oder Leipzig, sondern an die aufklärungsoffene Universität Jena (1664–1665), wo er bei Erhard Weigel hören und mit Gottfried Wilhelm Leibniz (1646–1716) bekannt werden konnte.

1665 trat Hans Carl von Carlowitz eine – wie es in höheren Ständen üblich war – Kavalierstour an. Sie führte zuerst an die Universitäten Leyden und Utrecht in den Niederlanden, wo kartesische Philosophie gelesen sowie Aufklärung vertreten wurde. Uns ist nicht bekannt, ob er diese Möglichkeit genutzt hat und wie er damit – als bekennender Lutheraner – fertiggeworden ist.

Der weitere Weg seiner abenteuerliche Reise führte über Flandern, London (1666) und Dänemark nach Schweden, dann über Lübeck nach Hamburg, von dort nach Südeuropa mit Frankreich, Italien – einschließlich Sizilien und Malta –, dann über Krain zurück in die Heimat. Gegen Ende des Jahres 1669 ist er hier wieder angekommen.

21 Jahre nach dem Kriegsende fand er noch ein armes und zerrüttetes Land vor: schlechte Straßen, baufällige Gehöfte, Reste niedergebrannter Siedlungen und im Wiederaufbau befindliche Kleinstädte. Zahlreiche Äcker waren verwildert oder hatten sich mit Pionierbaumarten bedeckt. Die verbliebenen Wälder, nicht selten sind sie zeitweilig Heerlager gewesen, waren verlichtet und von Blößen durchsetzt; weil man Holz schlagen musste, zum Bauen und Reparieren, ebenso zum Heizen, Wärmen und Kochen, denn die Winter waren kalt – zu dieser Zeit herrschte hier »kleine Eiszeit« – und die Mägen waren leer.

Dazu kamen Bergbau, Schmelz- und Glashütten, Hammer- und Pochwerke, die ohne Bau- und Kohlholz nicht existieren konnten. Ihr Wiederaufbau und ihre Erweiterung waren Voraussetzungen des Aufschwungs, von dem der Wohlstand des Landes abhing.

Bald nach der Rückkehr von seiner langen Reise (1670) machte H. C. von Carlowitz dem Kurfürsten Johann Georg II. seine Aufwartung, um damit zugleich seine Bereitschaft, in kurfürstliche Dienste zu treten, zum Ausdruck zu bringen. 1671 genehmigte der Kurfürst dem Vater – Amtshauptmann Georg Carl von Carlowitz und seit 1. Dezember Landjägermeister des Erzgebirgischen Kreises –, sich bei seinen Arbeiten zu Berichtigungen der Böhmischen Grenze vom Sohn unterstützen zu lassen.

Im August 1672 wurde Hans Carl von Carlowitz Kammerjunker und Adjunkt des Amtshauptmannes der Ämter Wolkenstein, Lauterstein, Lichtenwalde und Neusorge. In dieser Funktion musste er sich unter anderem mit Forstgerechtigkeiten, Grenzen und Rainungen der zu diesen Kreisen gehörigen Wälder befassen (SStA-

HSta Dresden. 1006 Finanzarch. Loc. 33345, Rep. IX. Gen. 1956, Bestallungen 1672–1674, Nr. 66). Ebenso wurde er zu Grenzstreitigkeiten in Johanngeorgenstadt hinzugezogen.

In diesen Jahren (1672–1677/78) dürfte er sich vor allem mit Maßnahmen zur Überwindung von Kriegsfolgen in Land- und Forstwirtschaft beschäftigt haben (Nutzung verwilderter Äcker und verlichteter Wälder, Empfehlungen zur Waldverjüngung, Waldpflege und Verbesserung des Waldzustandes). Die Kapitel VI. bis VIII. seines Buches lassen das erkennen.

Im November 1678 entschloss sich Kurfürst Johann Georg II., den bisherigen Kammerjunker und Adjunkt des Landjägermeisters im Erzgebirgischen Kreis, die Stelle des Vice-Berghauptmannes am Oberbergamt in Freiberg zu übertragen. Das ist am 22. Februar 1679 geschehen. Damit wurde er dem Direktor des Oberbergamtes Freiberg, Oberberghauptmann Abraham von Schönberg (1640–1711), beigeordnet. Wir wissen nicht authentisch, wie die Arbeitsgebiete und Verantwortlichkeiten dort verteilt gewesen sind. Aufgrund vorliegender Publikationen ist anzunehmen:

♦ *Abraham von Schönberg*, international bekannter Montanwissenschaftler, Angehöriger einer seit Generationen mit dem sächsischen Bergbau verbundenen kursächsischen Familiendynastie:
Vordergründig zuständig für alle den Bergbau und das Hüttenwesen im engeren Sinn betreffenden Angelegenheiten (Geowissenschaften, besonders Mineralogie und Petrographie sowie Bergbau- und Fördertechnik im weiteren Sinn).

♦ *Hans Carl von Carlowitz*, Rechts- und Staatswissenschaftler, autodidaktisch gebildeter Forstmann, Angehöriger einer seit Generationen mit der sächsischen Forstwirtschaft verbundenen kursächsischen Familiendynastie:
Hauptsächlich tätig auf den Gebieten Holzbeschaffung und Betriebswirtschaft, besonders Holzerzeugung in den Forsten, berg- und hüttenmännisch relevante Holznutzungen, Holztransport und Holzverkohlung, Verbindung zu den Gemeinden, Ämtern und Wirtschaftsunternehmen im Kurfürstentum.

Während seiner mehr alls dreißigjährigen Leitungstätigkeit im Oberbergamt Freiberg war H. C. von Carlowitz ohne Zweifel mit vielfältigen Leitungs- und Verwaltungsarbeiten beschäftigt. Das auf uns überkommene Werk musste wahrscheinlich zu großen Teil daneben – verbunden mit Recherchen, wiederholten Befragungen, umfangreichen Notizen – verfasst werden. Wahrscheinlich konnte er sich dabei sowohl auf bekannte Praktiker in den kursächsischen Forsten, als auch auf Schreiber im Oberbergamt stützen. Das dürfte zwischen der Jahrhundertwende und dem Auftreten seiner schweren Krankheit erfolgt sein.

Die erste Widmung seines Werkes für den Landesherrn, August den Starken, hat er bereits am 25. Juli 1708 in Annaberg signiert. Die offizielle Heraugabe der Schrift ist aber erst am 12. Oktober 1712 in Freyberg unterzeichnet worden. In der dazwischenliegenden Zeit sind mit Sicherheit noch einige Korrekturen und Ergänzungen erfolgt, die man an Brüchen in der Stoffgliederung erkennen kann (besonders Kap. VIII bis XII des zweiten Bandes). Das kann auf den Gesundheitszustand des Autors, aber auch auf die Entdeckung von Törflagerstätten im Erzgebirge und die in dieser Zeit laufenden Untersuchungen über die Nutzungs- und Verwertungsmöglichkeiten des Torfes in Schmelzhütten zurückzuführen sein (2. Band, Kap. XII).

Die nach dem Ausscheiden des bisherigen Oberberghauptmannes Abraham von Schönberg (†1711) vollzogene Übergabe der Direktion des Oberbergamtes an Hans Carl von Carlowitz (vermutlich erst im Frühjahr 1713, Kaden 2013), kann im Nachgang als besondere Ehrung aufgefasst werden.

3. Anliegen der Schrift

Das Grundanliegen der Schrift *Sylvicultura oeconomica* wird in der Vorrede des Buches umrissen. Es ist die Beschreibung einer aus des Autors Sicht fachgerechten Waldbewirschaftung, die auf Grundlagenwissen aufbaut, einer naturgegebenen Abfolge der Waldentwicklung unterliegt, bestimmte Arbeitsprozesse erfordert und vom Streben nach kontinuierlicher Holzversorgung der Bevölkerung sowie der lebensnotwendigen Wirtschaftsunternehmen getragen wird.

Der aus Kapitel VII, § 20, der *Sylvicultura oeconomica* (S. 105) entnommene und oft zitierte Satz

> »Wird derhalben die größte Kunst / Wissenschafft / Fleiß / und Einrichtung hiesiger Lande darinnen beruhen / wie eine sothane Conservation und Anbau des Holtzes anzustellen / dass es eine continuirliche beständige und nachhaltende Nutzung gebe / weiln es eine unentberliche Sache ist / ohne welche das Land in seinem Esse nicht bleiben mag«

drückt im Wesentlichen das aus, was bereits in der Holzordnung des Kurfürsten August von Sachsen steht und seit 1560 in Kursachsen geltendes Recht gewesen ist.[2] Kontinuität beziehungsweise Nachhaltigkeit der Holzerzeugung war also kein völ-

---

2   Forst- und Holzordnungen besaßen Gesetzeskraft. Sie trugen außerdem zur Durchsetzung der absolutistischen Macht der Landesherren gegenüber grundherrlichen Waldbesitzern bei.

lig neues Anliegen, sondern Bestandteil rechtskräftiger landesherrlicher Hoheitsrechte! Wenn diese noch nicht durchgesetzt werden konnten, ist das weniger Nachlässigkeit als praktisches und theoretisches Unvermögen gewesen! Das Adjektiv
›nachhalten‹ war Bestandteil, aber nicht Gegenstand der Forstwirtschaft, die Hans
Carl von Carlowitz darzustellen beabsichtigte. Auch dieses Adjektiv war keine Kre-
ation des Buchautors, denn ›nachhalten‹ wurde schon in mittelalterlichen Urkunden benutzt sowie lexikalisch nachgewiesen.[3]

4. Buchgestaltung

Die dem Landesherrn gewidmete voluminöse Schrift wurde – dessen Ansehen und
Würde angemessen – gestaltet.
    Die Titelseite zeigt
- rund um die Überschrift: Abbildungen von Wäldern, Waldarbeitern, Köhlern
  und Torfstechern,
- am Fuß darunter: Allegorien zum Bergbau und Handel,
um das Anliegen des Buches – Wald und die Forstwirtschaft sowie Gewerbe und
Industrie – mit differenzierten Aufgaben und gemeinsamen Anliegen künstlerisch
und fachkundlich zu illustrieren.
    Auch alle Kapitelanfänge wurden mit Zierleisten, Vignetten und Initialen gestal-
tet. Offenbar sollte damit die Wertschätzung des Autors für seinen »Landesvater«
zum Ausdruck gebracht werden. Über die kunsthistorischen Aspekte dieser Darstellungen sowie Gestaltungsbemühungen berichten Bendix (2009) sowie Huss
und v. Gadow (2013) an anderer Stelle.

5. Stoffgliederung

Die vorliegende Schrift ist eine weit gefasste, mit Fleiß recherchierte, geistig verar-
beitete, allerdings unvollständige Zusammenstellung der in den deutschen Ländern
bis zum Ausgang des 17. Jahrhunderts vorhandenen forstwirtschaftlichen Kenntnisse. Lücken, vor allem hinsichtlich Forstvermessung und Kartografie sowie
Forsttaxation und Forsteinrichtung, überraschen, weil die Ermittlung der Nach-

---

3   Nach einer soeben erschienenen Publikation von H. Kaden (Sächs. Heimatblätter, 4/2012, S. 384–391:
    Zur »Erfindung« des Begriffs der »Nachhaltigkeit« eine Quellenanalyse) tritt das Wort »nachhalten« bereits
    in einer Urkunde um 1300 auf (Braunschweiger Urkundenbuch, DRWBuch Band IX, hrsg. Heidelberger AdW,
    Stuttgart 1996).

haltigkeit und deren permanente Kontrolle in erster Linie von ihnen durchgeführt werden.

Bei Betrachtung des 415 Seiten umfassenden Buches interessiert zuerst die fachliche Gliederung, weil zu dieser Zeit noch kein das gesamte Forstwesen zusammenfassendes Werk existierte.

Den Stoff gliederte von v. Carlowitz in drei Stufen:
a) Einteilung in zwei Bände:
- Das Wesen der Wälder, ihre Strukturen und Funktionen, sachgerechte Begründung und Behandlung,
- Baumarten und deren Nutzung, besonders Holzfällung, Holzverkohlung, Veraschung und Nebennutzungen.

b) Einteilung in 30 Kapitel:
   1. Band: I.–XVIII.,
   2. Band: I.–XII.

c) Untergliederung in über 800 Paragrafen mit sehr differenziertem Umfang.

Kommentar zur Gliederung:
- Bis auf wenige Teilgebiete (Petrus de Crescentiis um 1300, Noe Meurer (1527–1583), Abraham Thumbshirn 1616, Jacob und Johann Colerus 1595) gab es vor H. C. von Carlowitz in Kursachsen kein eigenständiges forstliches Schrifttum. Die *Sylvicultura oeconomica* von ihm war beispielgebend und wirkte stimulierend für die im 18. Jahrhundert einsetzende Forstliteratur.

- Die in dem Buch enthaltenen botanischen Aufzeichnungen und von v. Carlowitz dazu vertretenen Auffassungen stammen aus der Zeit vor Linné (1735) und Darwin (1835). Selbst bei Bezug auf den Wissensstand von etwa 1700 entsprachen die gegebenen Hinweise kaum dem Stand dieser Zeit.

- Nicht behandelt wurden Wild und die Jagd, für die Oberhofjägermeister Wolff Dieterich von Erdmannsdorf (1684–1720) zuständig war, mit diesem Stoff befasste sich auch H. F. von Flemming (1719).

- Trotz Bekanntschaft mit der Frühaufklärung in Jena und Leyden ist v. Carlowitz weitgehend der Scholastik verhaftet geblieben.

6. Splitter aus dem Text

Der Inhalt der erwähnten 30 Kapitel und 800 Paragrafen kann in der vorliegenden Kurzfassung nicht detailliert behandelt werden. Darum wird versucht, die Verdienste des Autors in wenigen Thesen zusammenzufassen, weil zu befürchten ist, dass die ›nachhaltigen Verdienste‹ des H. C. von Carlowitz um die Forstwirtschaft in der gegenwärtigen Nachhaltigkeitseuphorie vernachlässigt werden.

Erster Band

Der Inhalt des ersten Bandes ist – wie das gesamte Fachgebiet Forstwirtschaft – überaus heterogen und differenziert. Er lässt eine Einteilung in allgemein historische, geografische, weltanschaulich-humanistische sowie waldbezogen-natur- und technikwissenschaftliche Fragen erkennen, die jedoch bei einzelnen Fachgebieten kaum mit Klassifizierungen der Gegenwart in Einklang zu bringen sind.

Widmung und Vorbericht

Auf die Würdigung des Kurfürsten Friedrich August I. von Sachsen, seit 1797 König August II. von Polen (genannt August der Starke), folgt ein umfassender Vorbericht, der sich an die Leser wendet und wesentliche Aussagen zum Anliegen des Buches enthält.

Auf sechs Seiten, die wahrscheinlich kurz vor dem Erscheinen des Buches verfasst worden sind und als wissenschaftliches Testament des Autors betrachtet werden können, fasst v. Carlowitz zusammen, was er in seinem Buch festhalten, der Nachwelt hinterlassen und für Kursachsen ins Werk setzen wollte. Sinngemäß schreibt er darin:[4]

Acker- und Gartenbau haben sich im letzten Jahrhundert ausgedehnt und erheblich verbessert. Auf diesen Gebieten stehe Deutschland den Nachbarländern kaum nach. Trotzdem wäre festzustellen, dass bisher über die Saat, Pflanzung, Pflege und Bewirtschaftung wilder Bäume und Wälder wenig publiziert worden sei. Darum wäre zu wünschen, dass »Sylvicultur« beziehungsweise der Anbau wilder Gehölze zu einem eigenen Fachgebiet erhoben wird. Zahlreiche Länder, die über ausgedehnte, zum Baumwachstum geeignete Flächen verfügen und großen Holzbedarf aufweisen, könnten dadurch gefördert werden.

> »… dahero (sei) wohl zu wünschen / dass die Sylvicultura, oder der wilde HolzAnbau / auch so hoch / als die Gärtnerey erhoben werden möchte /

---

4 Geringfügig gekürzt und transkribiert.

> dadurch würden ohne Zweiffel diejenigen Länder / so hohen
> Holtz=Vertrieb haben / auch zum Holtzwachs genaturet / und mit
> weitläufftigen Revieren darzu von Göttlicher Allmacht versehen /
> in großes Aufnehmen gesetzet werden; ...« (a. a. O., S. 1)

Mit diesem Satz wird ein selbstständiges Fachgebiet ›Sylvicultur‹ gefordert und dessen Bedeutung – unabhängig von forstpolitischen, ökologischen sowie sozio-ökonomischen Voraussetzungen – hervorgehoben.

Es bestehe kein Zweifel, dass auf das in den Wäldern heranwachsende Holz, neben hauswirtschaftlichem Bedarf, im Bergbau und Hüttenwesen, dem Sachsen seinen Reichtum und Fortschritt verdanke, nicht verzichtet werden kann.

Meilensteine der Landnutzungsplanung
und Entwicklung der Forstwirtschaft

Landnutzungsplanung

Kern des Kapitels IV war die nach dem Dreißigjährigen Krieg im Erzgebirge aufgetretene Frage nach der künftigen Landnutzung, besonders hinsichtlich Anteil und der Verteilung der Bodennutzungsarten. Dazu äußert sich v. Carlowitz (Kapitel 4, § 43) sinngemäß[5] wie folgt:

> »Es scheint ein generelles Streben zu geben oder eine Seuche zu sein,
> wenn viele Ansässige dazu neigen, statt Wald lieber Felder und Wiesen zu
> besitzen, als wäre Wald nicht auch für die Hauswirtschaft nötig.
> Man bedenke was geschieht, wenn
> – der Wald einerseits beseitigt wird und die frei gewordenen Flächen zu
>   Feldern, Wiesen und Gärten umgewandelt werden, wenn die neuen Fel-
>   der nur geringe Erträge bringen, die nicht ausreichen, Brot und andere
>   Waren zu kaufen,
> – Mangel an Wald und Waldarbeit eintritt und zum Ankauf von Brot
>   nicht genügend Geld verdient werden kann, sodass alte und neue Ein-
>   wohner darben müssen und selbst das Brennholz nicht mehr ausreicht.
> Es wäre darum wohl ratsamer, wenn ein Hausvater seinen Wald wachsen
> ließe, seine Wiesen und Felder düngte und bearbeitete und dann von
> beiden Nutzen habe.

---

5 · Transkribiert und wegen Platzmangel gekürzt.

Bei übermäßiger Reduktion der Waldfläche würden die im Forst bisher Beschäftigten gezwungen, sich in Manufakturen oder Gewerken, besonders Bergwerken, andere Arbeit zu suchen, um Geld zu erlangen und damit zu Getreide kaufen.

Außerdem gäbe es faule und schlimme Einwohner, die Ackerbau und andere Erwerbsquellen verachten, ihre Wälder abtreiben, um davon zu leben und sich zu ernähren. Wobei sie nicht bedenken, wovon ihre Nachkommen das benötigte Holz hernehmen sollen. Sie betrachten den Wald als einen Nutzen, der nicht sauer erworben werden muss. Auch das Geld, das sie damit erwerben, achten sie nicht, sondern verbrauchen es leichtfertig.«

Mit diesen Auffassungen trat v. Carlowitz gegen eine sich einbürgernde, durch Bergbau und Bevölkerungszuwachs geförderte Waldrodungstätigkeit auf, wobei er mit gutem Grund auf die agrarfeindliche Naturausstattung des Erzgebirges und den durch Bergbau und Bevölkerungsdichte verursachten Holzmangel verwies. Das waren Äußerungen, die modernen Überlegungen zur Landnutzugsplanung vorauseilten.

Koinzidenz Umwelt – Wald

Seit der Antike ist bekannt, dass die Baumartenzusammensetzung der Wälder vom Klima und Boden der betreffenden Landschaft abhängig ist. Dieses uralte Wissen wird von v. Carlowitz besonders im Kapitel XI (Baumartenwahl und Standort) untermauert. Anhand heimischer Beispiele und Angaben aus der Literatur leitet er davon ab, dass es notwendig ist, die Eigenschaften jedes Ortes zu erkunden um zu prüfen, ob er bestimmte Baumarten zu tragen vermag oder andere Spezies besser auf ihm gedeihen. Er betont, dass ein Boden für die eine Baumart günstiger als für die andere sei. Es folgen Vorschläge zur Baumartenwahl, die sich mit heutigen Kenntnissen weitgehend decken. Diese Darstellungen lassen erkennen, dass v. Carlowitz sich sowohl der unterschiedlichen Standortansprüche unserer heimischen Baumarten als auch der obligatorischen Wirkungen von Klima und Boden bewusst war.

In zahlreichen Paragrafen werden bodenkundliche und ökologische Fragen berührt (Definitionen, Bodenuntersuchung, Bodenbewertung, Bioindikation, Bodendüngung und -melioration, Bodenbearbeitung), womit er dem Wissensstand seiner Zeit vollauf gerecht geworden ist.

Man geht nicht fehl, wenn man v. Carlowitz als Vordenker der forstlichen Standortlehre und Wegbereiter des ökologischen Waldbaus betrachtet.

Waldbegründung und Waldpflege

Die Auffassungen des H. C. v. Carlowitz zur Begründung und Pflege der erzgebirgischen Wälder kommen in zahlreichen, meist umfangreichen Kapiteln zum Ausdruck. Das beginnt mit Kapiteln zur Auswahl von Mutterbäumen für die Saatgutgewinnung und die Ernte und zur Behandlung sowie Lagerung von Forstsaatgut (Kapitel IX und X). Dies setzt sich fort mit der Vorbereitung der Böden für die Saat von Gehölzen in Baumschulen und auf Gehauen, der Saatgutprüfung und -vorbereitung sowie Ausführung und Pflege von Saaten (Kapitel XI, XII). Im Kapitel XV wird dann abschließend über Pflanzenanzucht in Baumschulen berichtet. Im Kapitel XVI beschäftigt sich der Autor dann noch speziell mit Forstpflanzgut und der Pflanzung von Bäumen in den hiesigen Wäldern.

Neben diesen Verfahren der generativen Vermehrung von Bäumen und künstlichen Verjüngung von Wäldern werden in den Kapiteln XIII und XIV auch vegetative Methoden der Gehölzvermehrung sowie Nieder- und Mittelwald kurz mit abgehandelt.

Zu den verschiedenen Abschnitten über »Gehölzvermehrung und Waldbegründung« ist generell festzustellen, dass sie – zusammengefasst – ein für die damalige Zeit grundlegendes und richtungsweisendes Werk ergeben hätten, das von holzgerechten Jägern – die die gelehrte Schrift *Sylvicultura oeconomica* kaum gekannt haben dürften – ohne Zweifel begeistert aufgenommen worden wäre.

An die Waldbegründung und -verjüngung schließt sich die »Waldpflege« an. Das ist ein zur damaligen Zeit kaum entwickeltes Gebiet. Allgemein war es noch nicht üblich, überwiegend naturnahe Wälder durch negative oder positive Selektionen von Bäumen zu gestalten oder Wälder von Jugend an nach erprobten Verfahren zu erziehen oder zu pflegen. Auch in der Schrift des v. Carlowitz stehen diese Fragen noch nicht im Vordergrund. Sie wurden aber von ihm erkannt und im Kapitel III, § 44 angesprochen. Dort heißt es sinngemäß:

> »Beachtliche Schäden treten dann ein, wenn krumme, knotige, ungeeignete, unnütze, beschädigte, faule, verstümmelte und verbuttete Bäume in der Regel stehen bleiben, beste, noch in vollem Wachstum stehende hingegen gehauen und verkauft werden. Erstere nehmen ebenso viel Platz wie wertvolle Stämme ein. Sie bleiben jedoch stehen, obwohl sie kaum noch Zuwachs aufweisen. Letztere hingegen sind ein besseres Kaufmannsgut, das schon bei der Aufbereitung weniger Arbeit bereitet. Geschädigte dieser falschen Art der Waldbehandlung sind die Grundherren. Oft geschieht es auch, dass jüngere Bäume, die zum Bauen angewiesen worden sind, über einen hohen Zuwachs verfügen;

alte, starke und zuwachsschwache hingegen, die sich nicht mehr zum
Bauen eignen (wie ursprünglich gedacht war) bleiben erhalten.
Das ist zum Glück kein großer Schaden, weil Stämme besten Wuchses,
besonders Fichten, Tannen u. a., jährlich einen Zoll im Durchmesser
und eine Elle in die Höhe zulegen. Man muss jedoch berücksichtigen,
wozu jeder einzelne Stamm zu gebrauchen und zu welchem Zeitpunkt
er zu fällen ist. Dabei ist es wichtig, dass die vorhandene Naturverjüngung nicht ruiniert wird und dort, wo keine Aussicht auf deren
Aufwuchs besteht, einige stärkere Stämme genutzt und in Klafter
gesetzt werden.«

Diese Ausführungen sind bemerkenswert, weil sie sich nicht nur mit Waldbestän-
den im Ganzen, also Schlägen, Stockräumen, Wiederwuchs beschäftigen, sondern
in deren Inneres schauen, sie als Ökosysteme betrachten und ihre Dynamik zu
erkennen und zu gestalten versuchen. Hinzu kommen verstreute Anmerkungen
zu »putzenden« und selektierenden Eingriffen in Jungbeständen, die als Initiativen zur Erziehung und Pflege junger Waldbestände sowie Anregungen zu frühen
Durchforstungen betrachtet werden können.

Nachhaltigkeit
Das alte, bis in die Antike zurückreichende Anliegen (Kremser 1990), eine konti-
nuierliche Holzversorgung staatsrelevanter Unternehmen (Schiffbau, Bergwerke,
Schmelzhütten) und der Bevölkerung zu sichern, wird im Kapitel VI (Sparen und
Konservieren von Holz) behandelt. Diese Bestrebungen setzten sich im Mittelalter, vor allem in den handels- und entdeckungsreisenden Ländern (Niederlande,
Portugal, Spanien, England) fort (Tab. 2). In Deutschland kamen sie in hausväterli-
chen Empfehlungen und staatlichen Regelungen (Holz- und Forstordnungen) zum
Ausdruck, bis sie später von den forstlichen Klassikern wissenschaftlich fundiert
und von den staatlichen Forsteinrichtungsanstalten durchgesetzt worden sind. Eine
unvollständige Übersicht bis um 1700 gibt v. Carlowitz selbst im Kapitel VI, §§ 7,
14, 16 des ersten Bandes seiner *Sylvicultura oeconomica*. Daraus folgt jedoch auch,
dass er nicht der ›Erfinder‹, sondern nur ein Vertreter der Nachhaltigkeitstheorie
sein kann. Wer solches behauptet, demonstriert damit, dass er diese Schrift nicht
tiefgründig gelesen hat.

Grundlegend für uns Forstleute sind die im 16. Jahrhundert von zahlreichen
Landesfürsten erlassenen Forst- oder Holzordnungen. Sie leiteten sich vom Forst-
und Jagdregal der früheren Könige ab und trugen unter anderem dazu bei, die
Hoheitsrechte der in ihren Territorialstaaten absolutistisch herrschenden Landes-

Quelle n. v. Carlowitz	Land	Objekt	Erläuterung
Bd. I, Kap. 6, § 7	Spanien, Bilbao	Eisenhämmer	es wurde eine jährliche Schlagfläche zur Gewinnung von Kohlholz mit Rotationszeiten von 15 bis 20 Jahren festgelegt
Bd. I, Kap. 6, § 7	Frankreich	Schiffbau	alle durch Schläge entstandenen Lücken waren umgehend zu besäten und zu bepflanzen, damit Kontinuität gewährleistet wird
Bd. I, Kap. 6, § 16	Braunschweig	Herzog Heinrich Julius der Jüngere, Holzordnung von **1547** (Kremser 1990, S. 126)	Verbot: »… überhand genommene Abhauungen und Niederschlagen der Hölzer in den Harzwaldungen …«
Bd. I, Kap. 6, § 16	Kursachsen	Kurfürst August von Sachsen, Holzordnung vom 8. Sept. **1560**	wie viel auch im Jahr und anderen genutztes Holtz darinnen verkauf und verholtzet und aus Unseren sondern Befehl nicht überschritten werden soll, damit durch solch Mittel Unseren Unterthanen und Bergwerken so viel möglich und die Gehölze vertragen können, eine wehrende Hülfe auch Unseren Aemtern, … verbleibende und beharrliche Nutzung erhalten.
Bd. I, Kap. 6, § 14	Deutschland	Veit Ludwig von Seckendorff, Der deutsche Fürstenstaat, Gotha **1655**	die angewiesenen Holznutzungen dürfen nicht überschritten werden, sondern eine fortwährende Holzung dem Herrn, eine beharrliche Feuerung und andere Holzbedürfnisse dem Land und seinen Nachkommen müssen erhalten bleiben
Bd. I, Kap. 7, § 20	Kursachsen	H. C. v. Carlowitz, *Sylvicultura oeconomica* **1713**	… wird derhalben die größte Kunst / Wissenschafft / Fleiß / und Einrichtung hiesiger Lande darinnen beruhen / wie sothane Conservation und Anbau des Holtzes anzustellen / dass es eine continuirliche beständige und nachhaltende Nutzung gebe / weiln es eine unentberliche Sache ist / ohne welche das Land in seinem Esse nicht bleiben mag

Tab. 2: Personen und Institutionen die nach Angaben von H. C. v. Carlowitz (1713, S. 89/90) selbst permanente, kontinuierliche, fortwährende, stetige oder nachhaltige Holzversorgung vertreten oder angewiesen haben

fürsten (Obereigentum) gegen verbriefte Eigentumsrechte einzelner Grundherren durchzusetzen.

Die in der *Sylvicultura oeconomica* bezüglich ›Nachhaltigkeit‹ am häufigsten zitierte Formulierung (Kap. VII, § 20, S. 105) erwähnt den Begriff »nachhaltend« nur nebenher. Erst später, nach wissenschaftlicher Fundierung, ist er zum Substantiv erhoben worden.

Zweiter Band

Hier werden in den Kapiteln I bis VI zahlreiche Baum- und Straucharten beschrieben, die wohl besser mit dem Stoff in den Kapiteln III und XVII des ersten Bandes zu verbinden gewesen wären. Einerseits haften ihnen die schon erwähnten systematischen und pflanzenphysiologischen Schwächen an, andererseits enthalten sie zahlreiche historisch interessante Herkunfts- und Nutzungshinweise, die zu bewahren wünschenswert ist.

Im Kapitel VIII, dass sachlich an Kapitel XVIII des erste Bandes anzuschließen wäre, wird über die Fällung und Aufbereitung von Bäumen berichtet. Unter anderem ist aus ihm zu entnehmen, dass beim Holzeinschlag im Walde nun auch Sägen Einzug gehalten haben.

Kapitel IX ist der Holzverkohlung gewidmet. Auf diesen in sich abgerundeten Teil wird später oft von anderen Schriftstellern zurückgegriffen.

Kapitel X enthält kurze Angaben zu den Nebennutzungen Holzaschegewinnung und Kienrußherstellung, die heute kaum noch geläufig sind.

Kapitel XII ist dem zu Beginn des 18. Jahrhunderts im Erzgebirge gefundenen Torf gewidmet. Wahrscheinlich ist die Herausgabe des vorliegenden Werkes kurz nach Prüfung des Torfes als Brennstoff für Schmelzhütten erfolgt.

Offengeblieben sind noch die Kapitel VII und XI. Kapitel VII (Nutzung der Wälder und des Holzes) besitzt fast den Charakter eines Schlusswortes, obwohl weitere Kapitel (siehe oben) noch drauf folgen. Im Kapitel XI werden zahlreiche Kuriositäten skizziert, die durchaus interessieren mögen, aber auch überblättert werden können.

7. Wertung

Anliegen und Ziel des vor 300 Jahren aufgelegten Buches waren eine:

fachgerechte Waldbewirtschaftung, die auf Grundlagenwissen aufbaut, natürliche Gesetzmäßigkeiten berücksichtigt, Arbeitprozesse – die der Waldpflege und -nutzung dienen – ausführt und dabei vom Streben nach beständiger Holzversorgung von Bevölkerung und Gewerbe bestimmt wird.

Mit den Adjektiven »continuierliche«, »beständig« und »nachhaltig« werden mehrere, nahezu gleichwertige Eigenschaften aufgezählt, die zur Vermeidung lästiger Wiederholungen gegeneinander austauschbar sind. Dabei wurde »nachhaltig« zum Subjekt erhoben, weil es sich – im Vergleich zu den anderen Adjektiven – am besten dazu eignete (vgl. Kaden 2012). Verschiedene philosophische Betrachtungen von heute zu dem in der Forstwirtschaft seit über zwei Jahrhunderten gebräuchlichen Begriff »Nachhaltigkeit« erscheinen aus forstpraktischer Sicht überzogen. Es mutet uns Forstleute eigenartig an, wenn über ein konkretes, mathematisch fassbares Anliegen der Forstwissenschaft abstrakte Dispute geführt werden, die häufig mit dem Kern der Sache kaum noch etwas zu tun haben.

Herausragende Bestandteile der Schrift des Hans Carl von Carlowitz sind:

- Der Vorbericht, in dem eine gut verständliche und historisch wertvolle Übersicht zum Grundanliegen der gesamten Arbeit gegeben wird. Sie hätte die Zusammenfassung sein können.

- Die Hinweise zur Wald-Feld-Verteilung im kriegsgeschädigten Erzgebirge, die Anregungen geben zu einer ökologisch und ökonomisch fundierten Landnutzungsplanung.

- Die in mehreren Kapiteln betonte Bedeutung des Standortes als Einheit von Geologie, Boden und Klima sowie naturwissenschaftliche Grundlage der Baumartenwahl. Zugleich wurden damit Denkanstöße für die forstliche Standortskartierung und den ökologischen Waldbau gegeben.

- Die die Anlage und Bewirtschaftung von Wäldern behandelnden Kapitel wären zusammen gefasst – schon vor 300 Jahren – von allen praktischen Forstleuten mit großem Interesse aufgenommen worden.

Weniger überzeugend oder gar nicht vorhanden sind

◆ Angaben zur Systematik, Physiologie und Phytopathologie der Bäume,

◆ die gesamte Faunistik, selbst Wildbiologie, fehlt,

◆ Geodäsie und Kartografie, Taxation der Wälder und Waldzustandsermittlung, die schon unter Kurfürst August begonnen wurden, ein umfangreiches Kartenwerk sowie zahlreiche archivalische Unterlagen (Humelius, Familie Oeder, Zimmermann) wurden nicht oder unzureichend berücksichtigt.

Der von der *Sylvicultura oeconomica* ausgegangene Progress lässt sich kurz zusammenfassen:

◆ Sammlung und Ordnung der zum Ausgang des 17. Jahrhunderts vorhandenen forstwirtschaftlichen Erfahrungen,

◆ Ansätze zur frühen Waldökologie,

◆ Beiträge zum Waldbau, besonders bezüglich Waldverjüngung und Waldpflege,

◆ Anfänge einer sachkundigen Landnutzungsplanung,

◆ Hinweise zur Forstpolitik,

◆ Zusammenarbeit von Montanwesen, Land- und Forstwirtschaft.

8. Schlusswort

Auf die hohe Zeit, die Sachsen unter Kurfürst August im 16. Jahrhundert erleben durfte, folgte ein tiefes Tal mit Glaubenskämpfen und einem langen, verheerenden Krieg. Der Weg aus diesem Tal war hart und steinig, besonders für die bäuerliche Bevölkerung, die Plünderungen, Mord und Totschlag erleben musste, aber auch für Industrie, Gewerbe und Handel, von denen, besonders mit Bergbau und Hüttenwesen, der Aufschwung im Lande abhängig war.

Zwischen beiden stand die Forstwirtschaft, einerseits als Pflegerin von Natur und Landschaft, andererseits als Produzentin von Holz.

Auf diesem Gebiet war das Geschlecht derer von Carlowitz seit Generationen – als leitende Praktiker in den landesherrlichen Wäldern und als Dienstadel in kurfürstlichen Verwaltungen jahrzehntelang – tätig, so auch in den Nachkriegsjahren des 17. Jahrhunderts und in der ersten Hälfte des 18. Jahrhunderts.

In dieser Zeit entstand die Schrift *Sylvicultura oeconomica* von Hans Carl von Carlowitz. In ihr wird die damalige Situation in den Wäldern des Kurfürstentums Sachsen beschrieben. Meist waren es verlichtete und der Wiederaufforstung bedürftige Wälder; Wälder die Pflege und Schutz benötigten und dazu beitragen mussten, die Bevölkerung, das Gewerbe und das Montanwesen kontinuierlich mit Holz zu versorgen. Dazu gab er den Praktikern und der sich entwickelnden forstlichen Wissenschaft ein Kompendium in die Hand, das sowohl Wegweiser als auch Anstoß zur Fortentwicklung der sächsischen Forstwirtschaft geworden ist.

Literatur

Bendix, B.: Einführung zur Reprintausgabe der 2. Auflage von H. C. v. Carlowitz: Sylvicultura oeconomica. Braun, Leipzig 1713; Kessel, Reihe Forstliche Klassiker, 2009.

Bendix, B.: Zur Biografie eines Vordenkers der Nachhaltigkeit, Hans Carl von Carlowitz (1645–1714). In: Sächsische Hans-Carl-von-Carlowitz-Gesellschaft (Hrsg.): Die Erfindung der Nachhaltigkeit. Leben, Werk und Wirkung des Hans Carl von Carlowitz. oekom verlag, München 2013.

Birke, O.: Der Bezirk Annaberg im Lichte der Karthographie des 16. Jahrhunderts. Gymnasium Annaberg 1913.

Colerus, J.: Oeconomia ruralis et domestica. Frankfurt a. M. 1595.

Crescentiis, P. de: New Feldt vnd Ackerbaw, darinnen deutlich begriffen Wi mann auss rechtem Grund der Natur, auch langwiriger erfahrung in 15 Bücher beschrieben, welcher gestalt jedes Landgut etc. bey rechter Zeit auffs beste zu bestellen, vnd mit allerhand Feldarbeit recht zu versorgen etc. etc. Frankfurt a. M. 1583.

Deegen, P. (2004): Ansätze einer ökonomischen Theorie der forstlichen Nachhaltigkeit. Perspektiven forstökonomischer Forschung. Schriften zur Forstökonomie, vol. 25, J. D. Sauerländer, Frankfurt a. M. 2004.

Flemming, H. F.: Der vollkommene Teutsche Jäger. Leipzig 1719.

Grober, U.: Der Erfinder der Nachhaltigkeit Hans Edler von Carlowitz. In: Einleitung zum Reprint der Erstausgabe 1713 der Sylvicultura oeconomica, bearbeitet von Klaus Irmer und Angela Kießling, hrsg. von der TU Bergakademie Freiberg, Freiberg 2000, S. 6., 2010.

Grober, U.: Die Entdeckung der Nachhaltigkeit. Kulturgeschichte eines Begriffes. Kunstmann, München 2010.

Heussi, K.: Abriss der Kirchengeschichte. Weimar 1960.

Huss, J.; F. v. Gadow: Vorwort zur Reprintausgabe der Sylvicultura oeconomica von H. C. von Carlowitz 1713, Kessel, Remagen-Oberwinter 2013.

Jentsch, F.: Der Erfinder der Nachhaltigkeit Hans Carl von Carlowitz (1645–1714). In: Mitteilungen des Chemnitzer Geschichtsvereins. Jahrbuch 76 N. F.. XVII, Chemnitz 2011.

Kaden, H.: Zur »Erfindung« des Begriffs der »Nachhaltigkeit«. Eine Quellenanalyse. Sächs. Heimatblätter, 4, S. 384–391, 2012.

Köhler, J. D.: Anleitung zu der Alten und Mittlern Geographie nebst XII. Land-Kärtgen. Nürnberg 1730.

Köpf, E. U.: Nachhaltigkeit und globales Finanzwesen, Scheidewege, Jahresschrift für skeptisches Denken, 42, S. 42–58, 2012.

Kremser, W.: Niedersächsische Forstgeschichte. Rotenburg (Wümme) 1990.

Lauterbach, W.: Hans Carl von Carlowitz. In: Berühmte Freiberger. Ausgewählte Biographien bekannter und verdienstvoller Persönlichkeiten. Teil 1 – Persönlichkeiten aus dem 12. bis 17. Jahrhundert. Mitt. des Freiberger Altertumsvereins, 38. Heft, Freiberg 2000, S. 98–99, 101–103 u. 115.

Lehmann, Ch.: Historischer Schauplatz derer natürlichen Merckwürdigkeiten in dem Meißnischen Ober-Ertzgebirge. Leipzig. Diese Schrift wurde 1717 noch einmal von Lehmanns Nachkommen unter dem Titel »Ausführliche Beschreibung des Ober-Ertzgebürges« publiziert, 1699.

Mägdefrau, K.: Geschichte der Botanik. Fischer Jena, 2. Aufl. 1941, 1992.

Mathé, P.: Die Geburt der »Nachhaltigkeit« des Hans Carl von Carlowitz – heute eine Forderung der globalen Ökonomie. Forst und Holz, 56. Jg. Heft 5, 246–248, 2001.

Meurer, Noe: Von forstlicher Oberherrlichkeit und Gerechtigkeit, was die Recht, der Gebrauch, die Billigkeit deßhalben vermög. 1560, 1527–1583.

Richter, A.: Geschichte der Organisation der Sächsischen Staatsforstverwaltung. Selbstverl. d. Sächs. Staatsforstverw. Dresden 1935.

Schmidt, R.: Hans Carl von Carlowitz. In: Bergbau, Gelsenkirchen 2012, 63. J., Heft 6, S. 261–265.

Schöffler, H.: Deutsches Geistesleben zwischen Reformation und Aufklärung. Klostermann, Frankfurt a. M. 1974.

Schönberg, Abraham von: Ausführliche Berginformation. 1693.

Schuster, E. (2001): Einige Bemerkungen zur Geschichte der forstlichen Nahhaltigkeit. Forst und Holz, 56. Jg., 23/24, 754-757, 2001.

Seckendorff, V. L. von: Der Deutsche Fürstenstaat, Gotha 1655, S. 424.

Strauch, S.: Veit Ludwig von Seckendorff (1626–1692) – Reformationsgeschichtsschreibung – Reformation des Lebens – Selbstbestimmung zwischen lutherischer Orthodoxie, Pietismus und Frühaufklärung. In H. Klueting (Hrsg.): Historia profana et ecclestiastica Geschichte und Kirchengeschichte zwischen Mittelalter und Moderne. Bd. 11, Münster 2005.

Weltkommission für Umwelt und Entwicklung: Unsere gemeinsame Zukunft. Bericht der Weltkommission für Umwelt und Entwicklung, Berlin 1988.

Zeeden, E. W.: Europa im Zeitalter des Absolutismus und der Aufklärung. Klett-Cotta, Stuttgart 1981.

2

Nachhaltigkeit – ein Leitbild im Diskurs

Wolfgang Haber

Nachhaltige Entwicklung
zwischen Notwendigkeit, Tugend und Illusion[1]

Zu der Zeit als Hans Carl von Carlowitz als ›sächsischer Bergbauminister‹ – so würde man ihn heute nennen – sein Buch *Sylvicultura oeconomica* verfasste, waren die Wälder weithin zur Gewinnung von Acker- und Siedlungsland beseitigt worden, die verbleibenden durch mangelnde Kontrolle der Waldweide-, Brenn-, Werk- und Bauholznutzung oft degradiert oder als herrschaftliche Jagdwälder jeder Nutzung entzogen. Vor allem gab es, von wenigen Ansätzen abgesehen, noch keinen geregelten, ›nachhaltenden‹ Waldbau mit Verjüngung und Pflege. Diesen hat Carlowitz in seinem Buch überzeugend dargestellt und begründet.

Ein so betriebener Waldbau kann aber auch nur so viel Holz liefern, wie im biologischen Wachstumstempo der Bäume auf einer gegebenen, begrenzten Waldfläche pro Jahr verfügbar wird. Die von Carlowitz visionär erkannte ›Nachhaltigkeit‹ enthält also immer Begrenzungen, nämlich eine Nutzungseinschränkung in der Gegenwart zur Sicherstellung der zukünftigen Nutzung der Ressource Holz. Psychologisch erzeugt dies eher Abneigung; denn Menschen schätzen Einschränkungen wenig, erst recht nicht der sozialpolitisch auf ›Freiheit‹ ausgerichtete moderne Mensch. Dies erklärt, warum ›nachhaltige Entwicklung‹, ein Begriff, der nicht sogleich an Grenzen denken lässt, so schnell beliebt wurde. Doch seine Umsetzung in die Lebenspraxis gelingt nicht ohne Begrenzungen – und hier liegt die generelle Problematik, auf die ich noch näher eingehen werde. Wenn ich dabei mit Nachhaltigkeit eher kritisch umgehe, heißt das nicht, dass ich ihre große Wichtigkeit und Zukunftsbedeutung infrage stelle und erst recht nicht, dass ich Carlowitz' Verdienste um den Waldbau und seine Visionen in Zweifel ziehe. Aber in 300 Jahren sind gewaltige Veränderungen erfolgt, ihnen muss die Anwendung von zu jener Zeit geprägten Begriffen angepasst sein.

Aus heutiger Sicht hat Carlowitz den wirtschaftlich nachhaltigen Waldbau konzipiert, aber, wenn man Nachhaltigkeit als ›allgemeines‹ Prinzip versteht, könnte

---

1 Aus dem Vortrag am Reformationstag 2012 in der Rabensteiner Kirche St. Georg.

man ihn der Einseitigkeit zeihen. Denn er hat, sehr nüchtern ausgedrückt, die Nutzbarkeit der einen, erneuerbaren Ressource (Holz) gesichert, um die andere, nicht erneuerbare Ressource (Erze) umso wirksamer abzubauen und zu nutzen. Das ist ihm und seinen Nachfolgern auch gelungen. Unbewusst hat Carlowitz aber damit den für nachhaltige Entwicklung ganz wesentlichen Unterschied zwischen erneuerbaren und nicht erneuerbaren Ressourcen deutlich gemacht! Carlowitz' Buch behandelt im Übrigen nicht nur den Wald. Wie bereits die genaue Lektüre des wortreichen Innentitels des Buches, der dessen Ziele umschreibt, zeigt, geht es nicht nur um einen nachhaltenden Waldbau, sondern »zu nothdürfftiger Versorgung des Hauß-, Bau-, Brau-, Berg- und Schmeltz-Wesens« auch um die Nutzung und »nützliche Verkohlung« des in den Mooren des Erzgebirges lagernden Torfes. Das werden heutige Natur- und Klimaschützer wohl als nicht mit Nachhaltigkeit vereinbar ansehen und strikt ablehnen. Aber Carlowitz urteilte aus seiner Zeit, seinem Kenntnisstand und seiner Verantwortung. Der Buchtitel heißt ja auch *Sylvicultura oeconomica* und nicht *Sylvicultura naturalis*. Jedenfalls ist das Werk, das 1732 in einer zweiten, ergänzten Auflage erschien, als ein Markstein für die Entwicklung der Forst- und Holzwirtschaft im deutschsprachigen Raum anzusehen. Über die tatsächliche Wirkung des Buches in der Politik und der forstlichen Praxis ist jedoch, wie Günther Bachmann in seinem Vortrag im Juni 2012 ausführte, wenig bekannt (vgl. dazu in dieser Publikation den Beitrag von Günther Bachmann, *Die historischen Wurzeln des Leitbildes Nachhaltigkeit und das 21. Jahrhundert*).

Andererseits hat sich die Übernutzung der Wälder, der Carlowitz ein Ende setzen wollte, noch im gleichen Jahrhundert auf andere Weise – vorerst – erledigt, als in der Erzverhüttung Holz und Holzkohle durch einen ›neuen‹ Brennstoff mit größerer Wirkung, nämlich Steinkohle ersetzt wurden, den ›unterirdischen Wald‹ (nach Sieferle 1982), den man aber, wie wir heute erkennen, nicht nachhaltig nutzen kann. Doch bleibt Carlowitz' richtungsweisende Idee ungeschmälert.

Das Wort ›nachhaltend‹, in modernerer Form ›nachhaltig‹, ist dann ein Bestandteil der gehobenen Umgangssprache geworden und bezeichnet alles, was dauerhaft, langfristig und überzeugend wirkt oder sein soll, sich also tief einprägt. Würde Carlowitz heute nach 300 Jahren ins Leben zurückkehren, er würde die Welt nicht wiedererkennen, so tief greifend hat sie sich verändert und eine Entwicklung durchlaufen, auf die sein Wort ›nachhaltend‹ überhaupt nicht passen würde. Aber er wäre über dessen Popularität und intensive fachliche Diskussion wohl freudig überrascht. Vor allem seine Internationalisierung oder Globalisierung hätte ihn gefesselt.

›Sustainable Development‹ als internationales Nachhaltigkeitskonzept

Hier muss ich nun auf die sozusagen zweite, viel jüngere Wurzel von Nachhaltigkeit eingehen, die aber aus einer anderen Sprache und auch nicht aus dem Wald kommt. 1992 hatte die Weltkonferenz der Vereinten Nationen (UN) über Umwelt und Entwicklung in Rio de Janeiro die *Rio Declaration on Sustainable Development* als Leitbild für das 21. Jahrhundert beschlossen, ergänzt durch einen Katalog mit 40 Kapiteln von Handlungsanweisungen, genannt *Agenda 21*. Die Deklaration fußte auf dem 1986 veröffentlichten Bericht einer von der UN eingesetzten ›Weltkommission für Umwelt und Entwicklung‹, unter Leitung der damaligen norwegischen Ministerpräsidentin Brundtland, mit dem Titel *Our Common Future*, der 1987 auch auf Deutsch (mit dem Titel *Unsere gemeinsame Zukunft*, herausgegeben von Volker Hauff) erschien. Sein Ziel war die Überwindung des sogenannten Nord-Süd-Gegensatzes zwischen Industrie- und Entwicklungsländern, der ja nicht nur die Unterschiede in der Entwicklung, sondern auch in der Gefährdung der Umwelt betraf.

Im Jahr 2012 fand, wiederum in Rio, die UN-Konferenz ›Rio+20‹ statt, auf der beklagt wurde, dass ›Sustainable Development‹ nur geringe Fortschritte erzielt und viele Erwartungen enttäuscht habe. Aber es wurde auch nichts Wesentliches zu einer rascheren, wirksameren Umsetzung beschlossen. Es blieb bei Erklärungen, Versprechungen und Appellen. Diese unerfreuliche Situation ist jedoch ebenso erklärbar wie verständlich, wenn man jene Rio-Erklärung von 1992 einschließlich der Agenda 21 und des Brundtland-Berichts einer nüchtern-zeitkritischen Betrachtung unterzieht.

Zur Vorgeschichte von ›Sustainable Development‹

Zunächst muss man die zeitlichen Dimensionen beachten. Der erwähnte Nord-Süd-Gegensatz begann im 16. Jahrhundert mit der von einigen ›fortschrittlichen‹ Ländern Europas ausgehenden ausbeuterischen Kolonialisierung der Welt. Er wurde erheblich verstärkt durch den ebenfalls in diesen kolonial gestärkten Ländern Ende des 18. Jahrhunderts stattgefundenen Übergang in das Industriezeitalter (Anthropozän). Gewicht und Tradition von vier beziehungsweie zwei Jahrhunderte alten Entwicklungsunterschieden benötigen mindestens ein weiteres Jahrhundert, um diese zu überwinden. Die 20 Jahre seit Rio 1992 können höchstens erste Ansätze dazu liefern.

Besonders erschwert wird die Überwindung oder bescheidener ausgedrückt Korrektur der Gegensätze durch die Erkenntnis, dass die Entwicklung der letzten vier Jahrhunderte den Grundsätzen, die mit dem Adjektiv ›sustainable‹ gekennzeichnet sind, fundamental widersprochen hat und eine ebenso fundamentale Umstellung erfordert, die aber die globalen Gesellschaften zu überfordern scheint. Die Überforderung beruht auch auf der Unklarheit, was mit dem immer häufiger gebrauchten Wort ›sustainable development‹ im jeweiligen konkreten Fall gemeint ist.

Sprachliche Probleme

Es beginnt mit sprachlichen Problemen. Das Verbum ›sustain‹ bedeutet auf Deutsch: etwas ›aufrechterhalten‹ oder auch ›aushalten‹, was sowohl einen Zustand als auch einen Vorgang betreffen kann, und zwar auf längere Sicht. Davon werden das Adjektiv ›sustainable‹ und das Substantiv ›sustainability‹ abgeleitet, das neuerdings von Scholz (2011) noch in ›sustain-ability‹ (mit Bindestrich!) umgeformt wird: ›ability (Fähigkeit) to sustain‹ als Herausforderung an die Menschen. ›Sustainable‹ wurde im deutschen Sprachraum zunächst als ›dauerhaft‹ wiedergegeben. Daher hieß die erwähnte deutsche Übersetzung des Brundtland-Berichts schlicht »dauerhafte Entwicklung«. Dann kamen weitere Übersetzungen auf, so beispielsweise ›zukunftsfähig‹ oder ›dauerhaft-umweltgerecht‹. In den 1990er Jahren setzte sich dafür ›nachhaltig‹ durch und zwar unter Rückgriff auf die von Carlowitz für den Waldbau geprägte Bezeichnung aus seinem Buch von 1713. Damit wurden einerseits der weithin in Vergessenheit geratene Carlowitz und seine Verdienste wiederentdeckt. Andererseits hat es dazu geführt, dass ›nachhaltig‹ im deutschsprachigen Raum häufig oder in erster Linie mit Wald und Forstwirtschaft verbunden und in deren 300 Jahre langen Tradition aufgefasst wird, wie es in dem bekannten Buch von Ulrich Grober (2010) hervorragend dargestellt ist.[2] Dabei tritt jedoch der mit dem Wort ›sustainable‹ aus dem Brundtland-Bericht verbundene Nord-Süd-Gegensatz, also eine völlig andere Tradition, ganz in den Hintergrund. Und es wird zu wenig beachtet, ob und wieweit die Nachhaltigkeit der Forstwirtschaft auf andere Wirtschafts- oder Nutzungsbereiche übertragbar ist. Im angelsächsischen Sprachbereich spielt dies keine Rolle, da das Wort ›sustainable‹ keinen solchen forstlichen Bezug enthält.

Hier ist aber auch noch eine Anmerkung zum Begriff ›Development‹ beziehungsweise ›Entwicklung‹ notwendig. Er hat nämlich, und das ist zu wenig oder gar nicht bewusst, zwei Bedeutungen und zwar: etwas ›entwickeln wollen‹ gemäß Absicht oder Plan und etwas ›sich entwickeln lassen‹ aus eigenem Antrieb. Beides greift oft ineinander. So gibt es in der Gesellschaft wie in der Wirtschaft, im Finanzwesen und in unserem Lebensraum eine Eigen-Dynamik: Sie ›entwickeln sich‹, aber durchaus nicht immer, wie wir es wünschen. Dann greifen wir mit Maß-

---

2   Siehe auch den Beitrag von Grober in der vorliegenden Publikation.

nahmen des ›Entwickeln-Wollens‹ ein. Diese können aber dann ein neues ›Sich-Entwickeln‹ auslösen! Darin steckt auch ein Paradoxon: Viele Menschen wollen, dass sich bestimmte Dinge *nicht* entwickeln (das heißt so bleiben wie sie sind) oder nicht entwickelt *hätten* (zum Beispiel die Atomenergie). Doch eine ganze Anzahl von Entwicklungen in Natur und Gesellschaft sind weder umkehrbar noch rückgängig zu machen; zumindest ihre Kenntnis bleibt erhalten.

Diese Zweideutigkeit von ›Entwicklung‹ mag ein Grund sein, warum ›nachhaltige Entwicklung‹ oft auf ›Nachhaltigkeit‹ verkürzt wird – aber damit reduziert man ja einen Vorgang, also etwas Dynamisches, auf einen Zustand. Doch das ist eine (Selbst-)Täuschung, denn in der Dynamik von Leben und Gesellschaft ist kein Zustand von Dauer.

Das ›Dreieck der Nachhaltigkeit‹ und seine Problematik

Die Rio-Deklaration von 1992 hat nachhaltige Entwicklung bekanntlich als eine ›Trias‹ von Ökonomie, Soziologie und Ökologie beziehungsweise von Wirtschaft, Gesellschaft und Umwelt definiert, die mit dem Bild eines gleichseitigen Dreiecks oder von drei Säulen veranschaulicht wird (Abb. 1).[3] Diese drei Sektoren sollen gleichrangig oder gar im Gleichklang aufeinander abgestimmt entwickelt werden. Das ist ein einleuchtendes und vernünftiges Grundkonzept, das rasch politische Überzeugungskraft erlangte. Doch seine Umsetzbarkeit bleibt eine offene Frage, denn es sagt nicht, was als Nächstes oder im Einzelfall konkret zu tun ist. Und jene Trias, die als ›Dreifaltigkeit‹ erscheinen mag, verkörpert keine Dreieinigkeit, weil hinter den drei Sektoren aktuell stets sehr unterschiedliche, oft konkurrierende Interessen mit wechselnden Machtpositionen stehen. Ferner müssen die ganz verschiedenartigen Traditionen und Gewichte, die bezüglich der drei Nachhaltigkeitssektoren zwischen den menschlichen Kulturkreisen, Völkern, Staaten und regionalen Gruppierungen bestehen, genauso berücksichtigt werden wie die unterschiedlichen Sichtweisen vom lokalen zum globalen Maßstab. So hat die Ökonomie eine uralte Tradition, weil die Menschen immer bevorzugt haben, was sich für sie lohnt, ihnen vor allem materielle Vorteile brachte und womit sie im Wettbewerb bestehen.

Noch einmal: Der Titel von Carlowitz' Buch lautet *Sylvicultura oeconomica* und belegt die ökonomische Wurzel von Nachhaltigkeit! Auch das Soziale, ihr zweiter Sektor, ist ein in den Menschen tief verankertes Lebensprinzip, weil sie sozial organisierte Lebewesen sind – allerdings nur in Kleingruppen. Dagegen ist die Ökologie als »Lehre von der Umwelt« eine sehr junge Wissenschaft, die erst im

---

3 Hierzu auch meine früheren Ausführungen zur Thematik: Haber 1994, 1995, 1998, 2001.

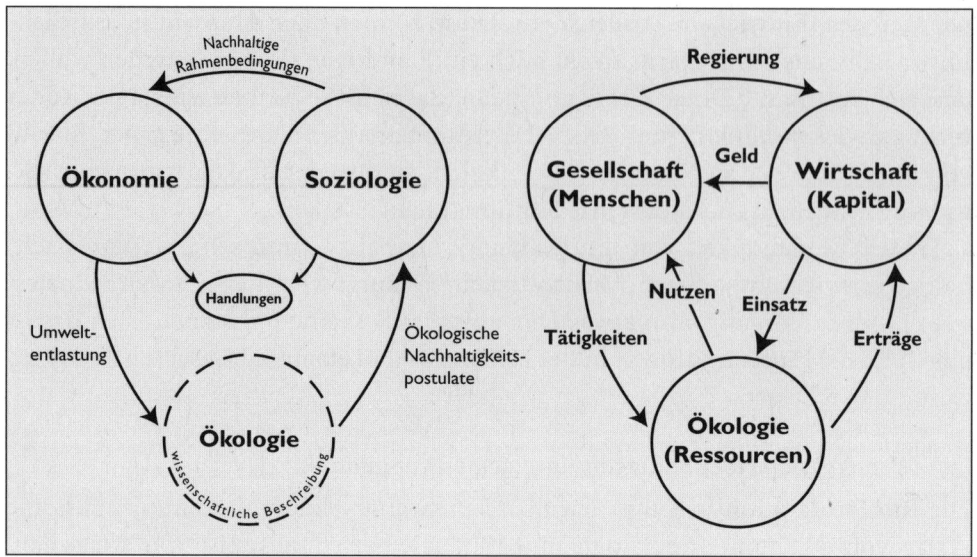

Abb. 1a und 1b: Die Nachhaltigkeits-Trias, dargestellt als gleichseitiges Dreieck in zwei Versionen (links aus Haber 1998; rechts nach Dewilde 2012, verändert). Das Dreieck steht labil auf der Spitze, welche die Ökologie symbolisiert und die wachsenden Lasten von Ökonomie und Soziologie (Gesellschaft) ausbalancieren muss!

20. Jahrhundert unter den Wissenschaftsdisziplinen aufkam und sich immer noch schwertut, sich unter diesen zu behaupten, während sie in der gebildeten Öffentlichkeit rasch populär und sogar verklärt wurde. Viele Menschen fassen Nachhaltigkeit einfach als ein anderes Wort für Ökologie, Umwelt oder Umweltschutz auf.

Zur Vereinbarkeit von nachhaltiger Entwicklung mit Ökologie und Evolution des Lebens

Als wissenschaftlicher Ökologe sehe ich meine Aufgabe, ja Verpflichtung darin, die Bedeutung und Rolle von Ökologie, Umwelt und Natur in der Nachhaltigkeits-Trias möglichst klar darzustellen und von vielen damit verbundenen falschen Erwartungen und Illusionen frei zu halten. Das ist äußerst schwierig, weil Ökologie – ihr Gegenstand ist die ›Organisation des Lebens in der Natur‹! – die wohl komplexeste und vieldeutigste Wissenschaftsdisziplin ist, die es überhaupt gibt, und in den relativ wenigen Jahrzehnten ernsthafter ökologischer Forschung noch nicht vollständig durchdrungen werden konnte. Ihr Fortschritt bringt aber immer mehr Erkenntnisse zutage, die mit bisherigen ökonomischen und sozialen, aber auch spirituellen Wertvorstellungen der Menschen schwer oder nicht vereinbar sind und als ›unbequeme Wahrheiten‹ erscheinen. So betitelte ich daher die erste ›Hans Carl von Carlowitz-Vorlesung‹ des Rats für nachhaltige Entwicklung, zu der dieser mich 2009 eingeladen hatte und die 2010 als kleines Buch gedruckt wurde (Haber 2010).

Für die Praxis nachhaltiger Entwicklung zwischen Notwendigkeit und ihrer Auffassung als Tugend spielen diese ökologischen Wahrheiten eine entscheidende Rolle und werden daher im Folgenden kurz zusammengefasst; für Einzelheiten verweise ich auf das erwähnte Buch (vor allem die Abb. 3) und davon abgeleitete weitere Darstellungen (Haber 2011 a, b; 2012 a).

Natur und Umwelt

Die ›Natur‹ des Planeten Erde besteht aus einem unbelebten Bereich (Sonnenstrahlung, Luft, Wasser, feste Stoffe) und einem davon getragenen und abhängigen lebenden Bereich, kurz ›Leben‹ genannt. Die Bestandteile der unbelebten Natur sind auf der Erde ganz ungleich verteilt, ungleich ausgebildet (hell-dunkel, warm-kalt, nass-feucht-trocken, nährstoffarm-nährstoffreich und anderes mehr) und ungleich zugänglich. Das ›Leben‹ reagierte darauf mit Evolution zu größter Vielfalt (Biodiversität) und fand damit für fast jeden Ort eine diesem angepasste Form, erzeugte aber daneben auch eine große Lebens-›Masse‹ (Biomasse), mit der es sich als eigene Sphäre (Biosphäre) in die Sphären der unbelebten Natur einfügte.

›Umwelt‹ ist nicht dasselbe wie ›Natur›, sondern immer auf ein Objekt bezogen. Es ist das ›Stück Welt‹ und zugleich ›Stück Natur‹, welches das Objekt an seinem Ort umgibt und darauf einwirkt. Ökologie hat mit lebenden Objekten zu tun und diese reichen von einzelnen Lebewesen bis zur gesamten Biosphäre. Deren Umwelt ist die gesamte unbelebte Natur. Doch die Umwelt von einzelnen Lebewesen besteht aus unbelebten Naturbestandteilen seines Lebensortes sowie aus dort anwesenden anderen Lebewesen. Alle stehen untereinander in zeitlich, räumlich und nach Intensität unterschiedlichen Beziehungen, die aber ständig hin- und hergehen, also Wechselwirkungen darstellen.

Lebewesen reagieren auf ihre Umwelt, verändern sie sogar, und darauf reagiert die Umwelt wiederum. Man kann auch einem leblosen Gebilde, etwa einem Stein, eine Umwelt zuschreiben, die auf ihn wirkt und ihn zum Beispiel zu Verwitterung und Zerfall bringt. Aber er kann nicht wie ein Lebewesen darauf reagieren, das sich einem solchen ›Schicksal‹ soweit möglich entziehen würde. Umwelt ist daher ein Vorgang ständiger Veränderung, kein Zustand, und diese Eigenschaft teilt sie mit der Natur insgesamt.

Dynamik des Lebens und ihre ökologische Regelung

Leben ist selbst wieder Veränderung, die sich, wenn man es als Gesamtheit betrachtet, in seiner Evolution von einfachen zu hoch komplizierten Formen zeigt: von Ein- zu Vielzellern, von Bakterien zu Riesensauriern, Mammutbäumen und Menschen. Alle brauchen, um zu leben – das heißt ›Leben zu betreiben‹ – Energie und Stoffe in Form von Luft, Wasser und fester Materie, welche in der jeweiligen Umwelt vorhanden und erreichbar sein müssen. Um dies zu erkennen, sind Lebewesen (im Gegensatz zum leblosen Stein) mit der Fähigkeit begabt, Signale aus ihrer Umwelt (als Information) aufzunehmen und danach ihr Verhalten zweckmäßig auszurichten. Sie nehmen dabei ständig Energie und Stoffe in sich auf, entziehen ihnen im ›Stoffwechsel‹ die für den ›Lebensbetrieb‹ nötigen Anteile und scheiden die Reste wieder aus.

Mit Evolution des Lebens ist (Selbst-)Organisation und Regelung verbunden. Jedes Lebewesen, das ›auf die Welt kommt‹, muss sich darin, also in seiner örtlichen Umwelt behaupten und durchsetzen können, um zu ›über‹leben und sich fortzupflanzen. Es muss also, zumindest zeitweilig, einen kleinen Vorteil gegenüber anderen Lebewesen erlangen und zugleich Unbilden der unbelebten Natur aushalten können. Das Haupt-Organisationsprinzip des Lebens ist daher Konkurrenz, vor allem, wenn lebenswichtige Energien und Stoffe knapp sind, was ja wegen ihrer ungleichen Verteilung auf der Erde oft passiert. Das bedeutet aber nicht, wie oft einseitig dargestellt, nur ›Kampf ums Dasein‹, sondern Tüchtigkeit (Fitness) in vielen Formen, von körperlicher Stärke und Fortpflanzungserfolg über das Finden günstiger Gelegenheiten, von Partnerschaften oder Helfern bis zu Geschicklichkeit, List und Anpassungsfähigkeit. Lebewesen, die sich nicht behaupten und durchsetzen können, gehen zugrunde. Die natürliche Lebensorganisation kennt für das einzelne Lebewesen oder dessen Art kein ›Recht auf Leben‹ und keine Gerechtigkeit.

Verhältnis zwischen Lebewesen und Lebensressourcen

Die lebenstragenden Energien und Stoffe nennt man auch Ressourcen. In deren Erlangung, Verarbeitung und Verwertung hat sich in der Lebensevolution eine zweckmäßige Arbeitsteilung herausgebildet, die auch der Lebensvielfalt (Biodiversität) zugrunde liegt (aber in deren gängiger Definition kaum berücksichtigt ist).

Die ersten Lebewesen, einzellige Mikroorganismen, nutzten chemische Verbindungen als Energiequelle. Dann entwickelten einige von ihnen die Fähigkeit, Sonnenlicht zu absorbieren und dessen Energie in Stoffe einzubinden, die den Organismen als Nahrung dienten. Diese ›Photosynthese‹ war entscheidend für die weitere Lebensevolution. In ihr entstanden vielzellige Organismen mit arbeitstei liger Aufzweigung in zwei Hauptkategorien von Lebewesen. Der Zweig der zur Photosynthese fähigen grünen Pflanzen erzeugt sich seine Lebenssubstanz, also energietragende Stoffe, selbstständig, was Autotrophie genannt wird. Das geschieht meist in Mengen, die den Eigenbedarf weit übersteigen. Sie werden in widerstandsfähigen Verbindungen wie Zellulose und Holz gespeichert und bilden die oft langlebige pflanzliche Biomasse, die ja auch Carlowitz für die Erzgewinnung und -verarbeitung nutzte.

Auf der Basis dieser pflanzlichen Überschüsse konnte sich die zweite Hauptkategorie der Vielzeller, mit der Lebensform Heterotrophie oder ›Fremdernährung‹ entwickeln, die sich *nur* von *anderen* Lebewesen ernähren kann. Von ihr gibt es zwei Grundtypen. Der erste Typ wartet sozusagen darauf, dass seine Nahrungslieferer tote Reste abgeben oder selber sterben, um dann die Reste oder Leichen ›friedlich‹ zu verzehren und daraus Energie zu gewinnen. Der zweite Typ braucht dagegen ›lebensfrische‹ Nahrung und muss daher seine Nahrungslieferer aktiv suchen, jagen, angreifen, schädigen und töten sowie auch deren Abwehrreaktionen überwinden. Heterotrophie wird vor allem von den Tieren sowie von den Pilzen und vielen Mikroorganismen verkörpert. Ihr Evolutionserfolg wurde dadurch gesteigert, dass sich die Heterotrophen nicht nur von Autotrophen, sondern auch voneinander ernähren, mit allen Graden der Spezialisierung. Die Arbeitsteilung Autotrophie-Heterotrophie in der Ressourcennutzung und im Stoffkreislauf ist neben dem Wettbewerb ein wesentliches Organisations- und Funktionsprinzip des Lebens.

Der Mensch als einzigartiges Sonderlebewesen

Vor wenigen Millionen Jahren brachte die Lebensevolution in der afrikanischen Savanne die Menschen hervor: einzigartige Sonderlebewesen mit einer ›Doppel-Natur‹, bestehend aus der biologischen Natur der Säugetiere, von denen sie abstammen, und einer ganz neuen geistigen (mentalen) Natur mit Intellekt, darauf beruhender hoher Technikfähigkeit, bewussten Gefühlen und Vorausschau. Aus dieser ihrer zweiten Natur schufen sich die Menschen eine eigene, geistige Umwelt mit Bestandteilen wie Macht, Bildung, Wirtschaft, Gesellschaft, Gerechtigkeit und Spiritualität (auch Nachhaltigkeit gehört dazu!), zusammengefasst als ›Humanität‹ bezeichnet. Deren Grundlage ist und bleibt jedoch die biologische (Teil-)Natur der Menschen mit allen vorher skizzierten Lebewesen-Umwelt-Bindungen. Wenn diese nicht funktionieren, kann auch die geistige (Teil-)Natur nicht wirken. Mehr noch: Die Grundprinzipien der Lebensorganisation, Evolution als steter Wandel und Konkurrenz der Bestandteile beherrschen auch die geistige Natur der Men-

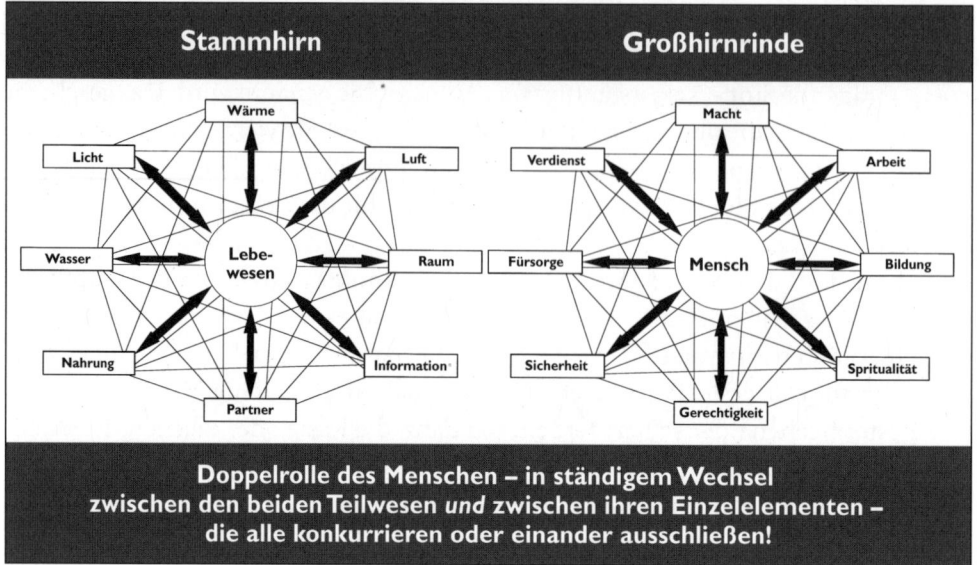

Abb. 2: Der Mensch ist ein einzigartiges Doppelwesen, bestehend aus einem biologischen und einem geistigen Wesen. Jedes von ihnen hat seine eigene Umwelt, die biologische Umwelt (links), welche der Mensch mit allen Lebewesen gemeinsam hat, und die geistige Umwelt (rechts), die nur er besitzt. Nähere Erläuterung im Text (aus Haber 2011 a).

schen. In jedem einzelnen Menschen stehen also wegen seiner zwei Naturen auch zwei Umwelten, die biologische und die geistige Umwelt, in stetem Widerstreit, noch gesteigert durch die Zweigeschlechtigkeit. Er geht vom Einzelmenschen verstärkt auf die menschlichen sozialen Gruppierungen bis hin zu Staaten und Kulturkreisen über. Der Widerstreit, als Ausdruck des Wettbewerbs, betrifft aber nicht nur diese beiden Umwelten, sondern jeden ihrer Bestandteile, wie es Abbildung 2 zum Ausdruck zu bringen versucht. Umweltverständnis und -bildung bedürfen noch größter Anstrengungen, um die komplexen Zusammenhänge einigermaßen zu begreifen (Scholz 2011).

Was ist das Ergebnis dieser Argumentation? Das Sonderlebewesen Mensch hat sich eine Sonderumwelt in der Natur geschaffen, aber ohne diese richtig zu kennen oder zu verstehen (weil die Ökologie dafür zu spät kam). Diese Sonderumwelt beruht auf intelligenter, ökonomisch-technisch gesteuerter Naturnutzung und außerkörperlicher Energie sowie weitestmöglicher technischer Zurückdrängung natürlicher (Ökosystem-)Regelungen. Die Folge ist: aus Nutzung wurde *Aus*nutzung, *Aus*beutung und schließlich auch Zerstörung der Natur. Doch das ist eine Erkenntnis der letzten 50 Jahre! Man kann daran die philosophische Frage knüpfen, ob die Evolution des Sonderwesens Mensch so verlaufen musste wie sie erfolgte oder nicht auch anders. Aber das rührt an religiöse Vorstellungen wie Schöpfung und ihre Bewahrung, die Menschen aus ihrer geistigen Natur entwickeln und, gemäß dem Konkurrenzprinzip, behaupten und durchsetzen wollen. Darauf gehe ich weiter unten noch ein.

Holz und Nahrung – zwei menschliche Grundbedürfnisse

Doch zurück zu Carlowitz und seinem bahnbrechenden Werk. Er dachte nachhaltige Entwicklung vom Wald(bau) her und natürlich aus ökonomischer Sicht. Die Übertragbarkeit auf andere Nutzungs- und Wirtschaftsbereiche spielte für ihn praktisch keine Rolle, aber sie ist aus heutiger Sicht und Erkenntnis wichtig, wenn Nachhaltigkeit zum allgemeinen Leitprinzip erhoben wird (vgl. Haber 1999, 2001). Dazu muss auf die Bestandteile der biologischen Umwelt zurückgegriffen werden: Holz (aus dem Wald) ist Brennstoff und Baustoff, liefert aber keine Nahrung für Wirbeltiere einschließlich der Menschen. Ohne Nahrung können wir Menschen aber auch keine Holznutzung betreiben, die aber in der menschlichen Evolution schon früh mit Nahrung verknüpft wurde. Bereits in der Frühzeit ihrer Existenz entdeckten die Menschen, dass sie mittels Feuer mit Holz als Brennstoff durch Kochen, Braten und Backen ihre Nahrungsbasis erheblich verbreitern konnten. Ökologisch ausgedrückt, haben sie die Zufuhr körperlicher Energie (Nahrung zum Lebensbetrieb) durch außerkörperliche Energie (Feuer) verstärkt (vgl. Haber 2012 b). Das setzte freilich das Vorhandensein von Wald, zumindest von holzigen Pflanzen voraus, die jedoch nicht überall auf der Erde wachsen, wie ein Blick auf jede Vegetationskarte zeigt.

Menschlicher Nahrungserwerb

Nahrung erlangten die Menschen viele Jahrtausende lang durch Suchen, Sammeln und Jagen im Angebot ihrer jeweiligen Umwelt. Und die Nahrung bestand (und besteht) aus anderen Lebewesen, weil die Menschen, wie oben beschrieben, heterotroph sind und zwar vom zweiten Typus, der diese anderen Lebewesen schädigen oder töten muss. Mit dieser Lebensstrategie (und mithilfe des Feuers, ohne das sie in kühleren Klimaten nicht überlebt hätten) haben sich die Menschen von Afrika aus in alle Erdteile ausgebreitet. Es war der erste Schritt in die Globalisierung, die zur Bildung unterschiedlicher menschlicher Kulturkreise führte – in Anpassung an die jeweils vorgefundenen Umweltverhältnisse.

In den wichtigsten Kulturkreisen wechselten in der Zeit vor 10.000 bis 6.000 Jahren die Menschen zu ihrer Nahrungsversorgung vom Sammler-Jäger-Stadium in die Landwirtschaft und vollzogen damit (nach der bewussten Nutzung außerkörperlicher Energie) einen weiteren Hauptschritt ihrer kulturellen Evolution. Landwirtschaft besteht aus Viehhaltung und Pflanzenbau (Garten- und Ackerbau), die ökologisch grundverschieden sind. Garten- und Ackerbau erfordern eine vollständige Beseitigung der vorhandenen Pflanzendecke und Bearbeitung des Bodens, haben also einen ähnlich zerstörerischen Charakter wie die menschliche Heterotrophie, der ja dann auch die in Gärten und Äckern angebauten Pflanzen dienen. Viehhaltung ist als Weidewirtschaft weniger zerstörerisch, weil die Nutztiere ihre Nahrung (unter Hirtenaufsicht) in der natürlichen Pflanzendecke finden können und diese nur langsam verändern. Doch wenn sie gefüttert werden müssen, muss das Futter in Form von Heu, Baumzweigen oder -früchten ebenfalls durch zerstörerische Eingriffe in die Pflanzendecke gewonnen werden.

Nahrungs- und Holzversorgung: Vergleich und Konkurrenz um Land

Die Menschen stellen seit dem Übergang zur Landwirtschaft also ganz neue Ansprüche an die Landnutzung. Landwirtschaft mit Ackerbau und Viehhaltung wurde zur eigentlichen menschlichen Lebensgrundlage und zu einem festen Bestandteil der menschlichen Umwelt. Und gerade der Ackerbau ist es, der die natürliche Pflanzendecke, in Mitteleuropa also den Wald, verdrängte. Seitdem mussten wir die Landbeanspruchung und Landbewirtschaftung ständig auf Kosten des Waldes ausdehnen, um unsere landwirtschaftlich erzeugte Nahrung zu gewinnen, die durch Früchte oder Jagdwild aus dem Wald lediglich ergänzt werden kann. Daraus hat sich hier in Europa, aber auch in anderen Waldländern der gemäßigten Zone eine Aufteilung der Landnutzung ergeben: Aus dem ursprünglichen Naturwald entstand durch Rodung einerseits Acker- und Siedlungsland, andererseits durch Beweidung Weideland, und der verbleibende Wald musste Bau- und Brennstoffe sowie noch Stalleinstreu liefern (Abb. 3). Dabei wurde er, da es weder Waldpflege noch Waldbau gab, oft degradiert. Abbildung 4 zeigt, was weltweit von den Naturwäldern übrig geblieben ist.

Waldwirtschaft und Ackerbau lassen sich nicht vergleichen. Einem Wald können Sie jederzeit Holz entnehmen, wenn Sie Carlowitz' Prinzipien folgen. Aber ein Acker ist etwas völlig anderes. Es ist ein kurzlebiger Bestand von Pflanzen, die zur gleichen Zeit ausgesät werden, gleichmäßig aufwachsen und zur gleichen Zeit geerntet werden. Forstlich ausgedrückt wird ein Weizenfeld immer im Kahlschlag geerntet. Und dann muss wieder neues Getreide gesät werden. Wenn das jedes Jahr gemacht wird, verliert auch der fruchtbarste Boden durch die jährlichen Ernten mit der Zeit so viele Nährstoffe, dass die Fruchtbarkeit zurückgeht und die Nachhaltigkeit des Anbaus von Getreide oder anderen Ackerfrüchten sich damit vermindert.

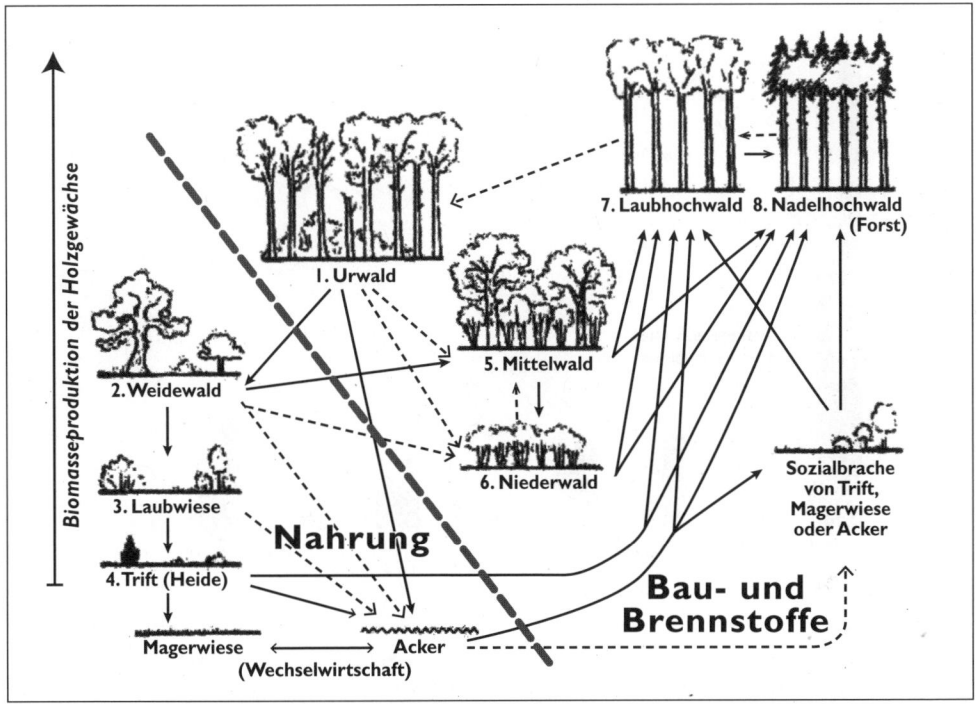

Abb. 3: Umwandlung des mitteleuropäischen Urwalds in Land- und Forstwirtschaftsflächen zur Gewinnung von Nahrung sowie von Bau- und Brennstoffen (aus Haber 2011b).

Das haben die Menschen als Landwirte schon früh erkannt. Wie haben sie darauf reagiert? Sie sind einfach weitergezogen, haben ein neues Stück Wald gerodet, um dort den noch fruchtbaren Boden wiederum mit Ackerbau zu nutzen. Aber irgendwann ging das nicht mehr, weil die Bevölkerung zugenommen hatte, das Land auf der Erde endlich ist und sich nicht weiter ausdehnen kann. Die Bauern lernten dann, die durch die Ernte entzogenen Nährstoffe durch Düngung zu ersetzen, was die ohnehin problematische Nachhaltigkeit des Ackerbaus (im Vergleich zum Waldbau) weiter erschwert. Das sind ökologische Tatsachen, die man einfach zur Kenntnis nehmen muss.

Ich komme wieder auf den Gegensatz zwischen ›entwickeln wollen‹ und ›sich entwickeln lassen‹ zurück. Wir säen Getreide aus, senken Samenkörner in die Erde. Sie keimen und wachsen aus eigener Kraft heran. Doch wir wollen das Wachstum beschleunigen und verstärken, um größere und sicherere Ernten zu erzielen. Was machen wir? Wir düngen, jäten und, wenn nötig, bewässern den Acker. Das Sich-entwickeln-Lassen des Samenkorns ist in ein Entwickeln-Wollen der Getreidepflanze übergegangen.

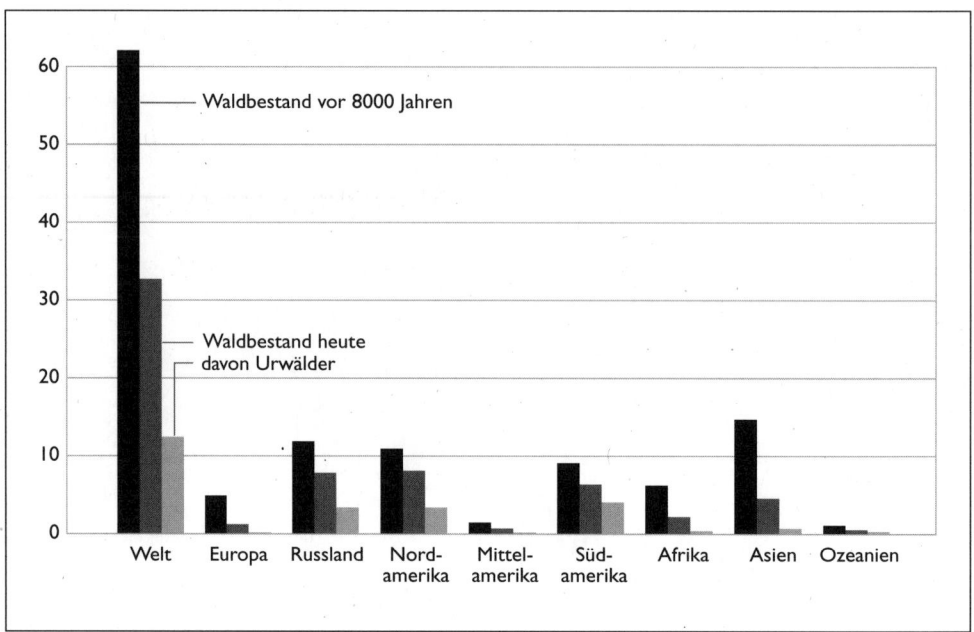

Abb. 4: Die Schrumpfung des ursprünglichen Waldbestandes weltweit und nach Regionen unterteilt in Millionen km², Quelle: Dirk Bryant, Daniel Nielsen, Laura Tangley (aus Haber 2012 b).

Wenn wir Getreide ernten, muss es bis zur nächsten Ernte reichen. Wir mussten also etwas lernen, was der Wald von selber macht – nämlich Vorratswirtschaft. Der Wald bildet sich seine Holzvorräte in stetem Wachstum selbst. Doch das Getreide müssen wir in Vorräte nehmen und diese müssen wir schützen, weil sie leicht von Schimmelpilzen und Schädlingen befallen werden. Daraus ergibt sich eine völlig andere Einstellung zu Wald und Natur, als sie im Waldbau möglich ist.

Unsere wichtigste Nahrungs- und damit Lebensgrundlage von heute besteht aus nur sechs Getreidearten. Heute wird ständig die Biodiversität pauschal als menschliche Lebensgrundlage dargestellt. Das trifft überhaupt nicht zu. Menschen leben überwiegend von Getreide, ob sie es nun direkt verzehren oder auf dem Umweg über Tiere, spielt eine nachrangige Rolle. Menschen haben den großen evolutionären Vorteil, ›Allesverzehrer‹ (Polyphagen) zu sein. In manchen Gebieten der Erde wächst weder Getreide noch andere pflanzliche Nahrung und dort sind die Menschen auf tierische Kost angewiesen. Wenn man heute Vegetarismus als allgemeine Lösung des Nahrungsproblems anbietet, weise ich auf Nordsibirien, Nordkanada oder Grönland hin – dort können Vegetarier nicht existieren, weil die Natur keine pflanzliche Nahrung bietet. Man muss sie dort extra hinschaffen.

Menschliches Streben nach ›Mehr‹ – und Grenzen von Wachstum

Aber nun kommt noch der in uns Menschen, in unserem geistigen Wesen offenbar verankerte ›Urantrieb‹ hinzu: Wir wollen immer mehr haben und wollen auch mehr sein. Alle Kinder, die unsere Frauen zur Welt bringen, sollen am Leben bleiben. Das ist ein Prinzip, das es bei nicht menschlichen Lebewesen nicht gibt. Die Regelungsleistungen der Natur entscheiden, wie viele der Nachkommen von Pflanzen oder Tieren am Leben bleiben. Doch diese Regelungen schalten wir für die Menschen aus. Jedes menschliche Lebewesen soll am Leben bleiben und auch ein gutes Leben führen. Und das Immer-mehr-haben- und -sein-Wollen soll mit immer weniger Anstrengung erreicht werden, was auch immer es sei: Ertrag, Wohlstand, Gewinn, Einfluss, Macht, Wissen, Lebensglück – alle die Bestandteile des menschlichen geistigen Umweltkreises aus Abbildung 2.

Ich weise nur auf zwei Bücher hin, die dies beschreiben: *Das Streben nach Wohlstand. Die Wirtschaftsgeschichte des Menschen* von P. Jay (2000) oder das berühmte Werk von David Landes *Wohlstand und Armut der Nationen* (1999). Wegen der erwähnten unterschiedlichen Ausstattung der Erde mit Ressourcen sind Wohlstand und Armut von der Natur zum Teil vorgegeben, werden aber durch die Menschen eher verstärkt als gemildert.

Symbolhaft sieht man in oft gezeigten nächtlichen Satellitenfotos Europa, kolonial gestärkt, mächtig geworden, hell erleuchtet, betrieben durch Strom und Treibstoffe – zwei neue Energieformen, die erst im Industriezeitalter erfunden wurden und von denen Carlowitz nichts ahnte. Wer denkt noch daran, wie man früher Licht gemacht hat, an Kerzen, Karbidlampen, Wachslichter, Ölleuchten? Strom oder Elektrizität gab es nicht. Alles ruft heute zuerst nach Strom. Als die Occupy-Bewegung 2011 den Park an der Wallstreet mit einem Zeltlager besetzte, um gegen die Banken und die Finanzkrise zu protestieren, war ihre erste Frage, als sie ihre Zelte aufbauten: »Woher bekommen wir Strom?« Ihn brauchten sie für ihre Smartphones und Laptops. Die zweite Frage ging nach Toiletten, die dritte nach Nahrung. Wie haben sich doch die Prioritäten der Lebensweise verschoben!

Zahl und Ansprüche der Menschen, die diese Entwicklung mit Konkurrenz und Verschwendung herbeigeführt haben, sind also ständig gestiegen, zulasten und auf Kosten der nicht menschlichen Natur, und das ist die eigentliche Herausforderung für die Nachhaltigkeit. Aber schon 20 Jahre vor dem Brundtland-Report waren die ersten Warnungen erschienen. Ich hatte damals, wenige Jahre nach der Übernahme meiner Professur an der Technischen Universität München, schon in Lehre und Forschung darauf hingewiesen und auch Zeitungsberichte gesammelt, die zum Teil heute noch ganz aktuell wirken. Beispiele: »Treibt uns die Technik in ein Chaos?« (*SZ* 4. 7. 1970); »Rettung aus dem Schrotthaufen« (*SZ* 16. 6. 1972) entspricht heutigen Forderungen nach ›urban mining‹, also der Untersuchung der Abfalldeponien der Großstädte zur Rückgewinnung wertvoller Rohstoffe, darunter Metalle, um die es auch Carlowitz ging. Und am 9. 7. 1973 stand im *Münchner Merkur*: »In wenigen Jahren wird das Licht ausgehen« mit Erwähnung heftigen Protestes gegen Atomenergie im Artikel. Was hat sich also in 40 Jahren geändert?

Und in dieser Denkweise der frühen 1970er Jahre trat sozusagen ein zweiter, dieses Mal internationaler Hans Carl von Carlowitz auf – das war Dennis Meadows mit seinem Buch *Die Grenzen des Wachstums* (1972). Mit ihm wollte er verhindern, dass die Erde durch die technisch-industriellen Fortschritte sozusagen zerstört wird. Er zeigte ganz klar auf, dass Wachstum ein biologischer Begriff ist und stets irgendwann endet. Kein Baum wächst in den Himmel, kein Mensch wächst ewig und das reguliert die Natur. Dieses Buch hat eine große Auseinandersetzung hervorgerufen (Oltmanns 1974), die im Grunde bis heute nicht überwunden ist.

Meadows hat im Prinzip schon dargestellt, was 20 Jahre später in der Rio-Deklaration als ›sustainable development‹ beschlossen wurde. Er hat fünf Haupttriebkräfte der globalen Entwicklung identifiziert und sie sinngemäß als ›nicht nachhaltig‹ bezeichnet, obwohl er dieses Wort nicht gebrauchte: Bevölkerung, Nahrungsproduktion pro Kopf, Industrieproduktion pro Kopf, Ressourcenvorrat und -verbrauch sowie Umweltverschmutzung. Er forderte, dass die Bevölkerung (mit Zahl und Ansprüchen) und die Industrieproduktion pro Kopf zugunsten der Umwelt – wir würden heute sagen zugunsten der Nachhaltigkeit – ›stabilisiert‹ werden müssen (vornehm ausgedrückt!). Dann würden die anderen drei Triebkräfte von selber folgen. Meadows' Buch als Bericht an den Club of Rome, den sozusagen ersten internationalen Nachhaltigkeitsrat, hat die Kritik an unseren sogenannten Fortschritten ausgelöst, die Schattenseiten der Technik, die man bis dahin kaum beachtet hat, in den Vordergrund gerückt und unsere ganze technische und zivilisatorische Entwicklung infrage gestellt. Das war eindeutig der Vorläufer der Rio-Deklaration für ›sustainable development‹, also für die Nachhaltigkeit.

Die Kritik, aber auch die Auseinandersetzungen um sie steigerten sich in den 1970er und 1980er Jahren mit zahlreichen Büchern. Genannt seinen nur *Die Zukunft in unserer Hand* von Aurelio Peccei (1981), *Der Weg ins 21. Jahrhundert* (Club of Rome 1984). Schon 1975 wurde das Wort ›Wende‹ mit Erhard Epplers Buch *Ende oder Wende* eingeführt. Ihm folgte 1998 *Die zweite Wende* von Henzler und Späth – wie viele ›Wenden‹ mögen wohl noch folgen? Neben diese Bücher trat eine wachsende, heute kaum noch überschaubare Literatur über Nachhaltigkeit.

Zur Konkretisierung von Wachstumsgrenzen und nachhaltiger Entwicklung

Doch ist immer noch nicht klar, wo die Hauptprobleme liegen, wie wir denn nachhaltige Entwicklung genau verstehen, worauf wir sie jeweils beziehen: Auf Umwelt, Klima, Energie, Biodiversität, Wasser, Böden, Wälder, Moore …, auf soziale Ausgewogenheit, Gesundheit, Ernährungssicherung …, auf wirtschaftlichen Nutzen oder Erfolg, auf Unternehmen, volkswirtschaftliche Sektoren, die Gesamtwirtschaft? Wo sind die Prioritäten, wer setzt sie? Da hatte Carlowitz es einfacher. Er hatte den Wald und den Bergbau in Sachsen als wirtschaftliche Basis des Landes vor Augen. Das können wir uns aber heute nicht mehr so leisten. Wir müssen allein schon im nationalen Maßstab oder selbst im Maßstab eines Landes wie Sachsen Prioritäten setzen und immer wieder die vielen Wechselwirkungen, Neben- und Nachwirkungen berücksichtigen – einschließlich der sogenannten Reboundeffekte. Für diesen noch wenig geläufigen Begriff gebe ich nur ein Beispiel: Wenn man den Treibstoffverbrauch der Automobile erfolgreich herabsetzt, sie also weniger Treibstoff verbrauchen, dann werden sie umso häufiger benutzt. Das hebt die beabsichtigte Treibstoff-Einsparung weitgehend wieder auf.

Aber es gibt weitere ökologisch wirksame Tatsachen, die ich am Begriff der ›Population‹ darstelle. Alle Menschen, alle Eichen oder alle Rinder bilden eine Population. Unter diesem Begriff fügen die Wissenschaftler Individuen zusammen, die biologisch einander mehr oder weniger ähnlich sind, vor allem auch in ihrem genetischen Aufbau. Aber das heißt nicht, dass sie identisch sind. Sie unterscheiden sich in vielen kleinen Einzelheiten, gerade auch in ihrer Einstellung zur Umwelt, und das gilt auch für den Menschen mit seinem biologisch-geistigen Doppelwesen und dessen Eigenarten, welche wissenschaftlich ausführlich untersucht wurden. Dabei fanden sich Unterschiede nicht nur in den biologischen oder medizinischen Eigenschaften – der eine Mensch ist mehr empfindlich gegen Umwelteinwirkungen wie Kälte oder Hitze, der andere weniger. Ähnliches gilt für die Empfindlichkeit gegen Allergien, die Verträglichkeit für fette Speisen und anderes mehr.

Solche Unterschiede in der menschlichen Population gelten, wie die neuere Sozialforschung zeigt, auch für gesellschaftliche Eigenschaften, deren Unterschiede sich in der Herausbildung sogenannter sozialer Gruppierungen oder ›Milieus‹ (Hradil 2001) mit jeweils verschiedener Einstellung zur Umwelt, aber auch zur Gesellschaft selber zeigen, auch bedingt durch die Zugehörigkeit zur Unter-, Mitteloder Oberschicht (Abb. 5).

Bezogen auf Umwelt und Nachhaltigkeit unterscheiden sich diese Milieus durch Aufgeschlossenheit, Ablehnung, Gleichgültigkeit, Disziplin und persönlichen Ein-

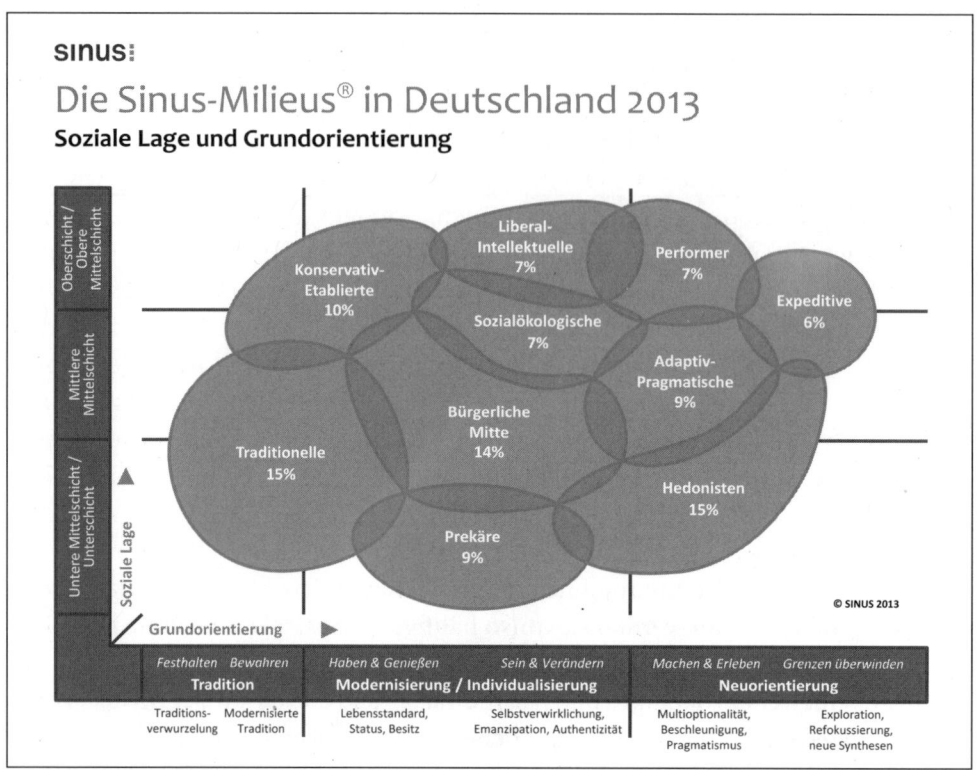

Abb. 5: Die ›Sinus-Milieus‹ in Deutschland 2013 (Wiedergabe mit Genehmigung des Sinus-Instituts Heidelberg / Berlin / Zürich / Wien).

satz. Daraus entstehen in der Gesellschaft sogenannte Werte-Inseln, die manchmal auch zu Auswüchsen führen – wenn Angehörige eines dieser Milieus deren Wert verabsolutieren und geradezu mit Besessenheit verfechten. Das erzeugt Kritik oder Ablehnung aus anderen Milieus und sogar im gleichen Milieu. Als Beispiele nenne ich Publikationen wie diejenige von Erik Zimen, der sich vor allem um die Wiederauswilderung der Wölfe in Deutschland verdient gemacht hat, mit dem Titel *Schützt die Natur vor den Naturschützern* – sogar abgedruckt in der seinerzeit berühmten Zeitschrift *natur* von 1985, herausgegeben von dem großen Naturschützer Horst Stern. Ähnlich wirkt die am 6. Juni 2011 in der *Süddeutschen Zeitung* abgedruckte Anprangerung des »Nachhaltigkeitsklerus« mit dem Untertitel »Rettet die Welt vor den Weltrettern«. Ihr Verfasser, Professor Niko Paech, ist der derzeitige Vorsitzende der Vereinigung für ökologische Ökonomie, die sich besonders für die Umsetzung nachhaltiger Entwicklung einsetzt.

Von dem gleichen Niko Paech erschien am 6. September 2012 ein Interview in der *Süddeutschen Zeitung* mit der Überschrift »Viel Geld haben und nachhaltig leben ist ein Unding«. Darin wird er den Lesern vorgestellt als ein Mensch, der weder Fernseher noch Handy hat, kein Auto fährt und niemals fliegt. Soll das als Vorbild für uns alle aufgefasst werden? Und wer würde ihm folgen? Man kann es aber auch anders deuten: Wenn wir uns eines Tages, weil Strom und Treibstoffe nicht mehr reichen oder zu teuer werden, kein Fernsehen, kein Autofahren und erst recht kein Fliegen mehr leisten können und wir wirklich auf die eigenen Kräfte angewiesen sind, dann kann Paech recht haben. Er sagt im Interview auf die Frage nach den für ein nachhaltiges Leben erforderlichen Verzichten, dass Verzicht ja Befreiung von Überflüssigem heiße und eine positive Wirkung habe. Er stellt das auch in einem neuen Buch *Befreiung vom Überfluss* dar (Paech 2011). Das erinnerte mich an das 1975 erschienene Buch von Friedrich Cramer *Fortschritt durch Verzicht* mit dem Untertitel »Ist das biologische Wesen Mensch seiner Zukunft gewachsen?« Eine Werbung eines unserer großen Kaufhäuser proklamiert jüngst eine »Woche der Nachhaltigkeit« und versah sie mit Kaufangeboten, auf die man eigentlich verzichten könnte. Doch wer entscheidet für sich – oder lässt sich gar ›von oben‹ sagen – welche Dinge ›überflüssig‹ sind?

Sehnsüchte und Beschwörungen von Ökologie und Humanität

In Menschen des sozial-ökologischen Milieus mögen aber noch ganz andere Wunschbilder stecken, so zum Beispiel die Sehnsucht nach dem Paradies oder Garten Eden. Der *SPIEGEL* Nr. 23/2006 widmete Titelbild und Titelgeschichte der »Suche nach dem Garten Eden«, und die Zeitschrift *GEO* behandelte in ihrer Ausgabe vom Januar 2007 in gleicher Weise »Das Paradies. Die Geschichte einer großen Sehnsucht«. Immer wieder hört und liest man Rufe nach einer ›intakten Natur‹ als Gegenbild zum ›Anthropozän‹, dem Zeitalter des Menschen. Aber was ist das Paradies, wenn man es ökologisch-säkularisiert betrachtet: Ergebnis der Evolution oder ihr Ausgangspunkt? Die aus religiöser Überzeugung stammenden Worte ›Bewahrung der Schöpfung‹ sind mit der Dynamik allen Lebens nicht vereinbar. Über 98 Prozent aller Arten, die es jemals auf der Erde gegeben hat, sind, wie Fossilienfunde zeigen, wieder ausgestorben. Damit hat die Organisation des Lebens erreicht, dass die begrenzten materiellen Ressourcen der Erde nie überschritten worden sind, also eine nachhaltige Entwicklung im Sinne von Carlowitz praktiziert. Dafür hat das Leben, menschlich ausgedrückt, einen hohen Preis bezahlt, nämlich das Aussterben oder die Extinktion unzähliger Arten und ihrer Individuen. Ohne die zeitweiligen Extinktionen wäre es aber wahrscheinlich nicht zu weiteren, neuen Richtungen der Lebensevolution gekommen, vielleicht auch nicht zum Menschen. Die Sehnsucht nach dem Garten Eden oder dem Paradies mag den manchmal parareligiös wirkenden, von Paech kritisierten Eifer für Nachhaltigkeit erklären, mit der Tendenz, sie zu einem Mythos zu machen, zu glorifizieren oder zu sakralisieren.

Hier muss erneut auf die Doppelnatur des Menschen zurückgegriffen werden. Die von Extinktion betroffenen nicht menschlichen Individuen oder Arten wissen nichts von ihrem Aussterben. Die einzige Art, die das weiß, ist der Mensch mit seinem Intellekt und daher will er sein Aussterben mit allen Mitteln verhindern. Denn der Mensch hat mit seinem geistigen Wesen zur ökologischen Lebensorganisation eine völlig andere Einstellung, die er als humanitär bezeichnet und die im Gegensatz zur Ökologie steht. Ich betrachte es als Tragik der Ökologie, dass sie so spät in der menschlichen Geschichte erschienen ist und Erkenntnisse aufdeckte, welche die Menschen am Anfang ihrer Evolution gebraucht hätten, um sich nachhaltiger zu entwickeln, statt sich immer weiter von Nachhaltigkeit zu entfernen. Auch vor 300 Jahren, als Carlowitz' Buch erschien, war es schon zu spät. Daraus ergeben sich weitere Dilemmata, die ich hier nur kurz erwähne.

Die Bestandteile unseres geistigen Teilwesens (vgl. Abb. 2) bedingen auch Teilethiken. Unabhängig von der Zugehörigkeit zu einem sozialen Milieu (siehe oben) steckt in jedem Menschen ein Homo oeconomicus (auch Carlowitz war ein solcher) mit einer Wirtschaftsethik, ferner ein Homo socialis mit einer Sozialethik und schließlich ein Homo oecologicus mit der Umweltethik. Sie alle variieren noch

Ökologie ist eine Wissenschaft, die Menschen, die nicht hören wollen, Wege vorschlägt, denen sie nicht folgen werden, zur Rettung einer Umwelt, die sie nicht schätzen.   *L. G. Heller*

Abb. 6:
Ökologie-Auffassung
in einer Karikatur
aus den 1970er Jahren
(Archiv Landschaftsökologie
TU München).

zwischen rational und emotional und außerdem zwischen dem Homo faber als dem ›Macher‹ und dem Homo contemplans, der in Muße die Natur betrachtet und genießt. Ethik ist eine grundsätzliche Motivation des ›sustainable development‹ oder der ›nachhaltigen Entwicklung‹ und darüber hinaus eine grundsätzliche menschliche Triebkraft. Doch die verschiedenen genannten Ethiken konkurrieren miteinander, wie es auch die drei Sektoren der nachhaltigen Entwicklung tun. Darüber hinaus sind Ethik, Gerechtigkeit und individuelle Rechte aus dem geistigen Teilwesen des Menschen als ›Humanität‹ hervorgegangen, kommen aber in der Organisation des Lebens in der Natur nicht vor und sind auch nicht mit dieser vereinbar. Darin liegt das grundsätzliche, wohl unlösbare Ökologie-Humanitäts-Dilemma. Es kam schon in den 1970er Jahren, als die Ökologie aufkam und populär wurde, in einer Karikatur zum Ausdruck, die in Abbildung 6 zu sehen ist. Trotz der vielen aktuellen Öko-Beschwörungen ist diese Grundproblematik der Ökologie nicht überwunden.

Die Umsetzung und Praxis nachhaltiger Entwicklung muss auch viel stärker als bisher auf die individuelle Psychologie der Menschen eingehen. Der Psychologe Dieter Frey (1991) hat die damit zusammenhängenden Probleme in einer eindrucksvollen Satzfolge klargemacht. Sie lautet:

Gesagt bedeutet nicht: gehört.
Gehört bedeutet nicht: verstanden.
Verstanden bedeutet nicht: einverstanden.
Einverstanden bedeutet nicht: umgesetzt.
Umgesetzt bedeutet nicht: alles ist besser.

Jede dieser Phasen muss durchlaufen werden, um langfristig wirksame Verhaltensänderungen oder neue Lebensstile zu erreichen. Auch darin wird deutlich, welche Herausforderungen vor uns stehen, um auch psychologisch eine nachhaltige Entwicklung in ihrer Notwendigkeit, Dringlichkeit und auch Tugend durchzusetzen.

Der ›ökologische Fußabdruck‹ – und seine Deutungen

Ein aktuelles Schlagwort lautet ›Wirtschaft ohne Wachstum‹ (Jackson 2009, Paech 2012). Wir brauchen Wachstum von Nachhaltigkeit. Doch dazu gehört gemäß der Nachhaltigkeits-Trias doch auch ein Wachstum der Wirtschaft! Es ist notwendig, um das Wachstum der sozialen und ökologischen Probleme zu bewältigen. Wie Abbildung 7 zeigt, wird die Zahl der Menschen auf der Erde bis Mitte des Jahr-

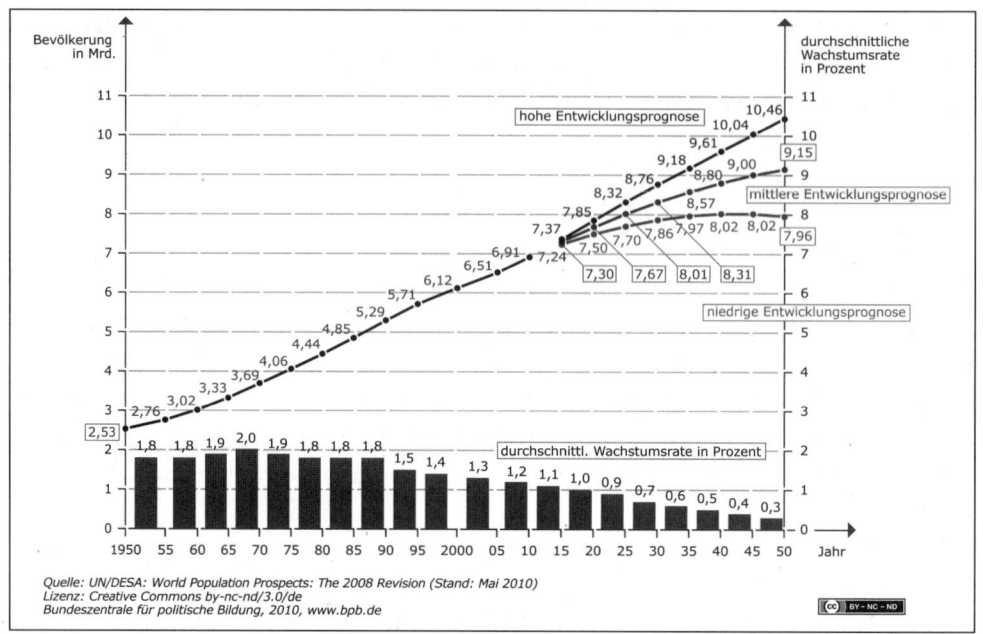

Abb. 7: Bevölkerungsentwicklung. Bevölkerung in absoluten Zahlen und Wachstumsrate pro Jahr in Prozent, weltweit 1950 bis 2020. Trotz sinkender Zuwachsraten (untere Kurve) steigt die Zahl der Menschen auf der Erde bis 2050 auf 8 bis 10,5 Milliarden. Damit schrumpft die pro Kopf verfügbare Landfläche (Grafik aus Bundeszentrale für politische Bildung).

hunderts auf neun bis zehn Milliarden steigen. Zwar geht der jährliche Zugang zahlenmäßig zurück, doch die Ansprüche der Menschen wachsen weiter. Wir wollen ja verhindern, dass Armut und Reichtum noch weiter auseinanderklaffen, und daher die Armen reicher machen. Das bedeutet aber auch, dass die Reicheren ärmer werden, und das ist politisch sehr viel schwieriger durchzusetzen. In jedem Fall erfordert es weiteres, wenn auch stärker differenziertes Wachstum der Wirtschaft – es sei denn, die Menschen regeln ihre Populationsgröße auf eine der Humanität angemessene Weise.

In diesem Zusammenhang zitiere ich den berühmten Schweizer Soziologen Jean Ziegler. Er hat im Herbst 2012 in einem Vortrag in München scharf angeprangert, dass auf der Erde alle fünf Sekunden ein Kind an Hunger stirbt und die Weltgesellschaft nichts dagegen unternimmt. Wer würde ihm nicht zustimmen? Aus rein ökologischer Sicht argumentiere ich anders – wenn auch gerade bei diesem Beispiel mit großen inneren Hemmungen – und wiederhole hier, dass die Organisation des Lebens auf der Erde den Ressourcenanspruch der Lebewesen durch Tod und Extinktion begrenzt und regelt. Die von Ziegler genannte Zahl von sterbenden Kindern beträgt, auf das Jahr umgerechnet, 6,3 Millionen. Um sie vermindert sich die derzeitige Zunahme der Weltbevölkerung (siehe Abb. 7), die pro Jahr rund 73 Millionen beträgt, und proportional dazu sinkt die jährliche Inanspruchnahme der irdischen Ressourcen. Aus humanitär-ethischer Sicht ist eine solche Argumentation unannehmbar, und das zeigt erneut, dass Ökologie und Humanität nicht kompatibel sind.

Ich bin oft in China gewesen und weiß aus eigener Erfahrung, was Menschenfülle bedeutet. Und jeder Mensch hat Anspruch auf ein gutes Leben. Jeder Mensch braucht ein Stück der Erdoberfläche zu seiner Versorgung. Das wird mit dem bekannten Symbol des ›ökologischen Fußabdrucks‹ nach Wackernagel & Rees (1996, s. a. Wackernagel & Beyers 2010) dargestellt. Wenn aber die Zahl der Menschen zunimmt, summieren sich ihre Fußabdrücke zu einer immer größeren Fläche – doch das Land wächst nicht mit. Die Landfläche der Erde ist endlich und ihre Nutzbarkeit für die menschliche Versorgung ist, wie erwähnt, auf der Erdoberfläche ganz unterschiedlich (Haber 2012a). Wesentlich ist dabei, wie viel Fläche den Menschen *pro Kopf* zur Verfügung steht – und auch das ist von Land zu Land verschieden. Die größte Pro-Kopf-Fläche ist in der Mongolei zu finden, aber wer möchte denn dort leben?

Die Grundforderung der Nachhaltigkeit, die in der Rio-Deklaration steht, lautet: »Nachhaltige Entwicklung befriedigt die Bedürfnisse der gegenwärtig lebenden Menschen, ohne die Bedürfnisse künftiger Generationen einzuschränken oder zu gefährden.« Wenn die Pro-Kopf-Fläche abnimmt, der Fußabdruck der gesamten Menschheit zunimmt, ist die Forderung nicht mehr erfüllbar. Jeder zukünftige Mensch, mit weniger Fläche pro Kopf, erleidet entweder Mangel an Ressourcen oder diese Pro-Kopf-Fläche muss intensiver genutzt und bewirtschaftet werden, was aber wieder andere Nachteile und Schäden bezüglich der Nachhaltigkeit bewirken kann. Im Grunde hat schon der Brundtland-Bericht von 1986 die Zunahme der Bevölkerung und ihrer Ansprüche falsch eingeschätzt.

Trotzdem – die Politik und die Gesellschaft haben nicht den Mut, diese Tatsachen in aller Deutlichkeit zu vermitteln. Im Gegenteil, sie versprechen den Menschen mit (Dienst-)Leistungen von natürlichen Ökosystemen und Erhaltung von Biodiversität ein gesteigertes Wohlbefinden, das in dem ›Millennium Assessment‹ der Vereinten Nationen (MEA 2005, vgl. Abb. 8) auch noch genau aufgeschlüsselt ist. Die Gegensätze und Konflikte zwischen der biologischen und der geistigen Natur der Menschen lassen es gar nicht zu, dass diese Bedingungen, die teilweise gar nicht miteinander vereinbar sind, erfüllt werden, erst recht nicht überall gleichmäßig auf der Erde.

Ich prangere hier die mit diesen Versprechungen verbundenen Illusionen, an denen auch angesehene Wissenschaftler beteiligt sind, nachdrücklich an. Mit ihnen

Bestandteile menschlichen Wohlbefindens

Sicherheit
– im persönlichen Bereich
– im Zugang zu den Ressourcen
– vor Katastrophen

Materielle Grundlagen guten Lebens
– angemessenes Einkommen
– genug nahrhaftes Essen
– Wohnung, Unterkunft
– Zugang zu Gütern

Gesundheit
– Widerstandsfähigkeit
– sich wohlfühlen
– Zugang zu reiner Luft
  und sauberem Wasser

Soziale Beziehungen
– sozialer Zusammenhalt
– gegenseitige Achtung
– Hilfsbereitschaft

Wahl- und Handlungsfreiheit

»um zu erreichen, was ein Individuum gern tun und sein möchte«

Abb. 8:
Bestandteile menschlichen Wohlbefindens oder des »guten Lebens« für alle Menschen ohne Armut, in Gesundheit und Sicherheit, mit Wahl- und Handlungsfreiheit (aus MEA 2005, übersetzt von W. Haber).

droht nachhaltige Entwicklung von einer Notwendigkeit und Tugend zu einer Luxusaktivität zu werden, wie es das Titelbild einer Sonderausgabe der Zeitschrift *TIME* von 2006 zum Ausdruck bringt und Überleben als Wohlbefinden definiert: »Who cares for sustainable development?« Sind es die Menschen, die bereits im Wohlstand leben und es sich leisten können, alles was nachhaltig erzeugt wird und teurer ist, zu erwerben? Sie als Beispiel hinzustellen, führt zu einer Perversion der Nachhaltigkeit. Noch einmal betone ich: Wenn man ›öko‹ sagt, heißt das nicht unbedingt ökologisch, und oft widerspricht es auch ökonomischen oder sozialen Anforderungen, also den beiden anderen Nachhaltigkeitssektoren.

Neue Anforderungen an nachhaltige Entwicklung

In Deutschland kommen mit der Energiewende ganz neue Nachhaltigkeitsforderungen und auch -widersprüche auf uns zu, die ich zum Abschluss hier nur andeuten kann. Wir stehen wiederum vor einer großen Veränderung unserer Umwelt und Landschaft, wenn immer mehr Flächen von Windrädern, Photovoltaikanlagen, Biomassefeldern und Stromleitungen bedeckt werden. Unsere Abhängigkeit von Strom und Treibstoffen, Energieformen, die Carlowitz nicht kannte, ist derart groß geworden, dass die Nahrungs- und Wasserversorgung als eigentliche Lebensgrundlage in eine Nebenrolle zu geraten drohen. Wir machen uns auch nicht die wirklichen, gesamten Zusammenhänge klar. So ist jedes Windrad mit der nächsten Zentrale durch ein Kabel verbunden. Es verläuft unterirdisch, muss aber von oben kontrollierbar bleiben, und besteht aus Kupfer, einem Erz, das – hier denke man wiederum an Carlowitz! – mit Hilfe von hohem Energieeinsatz gewonnen und verarbeitet werden muss. Es ist also sorgfältig zu beachten, dass die Umstellung auf erneuerbare Energieträger, eine aus der Sicht nachhaltiger Entwicklung vernünftige Maßnahme, nicht andere Nachhaltigkeitsansprüche missachtet. Man muss alle dafür erforderlichen Ressourcen in vollständigem Umfang mit einbeziehen.

Ganz neue Anforderungen stellt auch der Klimaschutz. Im vorigen Jahr sah ich in Paris auf einer Nebenstraße der Champs-Élysées einen gewaltigen Holzstapel (Abb. 9). Mit ihm sollte den Menschen vor Augen geführt werden, welche Mengen des Treibhausgases Kohlendioxid, das ja das Klima verändert, im Holz gespeichert sind – als Ergebnis der Photosynthese, die ja CO_2 benötigt. Der Stapel enthielt 42 Millionen Tonnen Kohlenstoff. Von diesen Zusammenhängen konnte Carlowitz noch nichts wissen. Aber auch hier öffnen sich Nachhaltigkeitsprobleme. Wir können Holz als Waldprodukt nicht nur als Kohlenstoffspeicher betrachten, sondern müssen es weiterhin als Bau- und Werkstoff nutzen (wobei die CO_2-Speicherung ja fortbesteht) und auch als Brennstoff zur Energiegewinnung verwenden – wobei seit der Energiewende noch mehr Holz verbrannt wird, als das früher der Fall war.

Abb. 9:
An einer Straße
im Zentrum
von Paris vermittelt
ein riesiger Stapel
von Baumstämmen
die hohe Kohlenstoff-
Speicherwirkung
von Holz. Darf man
es dann noch
verbrennen?
(Foto W. Haber, 2010).

Ausblick und Ermutigung

Alle meine Ausführungen mögen zunächst sehr entmutigend klingen. So sind sie aber nicht gemeint. Im Gegenteil, sie sollen auffordernd wirken! Mit nüchterner, illusionsfreier Einschätzung aller Schwierigkeiten sollen sie für die Umsetzung nachhaltiger Entwicklung sorgen. Jeder einzelne Mensch kann und muss in seinem Bereich das Nötige dafür tun und bei Entscheidungen, die über seinen eigenen Bereich hinausgehen, die großen, hier dargestellten Zusammenhänge berücksichtigen und dabei Carlowitz in seiner Vision zum Vorbild nehmen. Nachhaltige Entwicklung ist notwendig und unumgänglich, muss aber die Natur und ihre Organisation in allen Aspekten einbeziehen. Sie sitzt als Trägerin des Lebens am längeren Hebel und ist insofern nicht (nur) unsere Dienerin. Daher lehne ich das heute grassierende Konzept der Ökosystem-Dienstleistungen, so nützlich es erscheinen mag, grundsätzlich ab! Wir müssen uns nach der Natur, der unbelebten wie der belebten, in ihrer Organisation ausrichten und diese nicht nur in unsere Dienste stellen.

Wir haben einen Konsens im Ziel: Es heißt nachhaltige Entwicklung. Wir haben aber immer noch einen tiefen Dissens darüber, wie es erreicht werden soll und kann. Der Anordnung nachhaltiger Entwicklungsmaßnahmen steht die informierte Freiwilligkeit zu ihrer Erbringung entgegen. Doch nur mit nachhaltiger Entwicklung werden wir Menschen auf dem Planeten Erde verbleiben können. Am Beispiel Wald hat Carlowitz das schon vor 300 Jahren visionär erkannt. Wir müssen uns stärker darin vertiefen und das Beispiel an unsere ganz anderen Lebens- und Wirtschaftsbereiche außerhalb des Waldes anpassen und jeweils umsetzen. Im Sinne von Carlowitz vertraue ich darauf, dass uns Menschen das gelingen wird.

Literaturhinweise

Bachmann, G.: Die historischen Wurzeln des Leitbildes Nachhaltigkeit und das 21. Jahrhundert. In diesem Band, Seite 31–39.

Carlowitz, H. C. von: Sylvicultura oeconomica oder Hauswirthliche Nachricht und Naturmässige Anweisung zur Wilden Baum-Zucht. – Johann Friedrich Braun, Leipzig 1713. Nachdruck in den Veröffentlichungen der Bibliothek »Georgius Agricola« der TU Bergakademie Freiberg, Nr. 135, 2000. Neubearbeitung, herausgegeben von J. Hamberger. oekom, München 2013.

Club of Rome (Hrsg.): Der Weg ins 21. Jahrhundert. Alternative Strategien für die Industriegesllschaft (Berichte an den Club of Rome. Goldmann (Taschenbuch), München 1984.

Cramer, F.: Fortschritt durch Verzicht. Ist das biologische Wesen Mensch seiner Zukunft gewachsen? Fischer Taschenbuch, Frankfurt am Main 1975.

Dewilde, P.: Vortrag im Workshop »Resilience as Requirement for Sustainable Development«. Wildbad Kreuth (Bayern) 28.03.2012.

DRL (Deutscher Rat für Landespflege): Die Auswirkungen erneuerbarer Energien auf Natur und Landschaft. Schriftenreihe DRL Heft 79, Bonn 2006.

Eppler, E.: Ende oder Wende. Von der Machbarkeit des Notwendigen. Kohlhammer, Stuttgart 1975.

Frey, D.: Informationssuche und -bewertung bei Einzel- und Gruppenentscheidungen und mögliche Auswirkungen auf Politik und Wirtschaft (Bericht über den 37. Kongress der Deutschen Gesellschaft für Psychologie, Kile 1990). Hogrefe, Göttingen 1991, S. 45–56.

Grober, U.: Die Entdeckung der Nachhaltigkeit. Kulturgeschichte eines Begriffs. Kunstmann, München 2010.

Haber, W.: Ist »Nachhaltigkeit« (sustainability) ein tragfähiges ökologisches Konzept? Verhandlungen Gesellschaft f. Ökologie 23, S. 7–17, 1994. Italienische Fassung: La »sostenibilità« (sustainability). È un concetto valido in ecologia? Estimo e Territorio (Bologna) 52 1999, no. 5, S. 8–14.

Haber, W.: Das Nachhaltigkeitsprinzip als ökologisches Konzept. In: Fritz, P.; Huber, J. & Levi, H. W. (Hrsg.), Nachhaltigkeit in naturwissenschaftlicher und sozialwissenschaftlicher Perspektive, S. 17–30. S. Hirzel u. Wissenschaftl. Verlagsgesellschaft Stuttgart 1995, sowie in: Herrenalber Protokolle 109, S. 7–25, (Zukunft für die Erde. Nachhaltige Entwicklung als Überlebensprogramm, Bd. 1), Evangelische Akademie Baden, Karlsruhe 1996.

Haber, W.: Nachhaltigkeit als Leitbild der Umwelt- und Raumentwicklung in Europa. In: Heinritz, G.; Wiessner, R. & Winiger, M. (Hrsg.), Nachhaltigkeit als Leitbild der Umwelt- und Raumentwicklung in Europa. 51. Deutscher Geographentag Bonn 1997, Band 2. S. 11–30. Franz Steiner, Stuttgart 1998.

Haber, W.: Ökologie und Nachhaltigkeit. Einführung in die Grundprinzipien der theoretischen Ökologie. In: Di Blasi, L.; Goebel, B. & Hösle, V. (Hrsg.), Nachhaltigkeit in der Ökologie. Wege in eine zukunftsfähige Welt, S. 66–95. C.H. Beck, München 2001. (Beck'sche Reihe Bd. 1435).

Haber, W.: Über die heutige ökologische Situation von Erde und Mensch. Eine Betrachtung aus historischer Sicht. In: Herrmann, B. (Hrsg.), Beiträge zum Göttinger Umwelthistorischen Kolloquium 2007–2008, S. 23–44. Universitätsverlag, Göttingen 2008 (Graduiertenkolleg Interdisziplinäre Umweltgeschichte).

Haber, W.: Die unbequemen Wahrheiten der Ökologie. Eine Nachhaltigkeitsperspektive für das 21. Jahrhundert. oekom, München 2010. 2. Auflage 2011.

Haber, W.: Ökologie – eine Wissenschaft unbequemer Wahrheiten. Berichte der Reinhold-Tüxen-Gesellschaft 23, S. 7–27. 2011 a.

Haber, W.: Über wachsende Ansprüche an die endliche Ressource Land. In: Tagungsberichte der Bayer. Akademie Ländlicher Raum (ALR) 53 (»Verändern erneuerbare Energien unsere Landschaften?«), S. 9–21. (Dokumentation des ALR-Fachsymposiums am 16. 07. 2011 in Merkendorf.), 2011 b.

Haber, W.: Grundlagen und Entwicklung der Nahrungsversorgung in globaler Sicht. In: Rundgespräche der Kommission für Ökologie der Bayer. Akademie der Wissenschaften, Band 40 (»Pflanzenzucht und Gentechnik in einer Welt mit Hungersnot und knappen Ressourcen«), S. 17–26. Verlag Dr. Pfeil, München 2012 a.

Haber, W.: Entwicklung des menschlichen Energiebedarfs – Körperliche und außerkörperliche Energie. In: Rundgespräche der Kommission für Ökologie der Bayer. Akademie der Wissenschaften, Band 41 (»Die Zukunft der Energieversorgung«), S. 57–61. Verlag Dr. Pfeil, München 2012 b.

Hauff, V. (Hrsg.): Unsere gemeinsame Zukunft. Eggenkamp, Greven 1987.

Henzler, H. A. & Späth, L.: Die zweite Wende. Wie Deutschland es schaffen wird. Beltz Quadriga, Weinheim/Berlin 1998.

Hradil, S.: Soziale Ungleichheit in Deutschland. 8. Auflage. (Nachdruck 2005). VS Verlag der Sozialwissenschaften, Wiesbaden 2001.

Jackson, T.: Wohlstand ohne Wachstum. Leben und Wirtschaften in einer endlichen Welt. oekom verlag, München 2011, und Bundeszentrale für politische Bildung, Bonn 2012.

Jay, P.: Das Streben nach Wohlstand. Die Wirtschaftsgeschichte des Menschen. Ullstein/Propyläen, Berlin 2000; Ausgabe 2006 Patmos/Albatros, Düsseldorf.

KfÖ (Kommission für Ökologie der Bayer. Akademie der Wissenschaften, Hrsg.): Die Zukunft der Energieversorgung. KfÖ-Rundgespräche Band 41. Verlag Dr. Pfeil, München 2012.

Landes, D.: Wohlstand und Armut der Nationen. Warum die einen reich und die anderen arm sind. Siedler, Berlin 1999.

MEA = Millennium Ecosystem Assessment: Ecosystems and human well-being: Synthesis. Island Press, Washington, DC, USA 2005.

Meadows, D. H. & D. L. et al.: Die Grenzen des Wachstums. DVA, Stuttgart 1972. Aktualisierungen: Die neuen Grenzen des Wachstums. DVA, Stuttgart 1992. – Grenzen des Wachstums: das 30-Jahre-Update. Hirzel, Stuttgart 2006.

Oltmanns, W. L.: »Die Grenzen des Wachstums« pro und contra. Rowohlt (Taschenbuch), Reinbek 1974.

Paech, Nico: Befreiung vom Überfluss. Auf dem Weg in die Postwachstumsökonomie. oekom verlag, München 2012.

Peccei, A.: Die Zukunft in unserer Hand. Molden, Wien/München/Zürich 1981.

Scholz, R. W.: Environmental Literacy in Science and Society. From Knowledge to Decisions. (Umweltverständnis in Wissenschaft und Gesellschaft. Vom Wissen zu Entscheidungen). Cambridge Univ. Press, Cambridge, U.K 2011.

Sieferle, R. P.: Der unterirdische Wald. Energiekrise und industrielle Revolution. C.H. Beck, München 1982.

Wackernagel, M. & Rees, W.: Our ecological footprint. Reducing human impact on the earth. New Society Publishers, Gabriola Island, B.C., Kanada 1996.

Wackernagel, M. & Beyers, B.: Der Ecological Footprint. Die Welt neu vermessen. Europ. Verlagsanstalt, Hamburg 2010.

Roderich von Detten

Einer für alles?
Zur Karriere und zum Missbrauch
des Nachhaltigkeitsbegriffs

Alle wollen Nachhaltigkeit. Wenn es in unseren Tagen einen Begriff in Wirtschaft und Gesellschaft gibt, der sich nahezu universeller Beliebtheit und einhelliger Zustimmung erfreut, so ist dies der Begriff der Nachhaltigkeit. Aus seiner Popularität spricht dabei eine große Sehnsucht. Nun könnte man es zunächst als positiv ansehen, dass sich Menschen in unübersichtlichen und durch zunehmend schärfer geführte Interessen- und Machtkonflikte geprägten Zeiten auf übergeordnete Werte oder Leitvorstellungen verständigen können. Im gleichen Atemzug muss jedoch irritieren, dass nahezu jeder, der sich in der öffentlichen Wahrnehmung den Anschein von Verantwortung, guter und grüner Gesinnung geben möchte, behauptet, sich bei seinen Entscheidungen am Leitbegriff der Nachhaltigkeit zu orientieren. Was genau, so muss gefragt werden, kann ein Begriff bezeichnen, der in aller Munde ist und dem man schlicht nicht widersprechen kann? Denn wer würde behaupten, *nicht* nachhaltig handeln zu wollen, und wer täte sich mit einem Bekenntnis zur Nachhaltigkeit wirklich schwer? Wenn jeder und alles das Siegel der Nachhaltigkeit tragen kann, wird der Begriff wertlos. Wie also ließe sich hier die Spreu vom Weizen trennen: eine wahrhaftige von einer nur vorgeschobenen Nachhaltigkeit unterscheiden – und wer könnte und sollte diese Unterscheidung vornehmen?

Bedeutung als Gebrauchsnorm

Die Beliebigkeit und der inflationäre Missbrauch des Begriffs Nachhaltigkeit werden inzwischen sehr häufig beklagt (z. B. Brand und Görg 2002: 26 ff.; Grunwald 2004: 327 f.) und haben dazu geführt, dass der Begriff mitunter gar dem »Generalverdacht des Illusorischen« unterstellt und ihm eine »begrenzte Leitbildfähigkeit« (Brand und Fürst 2002: 27 ff. bzw. 74 ff.) attestiert wird. Das Ziel, Klarheit zu schaffen und den Leitbegriff »vom Kopf auf die Füße« zu stellen, ihm also eine orientierende Funktion für das individuelle und gesellschaftliche Handeln zurückzugeben, wird jedoch mit immer neuem Eifer verfolgt. Dabei geht es meist nicht allein darum, in immer spezifischeren Definitionen eine korrekte Bedeutung oder einen Bedeutungskern festzuschreiben, sondern auch um die Deutungshoheit darüber, wer, etwa in seiner Eigenschaft als Urheber oder Sachwalter des Nachhaltigkeitskonzepts, über den richtigen Gebrauch des Begriffs zu befragen ist.

Derartige Versuche, so scheint mir, nehmen ihren Ausgang in einem problematischen Verständnis von Sprache, Kommunikation und Bedeutung, das von der Vorstellung einer mehr oder weniger stabilen oder zumindest stabilisierbaren Bedeutung eines Begriffes geprägt ist. Zunächst ist darauf hinzuweisen, dass ein Begriff seine inhaltliche Bedeutung stets nur in seinem Gebrauch entfaltet, das heißt, keine Bedeutung »besitzt«, die unabhängig vom Kontext existiert, in dem er verwendet wird. Begriffsinhalte (Beispiel: Was sind die Merkmale und Eigenschaften von Nachhaltigkeit?) bzw. die Beziehung der verschiedenen Merkmale und Inhalte untereinander (Beispiel: In welcher Beziehung stehen die ökonomischen, ökologischen und sozialen Aspekte der Nachhaltigkeit?) werden in jeder spezifischen Kommunikationssituation zwischen Sprecher und Rezipient jeweils neu festgelegt oder verstanden – Sinn wird also abhängig vom Kontext im Dialog konstruiert. Es ist daher also nicht hilfreich, von einem wie immer gearteten »Kern«, einer »Substanz«, einer »eigentlichen« Bedeutung eines Begriffs oder Konzepts auszugehen – denn wo und wann wäre dieser abgelegt und wer wäre berechtigt, einen solchen zu »ent-decken«? Und auch der Verweis auf einen geschichtlichen Ursprung oder die »ursprüngliche« und daher »korrekte etymologische Bedeutung« (der Sprecher meint damit in der Regel: »richtigere«) hilft für den aktuellen Umgang mit den Begriffen unserer sich stetig wandelnden Sprache nicht wirklich weiter.

Ein essentialistisches Begriffsverständnis lässt sich mit Blick auf die Sprachgeschichte leicht als Irrtum erkennen. Man denke etwa an Begriffe wie »Gerechtigkeit«, »Liebe«, »Staat« oder »Heimat«: Die Sprachgeschichte ist eine Geschichte des Bedeutungswandels und der Duden ist, so verstanden, immer nur eine momentane Aufzeichnung der jeweils herrschenden Gebrauchsnorm. Das herrschende, sich in der jeweiligen Sprachsphäre (in der Alltagssprache, in der Wissenschaftssprache, in der Jugendsprache etc.) durchsetzende und von der Mehrheit geteilte Begriffsverständnis ergibt die dadurch zeit- und auch kontextgebundene Bedeutung. Im Einzelfall hat sich mit dem Erscheinen der jeweils neuen Duden-Auflage die Bedeutung eines Begriffs bereits schon wieder gewandelt. Versuchen, Begriffe für sich zu vereinnahmen, die Urheberschaft zu beanspruchen oder auf eine »ursprüngliche Bedeutung« zu pochen, haftet daher leicht etwas Verzweifeltes an – und man erkennt bei genauerem Hinsehen, dass es hier jeweils um politische Manöver geht: um Fragen der Deutungshoheit und um die Gewinnung von Autorität im Rahmen von gesellschaftlichen Debatten. Die Bedeutung eines Begriffs als die Art seiner Verwendung (und diese wiederum als etwas sich stets Wandelbares) zu erkennen, heißt auch anzuerkennen, dass es so etwas wie eine Erfindung eines Begriffs kaum geben kann. Allenfalls ließe sich von der Prägung, noch realistischer vom ersten (verzeichneten oder nachgewiesenen) Gebrauch eines Begriffs sprechen.

Vielfalt und Wandel des Begriffs der Nachhaltigkeit

Gerade der Begriff der Nachhaltigkeit lässt sich sehr gut zur Illustration heranziehen. Die Wurzeln des Nachhaltigkeitsgebots sieht der Umwelthistoriker Joachim Radkau (2000: 164 ff.) in der elementaren Notwendigkeit und damit selbstverständlichen Norm der »alten Bauernwirtschaft«, die Wirtschafts- und Lebensgrundlage für Kinder und Kindeskinder zu erhalten. Wenn es anfangs dafür gar keines eigenen Begriffs bedarf, so ändert sich dies in dem Augenblick, als das Gebot der Erhaltung von Naturressourcen zur strategischen Aufgabe in Bereichen wie dem Berg- und Hüttenwesen wird, da der Dynamik grenzenloser Bedürfnisse (180 f.) Rechnung getragen werden muss.

Abb. 1:
Bergbau 17. Jahrhundert.
Stollenvortrieb und
Erzverhüttung brauchten
Massen von Holz.
(Schloßbergmuseum
Chemnitz)

Wie der britische Umwelthistoriker Paul Warde (2011) unlängst in einem Aufsatz dargestellt hat, lassen sich Ansätze zu einem solchen systematischen Nachhaltigkeitsdenken – einem Nachhaltigkeitsdenken »avant la lettre« – im nördlichen Europa, in Frankreich, England und Deutschland, bereits für das 16. Jahrhundert nachweisen. Hier wurde das Ziel einer dauerhaften, rentablen und rechtlich gesicherten Rohstoffversorgung sowie des Schutzes von Flächen – auch im größeren räumlichen (bis hin zum nationalen) und zeitlichen (intergenerationalen) Maßstab von der Grundherrschaft verfolgt – in Landwirtschaft und Forstwirtschaft, zur Sicherung des Flottenbaus, der Holzversorgung für den Hof, aber auch zur Sicherung regelmäßiger Einkünfte.

Radkau (ebd.: 177 ff.) arbeitet heraus, dass der Begriff der Nachhaltigkeit nicht zufällig im holzfressenden Berg- und Hüttenwesen und in der Folge dann auch im sich professionell entwickelnden Wald- und Forstwesen bedeutsam wird, als die Aufgabe, große Holzmengen bedarfsgerecht zur Verfügung zu stellen und die Ansprüche von größeren Staatsgebilden zu befriedigen, zu einer komplexen ökonomischen Zielsetzung wird. Vor dem Hintergrund des ökonomischen Ziels der Ersparnis von Holzvermögen (Höltermann und Oesten 2001: 40) dient die Verwendung des Begriffs der Nachhaltigkeit damit dazu, vor zerstörerischem Verbrauch, vor Übernutzung oder Raubbau zu warnen. Die Nachhaltigkeit ist als zuallererst ökonomischer Begriff damit aber zugleich »ein Terminus der Regulierung von oben, ein Kampfbegriff privilegierter Waldnutzer gegen Konkurrenten« (Radkau 2010).

Seit seiner Prägung im frühen 18. Jahrhundert wandelt sich der Begriffsinhalt von Nachhaltigkeit permanent und die Vorstellungen darüber, was Kennzeichen und Ziel einer nachhaltigen Waldbewirtschaftung sind, sind so vielfältig wie auch vieldeutig. Eine Analyse von Peters aus dem Jahre 1984, die Nachhaltigkeitsdefinitionen im Forstbereich aus Vergangenheit und Gegenwart der 1980er Jahre aufführt und beschreibt, lässt eine ebenso feinabgestufte wie verwirrende Menge an unterschiedlichen Taxonomien und Terminologien erkennen. Statt Nachhaltigkeit zeigen sich Nachhaltigkeiten: »der Holzerzeugung«, »der Holzerträge«, »der Erhaltung der Waldfläche«, »des Holzertragsvermögens«, »der Gelderträge«, »der Waldfunktionen«, »der landeskulturellen Leistungen« oder »sämtlicher Wirkungen des Waldes« – um nur eine Auswahl zu nennen. Weder handelt es sich bei der Vielfalt der Nachhaltigkeiten jedoch um ein historisches Phänomen, das längst überwunden ist, noch unterscheiden sich die verschiedenen Nachhaltigkeiten lediglich »an der Oberfläche«: Vielmehr weisen sie auf tief verwurzelte, sich bisweilen fundamental voneinander unterscheidende Auffassungen über den Wald, die Aufgabe der Forstwirtschaft und die Ziele einer nachhaltigen Waldwirtschaft hin (Detten 2001) und sind daher auch für praktische Entscheidungen relevant, wie auch Befragungen zeigen können: Selbst innerhalb von eher homogenen Gruppen (Forstbeamte) sind die individuellen Bedeutungsinhalte der Nachhaltigkeit mit individuell unterschiedlichen Naturverständnissen (»myths of nature«) oder Werthaltungen gekoppelt und beeinflussen damit Wahrnehmungen und Entscheidungsverhalten (Schanz 1994 und 1996).

Die Vielfalt steigert sich noch, wenn man aus dem Forstbereich heraus auf andere Sektoren beziehungsweise die Alltagswelt blickt, in welcher die Nachhaltigkeit inzwischen eine rasante Begriffskarriere gemacht hat. Spielte der Nachhaltigkeitsbegriff über 200 Jahre im Wesentlichen in der Forst- und Fischereiwirtschaft eine Rolle und wurde später auf steuerliche Abschreibungsmechanismen bezogen (Grunwald und Kopfmüller 2006: 16), so wird er 1972 im Bericht »Die Grenzen des Wachstums« an den Club of Rome erstmals an prominenter Stelle erwähnt und in der Folge der ersten großen UN-Umweltkonferenz von 1972 im Rahmen des dort gegründeten Umweltprogramms zu einem der zentralen Entwicklungsziele der Vereinten Nationen. Nach dem Brundtland-Bericht »Unsere gemeinsame Zukunft« aus dem Jahr 1987 (»Sustainable development is development that meets the needs of the present without compromising the ability of future generations to meet their own needs«; WCED 1987: 43) ist es dann insbesondere die UN-Konferenz für Umwelt und Entwicklung in Rio de Janeiro 1992, die den Leitgedanken der nachhaltigen Entwicklung prägt und in der Agenda 21 konkretisiert: »Nachhaltige Entwicklung bedingt zwar nachhaltige Naturnutzung, beinhaltet darüber hinaus aber auch eine wirtschaftliche und gesellschaftliche (d. h. soziale, kulturelle, entwicklungspolitische usw.) Entwicklung, welche in umfassender Weise die Bedürfnisse der gegenwärtig lebenden Generation befriedigt, ohne die Fähigkeit zukünftiger Generationen zu gefährden, ihre eigenen Bedürfnisse zu befriedigen«.

Immer häufiger werden die Begriffe ›Nachhaltigkeit‹ und ›nachhaltige Entwicklung‹ synonym verwendet oder in eine ungebrochene Linie der Kontinuität gebracht: In diesem Zusammenhang wird dann nicht selten der Versuch unternommen, die forstliche Nachhaltigkeit zum Modell für die ungleich umfassendere und damit komplexere ›nachhaltige Entwicklung‹ zu machen – obwohl diese klar gegeneinander abzugrenzen wären.[1]

In neueren Veröffentlichungen zur Nachhaltigkeit wird der Kern des Konzepts seither als Zukunftsverantwortung im Sinne einer intragenerativ-globalen und intergenerativen Gerechtigkeit gesehen (Grunwald 2004: 314; siehe dazu auch den

---

1 Über den Aspekt der Naturnutzung hinaus umfasst die »Nachhaltige Entwicklung« auch eine wirtschaftliche und gesellschaftliche Entwicklung, »welche in umfassender Weise die Bedürfnisse der gegenwärtig lebenden Generation befriedigt, ohne die Fähigkeit künftiger Generationen zu gefährden, ihre eigenen Bedürfnisse zu befriedigen« (Höltermann und Oesten 2001: 44).

Beitrag von Ekardt in diesem Band). Im Rahmen des Begriffs der Nachhaltigen Entwicklung mit den drei Säulen einer ökologischen, ökonomischen und sozialen Nachhaltigkeit hat sich die Nachhaltigkeit damit in der weitest denkbaren Weise vom ursprünglich auf die Nachhaltigkeit der Holzerzeugung zielenden, ökonomischen Begriffsverständnis von Carlowitz entfernt.

Entgrenzungen und Entleerungen

Zu beobachten sind hier zwei zeitgleich ablaufende, aneinander gekoppelte Bewegungen, die man als Ausweitung und Entleerung beschreiben könnte. Der Blick auf die inhaltliche Entgrenzung, also die Ausweitung im Gebrauch des Nachhaltigkeitskonzepts (siehe dazu Eilenberger 2010), lässt erkennen, dass die Rede von der Nachhaltigkeit, wenn man sie denn ernst nimmt, nicht unbeträchtliche Zumutungen beinhaltet:

1) Die Forderung nach Nachhaltigkeit überspannt inzwischen nahezu *alle Teilbereiche der Gesellschaft* – Ökonomie, Politik, den Umgang mit Natur und Umwelt, die Technologie und auch die Zivilgesellschaft. In Erläuterung zum integrativen Drei-Säulen-Modell der Nachhaltigkeit, in welchem zumeist die Gleichrangigkeit der Ziele unter der Überschrift einer »globalen Gerechtigkeit« propagiert wird,[2] wird dabei nur selten auf die meist schwierigen Zielbeziehungen bzw. latenten Zielkonflikte hingewiesen – ganz abgesehen davon, dass sich die komplexen Interaktionen zwischen den Handlungsebenen (ökonomische Entscheidungen haben Auswirkungen auf Ökologie und Gesellschaft; gesellschaftspolitische Entscheidungen auf Wirtschaft und Umwelt etc.) meist kaum abbilden, geschweige denn prognostizieren lassen.

2) Schon früh (s.o.) wurde Nachhaltigkeit nicht mehr nur auf einzelne Bewirtschaftungsmaßnahmen mit lokal begrenzten Auswirkungen bezogen, sondern in größeren Maßstäben gesehen. In den neueren Konzepten wird sie im Sinne globaler Effekte bzw. globaler Verantwortlichkeiten verstanden (Entgrenzung in *räumlicher Hinsicht*).

---

2 Siehe dazu Hoffman und Scherhorn (2012: 39), die kritisch anmerken: »Die Vorstellung von den drei gleichberechtigten Säulen (›Gesichtspunkten‹) der Nachhaltigkeit ›scheint der Preis zu sein, unter dem der Nachhaltigkeitsgedanke in den 1990er Jahren eine politische Anerkennung gefunden hat‹, denn wer die Nachhaltigkeitspolitik gründet auf eine ›Gleichberechtigung des Ganzen (der Natur) mit einem Teil des Ganzen (der Gesellschaft) und obendrein mit einem Teil dieses Teils (der Wirtschaft)‹, der will nicht so genau wissen (oder nicht so unverblümt sagen), worauf es ankommt.«

3) Das Ziel bzw. der Entscheidungsraum von Nachhaltigkeitsstrategien wird inzwischen auf alle künftigen Generationen und deren Bedürfnisse ausgedehnt. Diese Entgrenzung in *zeitlicher Hinsicht* geschieht oft ungeachtet der Tatsache, dass über die langfristigen Auswirkungen heute getroffener Entscheidungen oder über Präferenzen künftiger Generationen weitgehend Unklarheit herrscht und dass die Vorstellungen über die Zukunft selbstverständlich mehr über die Gegenwart als über die ungewisse und durch Kontingenz geprägte Zukunft aussagen.

4) Gerade im Zusammenhang mit der Klimaschutz-Diskussion ist zu beobachten, wie die Nachhaltigkeitspostulate auf den sozialen bzw. individuellen Bereich ausgedehnt werden und eine Entgrenzung in *sozialer Hinsicht* stattfindet. Akteure auf unterschiedlichen gesellschaftlichen Ebenen (von der globalen Gesellschaft über Nationen bis hin zum lebensweltlichen Bereich des Individuums) sind zum Adressaten einer klimagerechten Nachhaltigkeitspolitik geworden. Hier wird etwa die Reduktion der persönlichen CO_2-Bilanz als eine aus dem Nachhaltigkeitsprinzip abgeleitete moralische Forderung erhoben.

Dass es in der Folge einer so weitreichenden Entgrenzung eines Konzeptes oder Begriffes zu dessen Entleerung kommen kann, verwundert nicht. Als Sehnsuchtsformel und Begriff, der Harmonie und Gleichgewicht unterschiedlicher Ziele und die Integration verschiedener Strategien verheißt, eine amorphe Positivität ausstrahlt und dazu geschaffen ist, »alles auf reibungslose Durchfahrt zu stellen« (Pörksen 1989: 19), wo er in Gebrauch ist, kommt die Nachhaltigkeit damit in gefährliche Nähe zu dem, was der Sprachwissenschaftler Uwe Pörksen als »Plastikbegriff« beschrieben hat. Ob »Entwicklung«, »Kommunikation«, »Zukunft«, »Wachstum«, »Identität«, »Modernisierung« oder »Strategie«: Gemeinsam ist den Plastikbegriffen ihre unendliche Formbarkeit, die Idee einer endlosen Umwandlung, der uneingeschränkt positive Bedeutungshof (»Konnotation«), der dem Sprecher zudem Prestige verleiht, ein diffuser Universalitätsanspruch, der scheinbar ein Grundbedürfnis formuliert und sich damit fast von selbst versteht. In der öffentlichen Rede wird meist kein Problem darin gesehen, dass er längst keine Anschauung mehr vermittelt, sondern diese, im Gegenteil, der geschichtlichen Welt entzieht (ebd.: 33; eine umfassende Liste von 30 Kriterien siehe ebd. S. 37 f.).

Auch die Nachhaltigkeit eignet sich zur universal verwendbaren Projektionsfläche: Der Begriff befestigt inzwischen alle Arten von Erwartungen und wird auf diese Weise zum heilkräftigen Fetisch wohlhabender Gesellschaften. Diese sehen sich einerseits von den Scherbenhaufen nichtnachhaltiger Umwelt- und Ressourcennutzungen, ökonomischer Krisen und tief greifender sozialer Verwerfungen

umgeben und erleben eine Situation des »Global Change« als Situation unüber-
sehbarer Risiken und Ungewissheiten globalen Ausmaßes. Andererseits mögen sie
jedoch kaum auf ihren Lebensstil verzichten und fürchten einen gesellschaftlicher
Wandel auf der Basis von Gerechtigkeitsdebatten mit Verweis auf soziale Verwerfungen und als Gefährdungen des Status quo.

Auf der Suche nach Auswegen aus der Krisensituation beschreibt der Diskurs
des nachhaltigen Lebenswandels die zukunftsorientierte Vision des nachhaltigen
Konsums nachhaltiger Produkte: nachhaltige Mode, nachhaltige Autos, Computer
oder Mobiltelefone. Nachhaltigkeit wird zum Namensgeber eines Typus' des modernen, gut betuchten, urbanen Individuums, des sogenannten LOHAS, der einem
marktgerechten ›Lifestyle Of Health And Sustainability‹ frönt: »So macht Nachhaltigkeit Spaß« …

Der Begriff der Nachhaltigkeit steht damit durchaus für das Bewusstsein, »dass
der Planet, auf dem wir leben, erhalten und bewahrt werden muss« (Umschlagtext
zu Grober 2010) und bezeichnet damit ein Unbehagen gegenüber nichtnachhalti-
gen Entwicklungen und Krisen. Gleichzeitig fehlt aber zumeist der Bezug zu konkreten Interessen und Sachzwängen, konkreten sozialen Beziehungen und politischen Entscheidungsprozessen.

Geht man von der Etymologie des Begriffs »Nachhalt« im Sinne von »Rückhalt«
aus (Kluge, *Etymologisches Wörterbuch* 1999, 23. Aufl.: 579) und versteht nachhaltiges Wirtschaften wörtlich als »Substanzerhaltung«, so vereint die Kombination
»nachhaltige Entwicklung« zwei an sich gegensätzliche Bewegungen: einen »nach
innen« gerichteten Rückhalt oder Erhalt und eine »nach außen« gerichtete »Entwicklung«, die Wandel beinhaltet. Mit dieser Verbindung von Statik und Dynamik
bekommt der Begriff damit einen paradoxen Charakter: Ein Sowohl-als-auch, das
der Kulturwissenschaftler Wolfgang Ullrich (2006: 111 f.) mit Blick auf das Marketing zu modernen Konsumgütern als Eigenschaft der »Paradessenz«, also als para-
doxe Essenz, beschrieben hat (Kaffee dient der Anregung und Entspannung, Tourismus bietet gleichzeitig Abenteuer und Erholung etc.).

Aufgrund dieser Eigenschaft ist die »nachhaltige Entwicklung« (z. B. in Form
einer »nachhaltigen Regionalentwicklung«) auch problemlos in den Diskurs über
eine (ökologische) Modernisierung (Hajer 2005; Mol et al. 2009) integriert worden
bzw. führt diesen fort. Danach besteht der dominierende Ansatz der Umweltpolitik darin, die Ziele des Wirtschaftswachstums und der industriellen und technisch-
wissenschaftlichen Entwicklung mit dem Ziel des Schutzes der Umwelt in Einklang zu bringen. Kritiker der Entwicklungsrhetorik wiederum werfen in diesem
Zusammenhang die Frage auf, ob Nachhaltigkeit damit nicht letztlich »zum Kitt
eines neoliberalen Scherbenhaufens« verkomme (Brand und Görg 2002). Sie ver-

weisen darauf, dass die Kritik am technologischen Optimismus, der in Begriffen wie der »ökologischen Modernisierung« mitschwingt, lauter geworden ist. Die Kritik am Diskurs über nachhaltige Entwicklung speist sich damit zum großen Teil aus der Kritik am Wachstumsdenken und der Annahme, durch Effizienzsteigerungen sei eine absolute Entkopplung von Umweltverbrauch und Wirtschaftswachstum möglich. Darüber hinaus wird kritisiert, dass sich die Umweltdebatte durch den permanenten Bezug auf die nachhaltige Entwicklung entpolitisiert habe, weil die damit transportierten impliziten Grundannahmen und Interessen selten offengelegt werden.

Wie man sehen kann, unterscheiden sich die Nachhaltigkeitskonzepte in ethischer und politischer Hinsicht oft fundamental. In einer gesellschaftlichen Debatte aber, in der die Nachhaltigkeit entweder als Sehnsuchtsformel oder Marketingbegriff dominiert, bleibt die Rede von ihr entweder harm- und folgenlos oder aber dient der Maskierung von handfesten Interessen oder politischen Programmen und zur Scheinharmonisierung von Konflikten:[3] Man muss hier nicht so weit gehen, die Nachhaltigkeit als Teil »der Sprache einer internationalen Diktatur« zu bezeichnen (wie dies Pörksen mit Blick auf die Plastikbegriffe tut), um die Gefahr zu sehen, dass allzu abstrakte Begriffe und Konzepte auch dazu genutzt werden können, um »das Gelände zu ebnen« und Akzeptanz für die Durchsetzung partikularer Interessen zu erzielen (Pörksen 1998: 75 ff.).

Bestimmungs- und Umsetzungsprobleme

Mit Blick auf die intensiven Bemühungen darum, das Nachhaltigkeitspostulat zu konkretisieren, Indikatoren und Indizes für Nachhaltigkeit zu entwickeln und geeignete Nachhaltigkeitskriterien bereitzustellen, hat Grunwald die drei Forderungen nach Gegenstandsbezug (Bezugsobjekt und Geltungsbereich der Nachhaltigkeit), Trennschärfe (Unterscheidungskriterien nachhaltig/nicht nachhaltig) und Operationalisierbarkeit (konkrete Zuschreibungen zu Zuständen oder Entwicklungen; Indikatoren) aufgestellt und als Voraussetzungen dafür beschrieben, dass die Nachhaltigkeit praktische Relevanz beanspruchen kann (Grunwald 2004: 329). Doch auch die Aufstellung noch so detaillierter Kriterienkataloge, Mindestanforderungslisten oder instrumentelle »Wie-Regeln«, die den Weg zur Erfüllung der Mindestanforderungen markieren sollen (siehe dazu Kopfmüller et al. 2001 und

---

3　Siehe dazu auch Grunwald (2004: 328 f.), der vier problematische Verwendungsweisen des Nachhaltigkeitsterminus unterscheidet: die Beliebigkeit, die ideologische Täuschung, die utopische Hoffnung und die Illusion.

Brandl et al. 2003), können nicht darüber hinwegtäuschen, dass sich ethische Postulate wie die Nachhaltigkeit kaum in starre, unwandelbare und widerspruchsfreie Kataloge einpassen lassen, auf die sich Akteure in Leitbilddiskussionen konsensual einigen können und durch die sich Nachhaltigkeitsdiskurse gleichsam ordnen oder vorstrukturieren ließen.

Auf einer ganz anderen Ebene liegen die Probleme, die mit der Analyse von Nachhaltigkeitsproblemen sowie der Verwirklichung nachhaltigkeitsbezogener Strategien verbunden sind. Damit ist noch nicht einmal der Einwand der Systemtheorie gemeint, dass eine zentrale Steuerung unterschiedlicher Teilsysteme der Gesellschaft auf der Basis eines gemeinsamen Prinzips oder Leitbilds schon deshalb nicht möglich ist, da diese Teilsysteme ganz unterschiedliche Funktionslogiken aufweisen und zum Beispiel ein Konzept wie das der Nachhaltigkeit in den verschiedenen Bereichen (Politik, Ökonomie, Wissenschaft etc.) mit jeweils eigenen Codes bearbeitet wird.

Sowohl Grunwald (2004: 334 f.), Brand und Fürst (2002: 31 f.) als auch Voß et al. (2007) weisen vielmehr darauf hin, dass die Bestimmung und Durchsetzung dessen, was als Nachhaltigkeit bezeichnet wird, schon strukturell mit Problemen des fehlenden Wissens, der Ambiguität beziehungsweise Abhängigkeit von normativen Positionen sowie der immer verteilt auftretenden Macht zu kämpfen hat – sodass schnell die Grenzen dessen erreicht sind, was Wissenschaft zur Lösung von Nachhaltigkeitsproblemen beitragen kann:[4]

Nichtwissen

Die fehlende Berücksichtigung oder auch bewusste Missachtung von Unsicherheit, also der Probleme von Komplexität, Nichtwissen und Risiko im Zusammenhang mit der im Nachhaltigkeitsbegriff enthaltenen Langfristigkeit, führt dazu, dass der Frage aus dem Weg gegangen wird (Detten 2011): »Wie kann ich angesichts sozio-ökologischer Komplexität und Zukunftsungewissheit heute überhaupt wissen, was eine nachhaltige Bewirtschaftung z. B. des Waldes oder das Ziel einer nachhaltigen ›Ökonomie‹ von mir verlangt?« Auch wenn jegliches Handeln unter dem Vorbehalt der Unsicherheit steht und natürlich dennoch ohne vollständiges und sicheres Wissen möglich ist, so muss der Anspruch der Nachhaltigkeit in Bezug auf das Ziel einer langfristigen Handlungsstrategie als ein Prozess des Suchens und Lernens verstanden werden, der nur in begrenzter Weise gerichtet ist (Grunwald und Kopfmüller 2006: 12). Die Einschätzung künftiger Umweltwandlungen oder Nachhaltigkeitsrisiken, zum Beispiel einer globalen Klimaänderung im Vorhinein,

---

4   Im Folgenden wird der Einteilung von Voß et al. (2007) gefolgt.

die Beantwortung der Frage, auf welche Weise sich unterschiedliche Nachhaltig-keitsstrategien oder -maßnahmen (z. B. auf Ökosysteme) langfristig auswirken, ist angesichts der Komplexität der ökologischen, technischen und gesellschaftlichen Prozesse, der vielfältigen, nichtmodellierbaren Wechselwirkungen untereinander sowie angesichts von Rückkopplungen und Emergenzen stets mit großer Unsicher-heit behaftet – je länger der Betrachtungshorizont reicht, umso geringer das ver-fügbare Wissen. Gerade ein Rückblick in die Forstgeschichte lehrt, dass der Erfolg der langfristigen, unter dem Banner der Nachhaltigkeit stehenden forstlichen Pläne in den seltensten Fällen korrekt vorhergesagt werden konnte und dass sich viele Erwartungen an die Bereitstellung konkreter Produkte, Wirkungen oder Leistun-gen (im weitesten Sinne von ökonomischen, ökologischen und auch sozialen Ziel-stellungen) nicht erfüllt haben – dank dem permanenten Wandel der natürlichen und sozialen Umwelt, der sich auf die meist über 100-jährigen Produktionszyklen deutlich auswirkt.

Wertepluralimus (Ambiguität)

Was als »nachhaltig« gelten kann, wünschbar ist oder akzeptiert wird, basiert auf grundlegenden Werthaltungen und Normen. Zielkonflikte, das heißt unterschied-liche Vorstellungen über die Gewichtung von langfristigen Nachhaltigkeitszielen, -instrumenten, -praktiken oder notwendige Strukturen, die Vagheit von Nachhal-tigkeitszielen (Schwerpunktsetzungen, Auswahl von Indikatoren und Quantifi-zierungen, zeitliche Maßstäbe) sowie der Wandel von Zielen erschweren deren Bestimmung und Durchsetzung. Zudem ist zu berücksichtigen, dass eine Vielzahl von Entscheidungen, die den »Erfolg« oder die Wirkung von langfristigen nach-haltigkeitsbezogenen Maßnahmen betreffen, überhaupt erst in der Zukunft getrof-fen werden: Die Zukunft ist offen und Entscheidungen in ihr sind kontingent, das heißt können so oder so ausfallen.

Politische Durchsetzbarkeit (Verteilte Macht)

Schließlich ist – jenseits der Probleme mit der schwierigen Bestimmbarkeit von Nachhaltigkeitszielen und den mit der Langfristigkeit verbundenen irreduziblen Ungewissheiten – das Problem der Implementation von Nachhaltigkeitsstrategien gesondert zu nennen, da diese die existierenden gesellschaftlich-technischen Struk-turen verändern: Um ein System in Richtung Nachhaltigkeit zu verändern (welche auch immer damit gemeint ist), ist in der Regel die Koordination der Aktivitäten unterschiedlicher Akteure mit jeweils eigenen Wahrnehmungen, Werten, Interes-sen und Leitvorstellungen nötig. Dazu ist eine Änderung der bestehenden institu-tionellen Arrangements und eine Neuausrichtung der kontrollierenden Instanzen in ihren Strukturen und in den zentralen Prozessen notwendig. Die Machtstrukturen und Einflüsse sind dabei sowohl horizontal auf unterschiedliche Akteursgruppen verteilt als auch vertikal zwischen lokaler und globaler Ebene.

Für die Nachhaltigkeit als Differenzbegriff: fünf Thesen

Welchen Ausweg aber gibt es aus einer solchen Dekonstruktion des Nachhaltigkeitsbegriffs – was folgt aus dem Bewusstsein für seine nicht auf einen Nenner zu bringende Dynamik und Pluralität, aus der fortgesetzten Ausweitung und Entleerung des Begriffs und schließlich aus der Erkenntnis, dass der Anspruch, Nachhaltigkeit als langfristiges ethisches Prinzip umzusetzen, mit zahlreichen grundlegenden Problemen verbunden ist?

Mir scheint, dass es mit Blick auf die Karriere, aber auch auf den inflationären Gebrauch des Nachhaltigkeitsbegriffes angezeigt ist, die mit diesem Konzept verbundenen Erwartungen auf ein realistisches Maß herunterzuschrauben, damit dieser nicht zu einem »marketingtauglichen Verdeckungsbegriff mit kollektiver Wohlfühlgarantie« (Eilenberger 2010) gerät, der noch die unterschiedlichsten Positionen unter ein Dach bringt. Weder der Ruf nach Präzision noch die nostalgische Verklärung können dem Begriff eine Widerstandsfähigkeit und Tragfähigkeit verschaffen. Eher erscheinen Nüchternheit und Skepsis gegenüber der oft pauschal behaupteten Orientierungsfunktion geboten, um den Begriff als politischen Begriff kenntlich zu machen.

Abschließend sollen fünf Thesen zur Verwendung des Begriffes der Nachhaltigkeit die in diesem Beitrag zusammengetragenen Argumente zusammenfassen:

1) Ein Begriffsverständnis, das nicht ahistorisch unterschiedliche Verwendungskontexte und Begriffsinhalte in eins setzt, versteht *Nachhaltigkeit als zeit- und kontextbezogenen Terminus*, dessen inhaltlicher Wandel erhellender ist als die Behauptung von Kontinuitäten und Parallelen.

2) Ein Begriffsverständnis, das Nachhaltigkeit als Chiffre für tiefer liegende Utopien, Werthaltungen oder politische Philosophien versteht, wird von *Nachhaltigkeit nur im Plural* das heißt als Nachhaltigkeiten sprechen. »Die Ethik muss damit leben, dass es keine Wertehierarchie gibt, sondern alle Werte in der Zirkularität der Wertepräferenzen kreisen« (Bolz 2001: 105).

3) Eine nicht essentialistische Begriffsverwendung das heißt ein Begriffsverständnis, das nicht von einer »ursprünglichen Wesenheit« von Nachhaltigkeit ausgeht, versteht *Nachhaltigkeit als diskursives Konzept*, welches in immer neuen »Zieldiskursen« kontextabhängig inhaltlich gefüllt werden muss. Ortwin Renn spricht in diesem Zusammenhang von der »Notwendigkeit diskursiver Zielbestimmung« und skizziert Wege zu deren Annäherung (Renn, 2002: 211 ff.).

4) Ein Begriffsverständnis, das die Herausforderung der Langfristigkeit ernst nimmt und die irreduzible Zukunftsunsicherheit anerkennt, wird *Nachhaltigkeit als Gegenwartsbegriff*, also als Spiegel momentaner Wertepräferenzen und aktueller Wissens- beziehungsweise Nichtwissensbestände, verstehen müssen, um schließlich auch dessen ursprünglich realisiertes, auf eine Änderung des gegenwärtigen Umgangs mit den natürlichen Ressourcen gerichtete Potenzial zurückgewinnen zu können. Dass in einer komplexen und dynamischen Gesellschafts-Umwelt-Beziehung die auf Stabilität gerichtete Strategie der Antizipation von Zukunft scheitert, kränkt die Vernunft und begründet Zweifel an der Orientierungsfunktion der Nachhaltigkeit. Andererseits sind in Zeiten der globalen Zusammenhänge, der großen Risiken (Klima, Ressourcenverbrauch, Wirtschaft und Finanzen, Großtechnologien) und der gesteigerten Komplexität mit starren Langfriststrategien große Risiken verbunden: Wenn wegen der Zukunftsungewissheit nicht vorherzusagen ist, welche langfristigen Konsequenzen heutiges Handeln hat und ob heutige Strategien in der gewandelten Welt von morgen erfolgreich sein können, ist es risikoreich, sich zentralen großen »Masterplänen« oder »gesellschaftlichen Großexperimenten« zu unterwerfen – die Geschichte ist voll von Beispielen ihres Scheiterns. Hier sind Strategien der Resilienzsteigerung und des inkrementellen Handelns angemessener.

5) Ein Verständnis von *Nachhaltigkeit als politischem Begriff* macht diese zum gemeinsamen Bezugspunkt (»Grenzbegriff«) von Diskussionsprozessen, in denen unterschiedlichste Nachhaltigkeitsverständnisse und verschiedene »nachhaltigkeitsbezogene« Optionen miteinander konkurrieren. Voraussetzung ist die Arbeit am Begriff: das Offenlegen der Nachhaltigkeitskonstruktionen und ihrer dahinterstehenden Denkmuster, Problemwahrnehmungen, Bestimmungskriterien und Indikatoren. Voraussetzung ist aber auch eine adäquate Gestaltung der Nachhaltigkeitsdebatten gemäß Kriterien der Offenheit, des Pluralismus und der Akzeptanzfähigkeit (statt der starken Akzeptabilität) von anzustrebenden Lösungen (Hubig 2000).

Auch wenn es nicht den Anschein haben mag: Mit einem so umrissenen Nachhaltigkeitsverständnis kommt man schließlich Carlowitz' nüchterner, handfesten
Interessen und Aufgaben dienender Begriffsverwendung näher, als dies alle Versuche tun, die Nachhaltigkeit in den Rang eines Universalschlüssels erheben. Die
angesprochene Nüchternheit darf in der Feierstunde für Hans Carl von Carlowitz
keineswegs fehlen – ja sie erscheint mir geradezu als eine der Tugenden des sächsischen Berghauptmanns, die in dessen Amts- und Nachhaltigkeitsverständnis in
sehr reiner Weise zum Ausdruck kommt.

Literaturhinweise

Bolz, N.: Weltkommunikation, München 2001.

Brand, U.: Nachhaltige Entwicklung: Ein Schlüsselkonzept weltgesellschaftlicher Bildung?
   In: Steffens, Gerd; Weiß, Edgar (Redaktion): Jahrbuch für Pädagogik 2004 (Band 10), Thema
   Globalisierung und Bildung. Frankfurt am Main – Berlin – Bern – Bruxelles – New York –
   Oxford – Wien 2004. http://www.uibk.ac.at/peacestudies/downloads/peacelibrary/
   nachhaltigeentwicklung.pdf. Aufgerufen am 31. Mai 2012.

Brand, K.-W. & Fürst, V.: Sondierungsstudie: Voraussetzungen und Probleme einer Politik der
   Nachhaltigkeit – Eine Exploration des Forschungsfelds. In: Brand, K.-W. (Hrsg.): Politik der
   Nachhaltigkeit: Voraussetzungen, Probleme, Chancen – eine kritische Diskussion. Berlin 2002,
   S. 15–109.

Brand, U. & Görg, C.: Nachhaltige Globalisierung? Sustainable Development als Kitt
   des neoliberalen Scherbenhaufens. In: Dies (Hrsg.): Mythen globalen Umweltmanagements.
   Münster 2002, S. 12–47.

Brandl, V.; Kopfmüller, J. & Sardemann, G.: Die gegenwärtige Nachhaltigkeitssituation in
   Deutschland. In: Coenen, R.; Grunwald, A. (Hrsg.): Nachhaltigkeitsprobleme in Deutschland.
   Analyse und Lösungsstrategien. edition sigma, Berlin 2003, S. 83–130.

Detten, R. v.: Waldbau im Bilderwald – Zur Bedeutung des metaphorischen Sprachgebrauchs für
   das forstliche Handeln. Kessel, Remagen-Oberwinter 2001.

Detten, R. v.: Sustainability as a guideline for strategic planning? The problem of long-term forest
   management in the face of uncertainty. In: European Journal of Forest Research 130, 2011:
   p. 451–465; DOI 10.1007/s10342-010-0433-9.

Eilenberger, W.: Zur Nachhaltigkeit: Wir sind die letzten. In: Süddeutsche Zeitung vom 22. 03. 2010:
   http://www.sueddeutsche.de/kultur/zur-nachhaltigkeit-wir-sind-die-letzten-1.11875.
   Aufgerufen am 28. 10. 2012.

Grober, U.: Die Entdeckung der Nachhaltigkeit. Kulturgeschichte eines Begriffs. Kunstmann
   Verlag, München 2010.

Grunwald, A.: Die gesellschaftliche Wahrnehmung von Nachhaltigkeitsproblemen und die Rolle
   der Wissenschaften. In: Ipsen, D.; Schmidt, J. C. (Hrsg.): Dynamiken der Nachhaltigkeit.
   Ökologie und Wirtschaftsforschung, Bd. 53, Metropolis, Marburg 2004, S. 313–341.

Grunwald, A. & Kopfmüller, J.: Nachhaltigkeit. Campus, Frankfurt am Main 2006.

Hajer, M.: The Politics of Environmental Discourse. Ecological Modernization and the Policy Process, Oxford 2005.

Hoffman, J. & Scherhorn, G.: Nachhaltigkeit als Herausforderung für die marktwirtschaftliche Ordnung. Ein Plädoyer. In: Wohlstand ohne Wachstum? Aus Politik und Zeitgeschichte 62, 2012, H. 27–28.

Höltermann, A. & Oesten, G.: Forstliche Nachhaltigkeit. In: Der deutsche Wald 1/2001. Hrsg. von der Landeszentrale für politische Bildung Baden-Württemberg, S. 39–45.

Hubig, C.: Langzeitverantwortung im Lichte provisorischer Moral. In: Mittelstraß, J. (Hrsg.): Die Zukunft des Wissens. Akademie-Verlag, Berlin 2000, S. 296–312.

Kopfmüller, J.; Brandl, V.; Jörissen, J.; Paetau, M.; Banse, G.; Coenen, R. & Grunwald, A.: Nachhaltige Entwicklung integrativ betrachtet – Konstitutive Elemente, Regeln, Indikatoren. edition sigma, Berlin 2001.

Kluge, F.: Etymologisches Wörterbuch der deutschen Sprache. de Gruyter, 23. Aufl., Berlin/New York 1999.

Mol, A. P. J.; Spaargaren, G. & Sonnenfeld, D. A.: Ecological Modernisation. Three Decades of Policy, Practice and Theoretical Reflection, in: Arthur P. J. Mol (Hrsg.): The Ecological Modernisation Reader. Environmental Reform in Theory and Practice, London 2009, p. 3–14.

Peters, W.: Die Nachhaltigkeit als Grundsatz der Forstwirtschaft. Universität Hamburg, Dissertation 1984.

Pörksen, U.: Plastikwörter. Die Sprache einer internationalen Diktatur. Klett-Cotta, Stuttgart 1989.

Radkau, J.: Natur und Macht. Eine Weltgeschichte der Umwelt. C.H.Beck, München 2000.

Radkau, J.: Wachstum oder Niedergang: ein Grundgesetz der Geschichte? In Seidl, I.; Zahrnt, A. (Hrsg.): Postwachstumsgesellschaft – Konzepte für die Zukunft (Reihe »Ökologie und Wirtschaftsforschung« Band 87). Metropolis, Marburg 2010, S. 37–52.

Renn, O.: Nachhaltige Entwicklung – Zur Notwendigkeit von Zieldiskursen. In: Brand, K.-W. (Hrsg.): Politik der Nachhaltigkeit. Voraussetzungen, Probleme, Chancen – eine kritische Diskussion. Berlin 2002, S. 211–225.

Schanz, H.: Forstliche Nachhaltigkeit aus der Sicht von Forstleuten in der Bundesrepublik Deutschland. Arbeitspapier 19-94, Institut für Forstökonomie, Universität Freiburg 1994.

Schanz, H.: Forstliche Nachhaltigkeit. Sozialwissenschaftliche Analyse der Begriffsinhalte und -funktionen. Schriften aus dem Institut für Forstökonomie Bd 4., Freiburg 1996.

Ullrich, W.: Habenwollen. Wie funktioniert die Konsumkultur? S. Fischer Verlag, Frankfurt am Main 2006.

Voß, J.-P.; Newig, J.; Kastens, B.; Monstadt, J. & Nölting, B.: Steering for Sustainable Development – A typology of empirical contexts and theories based on ambivalence, uncertainty and distributed power; Journal of Environmental Policy and Planning 9 (3/4), 2007, p. 193–212.

Warde, Paul: The Invention of Sustainability. Modern Intellectual History, 8, 2011, p. 153–170.

WCED (World Commission on Environment and Development): Our Common Future, Oxford 1987.

Joachim Hamberger

Nachhaltigkeit:
Die Vermessung eines Begriffs

Nachhaltigkeit nervt! Dieser Satz, so direkt oder in Variation ausgesprochen, begegnet einem immer wieder und inzwischen auch immer öfter.[1] Der Begriff sei ausgelutscht, überstrapaziert, gummiweich, unscharf, verbraucht, ein Modebegriff von gestern. Diese Kritik wundert nicht, wenn man sich vor Augen führt, wo und wie oft der Begriff überall verwendet wird. Man hört in der Werbung, dass BMW, Siemens, REWE, EDEKA und viele andere Firmen und Firmengruppen auf Nachhaltigkeit bauen, liest in der Zeitung, dass der Truppenrückzug aus Afghanistan nachhaltig erfolgt, und kann im Internet nachlesen, warum Gefängnisarbeit nachhaltig ist. Auf allen Kanälen wird über Nachhaltigkeit geredet, manches Mal aber auch nur palavert und der Begriff als solcher nachhaltig verbraucht. Auch in der Green Economy, bei der globalen Armutsbekämpfung oder dem sozialen Engagement von Firmen (Corporate Social Responsibility/CSR) wird der Begriff in hoher Frequenz verwendet.[2]

Die Reihe wäre unendlich fortzusetzen und würde doch nur den hochfrequenten Gebrauch des positiv besetzten Wortes bestätigen. Nachhaltigkeit ist heute in aller Munde und als Hintergrundrauschen in allen Köpfen. Mancher bekommt davon Migräne.

---

1   Z.B. Gründinger, Wolfgang (2010): Nachhaltigkeit: Leitbild, Leerformel oder Kampfbegriff? Taten statt Worte für eine generationengerechte Welt. Natur + Umwelt BN-Magazin [3–10] S. 20 f. Der Umweltethiker Konrad Ott spricht davon, dass der Begriff zwar ein Leitbegriff der internationalen Umweltpolitik sei, dass er aber missbräuchlich und beliebig verwendet werde, sodass es am Ende gar nichts mehr bedeute. Loboda (2012), S. 36.

2   Das ist keine Kritik an oft berechtigten Inhalten, sondern eine intensiver werdende Wahrnehmung des Wortes in der öffentlichen Kommunikation.

Das Glas ist halb voll

Aber kann man es nicht auch andersherum sehen? Wird nicht dadurch, dass der
Begriff in viele Lebensbereiche eingezogen ist und heute breit Verwendung findet,
auch das Bewusstsein transportiert, dass Dinge auch da*nach* noch lange *halten* sollen, nachhaltig sein sollen? Wird nicht mit diesem Wort, das fast 300 Jahre lang
nur ein Fachausdruck der Forstwirtschaft war und heute als Begriff für ein neues,
generationenübergreifendes Denken dient, ein Wille zur Zukunftsfähigkeit und
Veränderung ausgedrückt, mit dem sich viele identifizieren können?

In der Wirtschaft verwandeln sich heute Geschäftsberichte zu Nachhaltigkeits-
berichten. Sie sollen zeigen, was die Unternehmen für Umwelt und Gesellschaft
leisten. Sie sind inzwischen zum eigenen Genre geworden, wie man in der Kunst
sagen würde. Die Öffentlichkeit kann durch diese Art der Berichterstattung erkennen, ob und wie sich ein Unternehmen zur Zukunftsverantwortung bekennt. Die
Firma prägt so das Profil, wie sie wahrgenommen werden will, und ergänzt mit der
entsprechenden Werbung. Natürlich sind die Berichte unterschiedlich substanziell
und wer das Glas halb leer sehen will, spricht hier von Greenwashing. Man kann
aber auch die gleichen Dinge betrachten und dabei das halbvolle Glas sehen und
in diesen Aktivitäten den grünen Bewusstseinswandel erkennen, der langsam aber
stetig auch in die Unternehmen Einzug hält, auch wenn das Etikett manchmal
prachtvoller ist als der Inhalt.[3]

Jedenfalls ist nicht zu leugnen, dass sich etwas tut: Es gibt Internetportale zu
Nachhaltigkeitsberichterstattung, Firmen werden nach Nachhaltigkeitsindikatoren
gereiht. Stiftungen, Kommunen, Unternehmen loben Nachhaltigkeitspreise aus,
manche überreicht sogar die Kanzlerin, die sich glaubhaft für das Thema einsetzt.[4]

3+N-Kultur

Einvernehmen herrscht, dass Nachhaltigkeit ein ganzheitlicher Ansatz ist, in dem
die Generationengerechtigkeit an erster Stelle steht.[5] Ein häufig gebrauchtes Modell veranschaulicht Nachhaltigkeit als von drei Säulen getragen, manchmal wird

---

3   In der *WirtschaftsWoche* Nr. 44 vom 22.10.2012 wurde in einem Artikel mit dem Titel »Getäuscht und
    ausgetrickst« darüber berichtet, dass die grünen Werbekampagnen der Unternehmen oft mehr kosten als
    das Ökoengagement selbst. Donner et al. (2012), S. 72.

4   Sie spricht jährlich auf den Treffen des Nachhaltigkeitsrates und vertritt das Thema auch publizistisch,
    z. B. Merkel (2009) und Merkel (2012).

5   Brundtland-Bericht (1987), S. 51, Absatz 49, und S. 54, Absatz 1, sowie S. 57, Absatz 15.

auch von drei Dimensionen gesprochen: dem Schutz der natürlichen Umwelt, der sozialen Verantwortung und der wirtschaftlichen Leistungsfähigkeit. Weil sie nicht getrennt voneinander zu sehen, sondern miteinander verwoben sind, spricht man auch von einer Kultur des nachhaltigen Handelns, das die Lebensgrundlage aller heute lebenden und aller künftigen Generationen erhalten und entwickeln soll. In der »3+N-Kultur« kommt folglich auch zum Ausdruck, dass die drei Produktionsfaktoren der Wirtschaftstheorie »natürliche Umwelt« (Natur), »soziale Verantwortung« (Mensch/ Arbeit) und »wirtschaftliche Leistungsfähigkeit« (Technologie/ Kapital) einer Ökonomie im Sinne nachhaltiger Ordnung des Gemeinwesens zuzuordnen sind.

Nachhaltigkeit steht also nicht nur für ein sozioökonomisches Programm der Ressourcenschonung, sondern darüber hinaus auch für eine ethisch-kulturelle Neuorientierung. Sie ersetzt das neuzeitliche Fortschrittsparadigma des unbegrenzten Wachstums durch die Leitvorstellung einer in die Stoffkreisläufe der Natur eingebundenen Entwicklung. Nachhaltigkeit braucht eine neue Zuordnung von Verantwortung und Freiheit, eine globale Leitkultur der ökologischen Humanität, ein Denken und Gestalten im Zusammenhang von Generationen. Nachhaltigkeit basiert auf Vielfalt, Risikovermeidung, Kooperation, Wertschätzung und politischer Partizipation.[6]

Der missverstandene Carlowitz

Sehr häufig, wenn es um Nachhaltigkeit geht, wird auf Hans Carl von Carlowitz Bezug genommen, der 1713 für die Forstwirtschaft die Nachhaltigkeit erstmals definiert habe. Dabei ist fast immer zu lesen oder zu hören, er habe das grundsätzliche Postulat aufgestellt, dass nicht mehr Holz aus dem Wald entnommen werden dürfe, als nachwachse. Das System solle also in einem stabilen Zustand gehalten werden, damit überzeitlich alle Generationen gleich viel Nutzen aus dem Wald ziehen können. Dieser Gedanke ist unvollständig, denn Carlowitz ist radikaler, er fordert wesentlich mehr.

Hans Carl von Carlowitz hat in seinem Buch *Sylvicultura oeconomica* auf den Seiten 105 f. den Nachhaltigkeitsbegriff erstmals in dieser Präzisierung in einem forstlichen aber auch im volkswirtschaftlichen Sinne verwendet. Sein ganzes Buch ist vom Geist nachhaltigen, verantwortungsvollen Handelns durchdrungen, das auf das »bonum publicum«, das Gemeinwohl, orientiert ist.[7]

---

6   Hamberger/Vogt 2011.

7   Vgl. Vorwort und Vorbericht in Carlowitz (1713).

Seine Forderung ist eine massive Investition der gegenwärtigen Generation in die Verjüngung der Wälder, die erst künftigen Generationen zugutekommen wird. Er spricht von der lieben Posterität und meint damit die Nachgeborenen.[8] Die Investition soll durch Saat, Pflanzung, Naturverjüngung und Pflege dieser Flächen erfolgen. Weil erst in Jahrzehnten Holzerträge zu erwarten sind, werden sich diese Aktivitäten auch erst für künftige Generationen auszahlen. Anders ausgedrückt: Die Gegenwärtigen sollen mit einem Investment in Vorleistung gehen, das die Natur durch Wachstum verzinst, dessen Kapitalrückfluss die investierende Generation aber nie erleben wird, sondern erst deren Enkel und Urenkel. Carlowitz fordert also ein Denken, das nicht nur auf den eigenen Nutzen blickt, sondern sich als zeitlichen Teil des überzeitlichen Körpers Menschheit versteht.[9] Es fordert also keine beschränkte Nutzung in Balance, sondern eine altruistische Investition.

Ein zweites Thema ist ihm ebenso wichtig: Es ist das, was wir heute als Suffizienz und Effizienz bezeichnen. Die sparsame Verwendung von Holz, die Abschaffung der holzfressenden Kamine und die Einführung energieeffizienter Öfen sollen dazu beitragen, dass die Ressource und der Kapitalstock an Biomasse erhalten bleibt bzw. ausgebaut wird. Holz soll stofflich und energetisch sparsam eingesetzt werden.

Das wirkliche Postulat des Hans Carl von Carlowitz ist also: Heute mehr investieren als ernten und Biomasse-Kapital erhalten und aufbauen.

Aggregatzustände der Nachhaltigkeit

Unter Menschen, die über Nachhaltigkeit diskutieren, gibt es oft Missverständnisse. Denn dieser Begriff hat mehrere Bedeutungsebenen und oft reden Menschen aneinander vorbei, wenn sie das Wort im Munde führen. Das liegt an den vielen unterschiedlichen und subjektiven Projektionen, die durch das Wort ausgelöst werden. Um dies verständlich zu machen, möchte ich von drei Aggregatzuständen bei der Kommunikation über Nachhaltigkeit sprechen. Sie sind bereits bei Carlowitz erkennbar. Bildlich sind sie am besten vorstellbar als fest, flüssig und gasförmig, genau

---

8   Von lateinisch posterior = später.

9   Seine Verbundenheit mit der Menschheit nach ihm und sein Vorsorgedenken kommen z. B. in folgenden Formulierungen zum Ausdruck: Für die »liebe Posterität« sollen heute nötige Maßnahmen »zur Erhaltung ihrer Nahrung« erfolgen; abgeholzte Wälder sollen »denen Nachkommen zum Besten« nach und nach wiederhergestellt werden; vgl. Carlowitz (1713) in der Widmung. Über den Boden schreibt er: »so dienet alle Verbesserung desselben … nicht allein voritzo / sondern auch viel ja 100. und mehr Jahr denen Nachkommen zum besten.« Carlowitz (1713) S. 232 f.; und viele weitere Stellen in der Sylvicultura oeconomica, die seine Fürsorge und Vorsorge für die nachkommende Menschheit zum Ausdruck bringen.

wie die drei Aggregatzustände der Materie. Denn wie zum Beispiel der Stoff Wasser als Ozean, Eisberg oder Wolke in Erscheinung tritt, ist auch Nachhaltigkeit ein in unterschiedlichen Erscheinungsformen auftretender Begriff, der durch diese Analogie verständlicher wird.

1) In einem gasförmigen Zustand befindet sich in meinem Bild das Reden über Nachhaltigkeit, wenn es um ethische Begründungen und um das Bewusstsein von generationenübergreifender Verantwortung geht. Nachhaltigkeit ist also zum ersten ein Bekenntnisbegriff, den ich als gasförmig bezeichne, weil Ethik für viele abstrakt und wenig greifbar ist wie eben ein Gas. Auch weil es dabei um Dinge und Menschen geht, die noch nicht konkret vorhanden sind, und die beteiligten Größen wie Verantwortung und Solidarität weiche Faktoren und wenig griffig sind. Für viele Menschen ist Nachhaltigkeit als Bekenntnisbegriff hochflüchtig und schwierig zu greifen.

2) Kommunikation über Nachhaltigkeit lebt in meinem Vergleich in festem Zustand, wenn es um Techniken geht, die eingesetzt werden; wenn also gewogen und gemessen wird, um Nachhaltigkeit greifbar und nachvollziehbar zu machen. Als Technikbegriff bezieht sich Nachhaltigkeit auf die operative Ebene. Hier geht es um konkrete Maßnahmen, um sichtbare Entwicklungsschritte und um technisch fassbare Planungen, die sich auf Soll- und Istzustände beziehen. Für viele ist feste Nachhaltigkeit als ein technischer Begriff am leichtesten zu begreifen, weil konkret fassbar.

3) Nachhaltigkeit ist aber auch ein Bildungsbegriff, den ich mit einem flüssigen Zustand vergleichen möchte. Kommunizieren bedeutet Wissenstransfer und Informationsfluss. Denn nur wenn Wissen und Bewusstsein von Generation zu Generation fließen, kann Nachhaltigkeit generationenübergreifend technisch realisiert und als Bekenntnis gelebt werden. Nur durch Erziehung werden Leitbilder vermittelt, nur durch Bildung kann sie zu einem kulturellen Element werden.

Der Vergleich mag seine Grenzen haben, denn die drei Bedeutungsebenen der Nachhaltigkeit sind eng verwoben und gehen ineinander über, während die Aggregatzustände von Materie für das menschliche Auge kaum Übergangsformen haben. Dennoch kann das Bild helfen, einen einzigen Begriff von ganz unterschiedlichen Positionen aus zu betrachten. Im Folgenden soll dies mit Bezug auf Carlowitz' Werk ausgeweitet werden.

Gasförmig: kaum fassbar

Bei Nachhaltigkeit geht es um Verantwortung für kommende Generationen. Sollen wir unsere Handlungen so ausrichten, dass die noch Ungeborenen nicht eingeschränkt werden durch unser heutiges Tun beziehungsweise Nichttun? Sollen sie möglichst dieselben Ressourcen vorfinden, die wir heute zur Verfügung haben? Wer diese Fragen mit ja beantwortet oder wer zumindest ein moralisches Problem darin sieht, dass wir Lebensbedingen für die Zukunft verschlechtern, der ist beim ethischen Kern der Nachhaltigkeit.

Damit ist die Ethik, also die Frage nach dem Warum beziehungsweise nach der Suche von Verhaltensnormen, schon im Boot, und zwar noch vor der Frage nach dem Wie, der praktischen Umsetzung. Schon lange vor Carlowitz wird bei Regelungen der Waldnutzungen immer wieder angeführt, dass der Nutzen beziehungsweise die Einschränkung der kommenden Generation, mit bedacht werden müssen. Carlowitz' Motivation ist das »bonum publicum«, das Allgemeinwohl, das er synchron und diachron sieht. Diese ethische Zukunftsverantwortung ist bei ihm an vielen Stellen nachlesbar. Ein Beispiel: Carlowitz beschreibt anekdotisch eine Begegnung zwischen Kaiser Maximilian und einem Bauern, der Dattelbäume pflanzt.[10] Der Kaiser fragt, warum er dies tut, denn er selbst habe doch gar keinen Nutzen davon. Der Bauer antwortet, er tue dies, weil er sich in der Verantwortung gegenüber dem Schöpfer und den Nachgeborenen sieht. Der Kaiser ist angetan von der Antwort und belohnt den Bauern mit Geld. Diese parabelhafte Geschichte zeigt, dass der höchste im Staat, der Kaiser, und der niedrigste, der Bauer, dasselbe ethische Denken haben und quasi einen Bund eingehen. Der eine begründet durch seine praktische Arbeit und seinen Fleiß die Ressourcen der Zukunft, der andere fördert solches Handeln durch Belohnung und lenkt sein Land so in eine gut versorgte Zukunft.

Nachhaltigkeit ist also eine Art Bekenntnisbegriff, in dem sich Moral und Ethik gleichsam verdichten. Zukunftsverantwortung ist der Hauptbestandteil.

Fest: begreifbar, weil greifbar

Nachhaltig bewirtschaftete Systeme brauchen Wartung und Pflege, aber auch ein Controlling, das den gegenwärtigen Istzustand mit einem zukünftigen Sollzustand vergleicht. Denn nur so ist das ethische Bekenntnis in praktische Handlungen

---

10 Carlowitz (1713), S. 107.

umzusetzen. Für eine wirkungsorientierte Steuerung sind Kennzahlen und Techniken unerlässlich. In der Forstwirtschaft dienen seit rund 200 Jahren sogenannte Forsteinrichtungswerke dazu, Nachhaltigkeit praktisch und real sicherzustellen. Das sind Pläne, die in Forstbetrieben für einige Jahrzehnte gelten, die das bisherige Wirtschaften an Indikatoren abprüfen und Sollzustände für die Zukunft vorgeben, die bei der nächsten Forsteinrichtung erneut abgeprüft werden. Analoges ist heute in Firmen der Fall, die Nachhaltigkeit messbar und operativ oder Prozesse steuerbar und transparent machen wollen, etwa in der Qualitätsmanagementnorm nach DIN EN ISO 9000.

Auch der Bauer im besagten Beispiel hat im Kopf oder auf Papier einen Plan gemacht, wie er die Bäume pflanzt. Wie viele Reihen er setzt, welchen Abstand die Bäume haben, er hat die Jahreszeit der Pflanzung bedacht, das Angießen etc. Damit die Bäume nicht von Gras oder Dornen überwuchert werden, muss er die Fläche pflegen und in den ersten Jahren auch das Unkraut mehrfach beseitigen etc. Wenn er nach einiger Zeit wissen will, ob seine Handlung erfolgreich ist, muss er zählen, wie viele Bäume überlebt haben, und gegebenenfalls nachpflanzen. Dieses einfache Beispiel veranschaulicht, dass der Umsetzungsaspekt nicht trivial ist. Werden die Dinge komplexer, zum Beispiel bei der Nachhaltigkeitsberichterstattung eines modernen Konzerns, müssen Pläne und Indikatoren aufgezeigt werden, die im Monitoring von Prozessen gemessen werden. Im Controlling müssen Ist- mit Sollwerten verglichen werden, um Nachhaltigkeit umsetzbar und real zu machen. Doch auch bei aller Technik, allem realen Gestalten und Umsetzen braucht es doch immer wieder die Sinnanbindung, also die ethische Begründung des ganzen Aufwandes.

Flüssig: nur fließend bleiben Ideen frisch

Eine nachhaltige Welt wird nicht nur von einer Generation erschaffen und ist dann für alle folgenden da. Sie ist vielmehr ein Prozess, ein Weg, ist dauernde Aufgabe und deshalb nur durch Bildung zu vermitteln. Nachhaltigkeit als ethische Maxime von Individuen und Gesellschaften muss dauernd erarbeitet und errungen werden, genauso wie die Demokratie. Dies setzt eine Tradition von Wissen über die Zeit voraus. Denn bei Projekten, die eine lange zeitliche Dauer haben, gar über mehrere Generationen gehen, ist die Wissensweitergabe eine Conditio sine qua non. Es genügt nicht, dass eine Generation zu Erkenntnissen gelangt und auch danach handelt, es ist genauso wichtig, das Wissen und auch die Umsetzungserfahrungen weiterzugeben. Denn nur über Kommunikation und Beziehung verdichtet sich

Wissen zu Haltung. Nur durch den Aufbau einer Tradition der Wissensweitergabe kann sich kontinuierliches Handeln etablieren.

Der Dattelpalmenhain möge ein weiteres Mal als Beispiel dienen. Die Erben des Bauern müssen um den Nutzen wissen, den sie von den Bäumen haben, aber auch das praktische Wie der Pflege und der Ernte beherrschen. Wie und wann schneidet man das Astwerk aus, wie pflanzt man nach, wie geht man mit Pflanzenkrankheiten um? etc. Dabei stehen die Erben immer auch selbst in der Verantwortung den kommenden Nachkommen gegenüber. Das heißt, die Erben müssen gegebenenfalls auch Entscheidungen treffen, die dem widersprechen, was derjenige sich dachte, der den Hain angelegt hat. Zum Beispiel statt dürr gewordene Dattelbäume zu ersetzen, könnten sie Nussbäume pflanzen, weil es möglicherweise einen guten Markt für Nüsse gibt, oder sie roden einen Teil des Haines, weil ihr Betrieb eine Scheune braucht. Nachhaltig heißt nicht, die Ziele einer Generation auf ewig beizubehalten und unreflektiert durchzuziehen. Das wäre eine Art Fundamentalismus, der eigenes Denken ausschaltet. Das Gegenteil ist der Fall: Nachhaltigkeit fordert immer wieder neu zu denken, die Dinge zu durchdenken und gegebenenfalls auch umzudenken. Immer aber ist ein Denken gefordert, dessen Zielpunkt in der Zukunft jenseits des eigenen Zeithorizontes liegt.

Nachhaltigkeit bedeutet nicht nur Vorsorge, sondern auch Fürsorge und Pflege. Und genau dazu ist es wichtig, Wissen zu erhalten und Kompetenzen weiterzugeben, um beispielsweise den Erhalt von Pflegeobjekten auf Dauer sicherzustellen. Es geht bei Nachhaltigkeit also auch um Menschen, deren Bewusstsein und um die Weitergabe von Wissen.

Das UN-Dekade-Projekt Bildung für eine nachhaltige Entwicklung (BNE) hat genau dies zum Ziel: Kinder sollen zu verantwortungsbewussten, systemisch und kooperativ denkenden Menschen erzogen werden, die kommunizieren und das Ganze im Blick haben. Man spricht von Gestaltungskompetenz, die in Übungen, Projekten und im Lehrgespräch vermittelt wird.[11] Mit dieser Grundkompetenz ausgestattet, sollen sie ihre Umwelt mitgestalten.

Auch im Forstbereich, wo zwischen Ursache (Pflanzung) und Wirkung (Ernte eines reifen Baumes) Jahrzehnte bis Jahrhunderte liegen, gibt es die Problematik, dasselbe Ziel in einem überzeitlichen Team zu verfolgen und die entsprechenden Handlungen abzuleiten. Es wird erreicht durch gute Ausbildung und das Bewusstsein der diachronen Kooperation und der synchronen Verteidigung dieser Ziele gegen Ansprüche und Einflüsse der jeweiligen Mitwelt.

---

11 De Haan; Harenberg (1999) S. 61.

Nachhaltigkeit ist auch Kommunikation von Zielen und Fachwissen über die Zeit, um Kompetenzen und Motivationen weiterzugeben, um dadurch Ungeborenen die Teilhabe an Entscheidungen und Prozessen zu ermöglichen, die sie betreffen werden.

Was hat Carlowitz damit zu tun?

Schon bei Carlowitz ist diese »Dreifaltigkeit« nachhaltigen Denkens vorhanden: Bekenntnis, Technik, Bildung. Bereits auf der Titelseite der Ausgabe von 1713 und in der Zweitauflage von 1732 gibt Carlowitz Auskunft darüber. Sie ist, wie damals üblich, als Programm des Buches geschrieben und hat die Funktion, die heute Klappentext, Kurzzusammenfassung und Inhaltsverzeichnis übernehmen.

Abb. I:
Innentitel des Werkes
Sylvicultura oeconomica
von Hans Carl von Carlowitz,
Leipzig 1732

Bekenntnis

Carlowitz beginnt sein Werk mit dem Anruf »Mit Gott!«. Damit bekennt er sich zum einen zu einer Schöpfungsverantwortung, andererseits ist es eine Art Kurzgebet, in dem er den göttlichen Beistand für sein Werk herabfleht.[12] Carlowitz sorgt sich um die Zukunft und bietet Lösungen an. Sein Verantwortungsgefühl für die Allgemeinheit und den zukünftigen Generationen gegenüber bringt er am Ende der Titelseite zum Ausdruck: »Aus Liebe zu Beförderung des algemeinen Bestens beschrieben.«[13] Die Aufklärung wird diesen Gedanken der Allgemeinwohlorientierung noch vertiefen, er zieht sich durch das ganze 18. Jahrhundert.

Carlowitz' ethisches Bekenntnis ist die Schöpfungsverantwortung (hier auf einen Gott bezogen) und die Verantwortung den Nachkommenden gegenüber, wie er es auch in der erwähnten Parabel formuliert. Aus diesem Bekenntnis heraus empört er sich über die Zustände und die Nachlässigkeit im Umgang mit dem Wald. Er engagiert sich, indem er das Buch schreibt, um die Verhältnisse zu verbessern. In einer heutigen Welt, in der sich immer weniger Menschen einer göttlich-religiösen Kontrolle und Leitlinien verpflichtet fühlen, kann Nachhaltigkeit eine Art Ersatz- bzw. Ursprungsbekenntnis liefern – also ein Glaubensbekenntnis der Moderne sein.[14] Der Impuls, den eigenen Nachkommen einen zukunftssicheren Weg zu bereiten, ist biologisch bei allen Lebewesen verankert und dürfte beim Menschen auch kognitiv basiert sein.

Technik

Carlowitz' Ideen zur Lösung des Problems Holzmangel, das er fett, rot und in großer Schrift auf der Titelseite hervorhebt, sind die Saat und die Pflanzung von Bäumen, die Holzeinsparung durch Effizienz und durch Substitution. Durch »Göttliches Benedeyen« und durch die von ihm vorgeschlagene Technik soll dieser »große Holzmangel«, der überall zutage tritt, bewältigt werden. Außerdem bietet er eine ganz neue Lösungsidee an, nämlich Torf als Brennstoffsubstitut für Holz zu verwenden, um die Wälder zu entlasten. Das sind die großen Überschriften der Titelseite und gleichzeitig auch die Hauptbotschaften seines 456-Seiten-Werkes.

---

12 Im Frontispiz ist analog ganz oben die Hand Gottes zu sehen, die sich herabsenkt zu den sich um nachhaltende Bewirtschaftung der Wälder bemühenden Menschen (vgl. dazu auch die Abbildung des Frontispiz im Beitrag von Ulrich Grober in diesem Band).

13 In der Einleitung spricht er auch von »bonum publicum« und von der »Beförderung der allgemeinen Landes-Wohlfahrt«.

14 Der Berliner Philosoph Norbert Bolz spricht von einer Ersatzreligion. Es sei kein Zufall, dass diese »Religion« gerade im mittlerweile weitgehend atheistischen Europa auf so fruchtbaren Boden falle und das vorhandene Glaubensbedürfnis stille (Malisch 2010).

Auf der Titelseite taucht zwölfmal Saatgut oder junger Baum in verschiedener Wortwahl auf.[15] Carlowitz scheint besessen vom Gedanken der Verjüngung. Neben Pflanz- und Saattechniken beschreibt er auch das System von Niederwald und Mittelwald, wodurch in relativ kurzer Zeit Energieholz produziert werden kann.

Durch die technische Beschreibung, wie Torf gewonnen und für die Verbrennung vorbereitet werden kann, bietet er ein Substitut an, das den Wald entlasten soll. Auch Holzeinsparung ist immer wieder sein Thema. So fordert Carlowitz, die Verwendung von Öfen, die deutlich weniger Holz verbrauchen als Kamine, er empfiehlt zum Kochen die Benutzung von Eisenplatten, auf die mehrere Töpfe gestellt werden können und die die Wärme halten, statt über offenem Feuer die Töpfe einzeln zu erhitzen. Im Winter sollen nur kleine Stuben beheizt und benutzt werden, um Energie zu sparen.[16]

Bildung

Ebenfalls auf der Titelseite ist der Bildungsanspruch von Carlowitz zu erkennen: »Haußwirthliche Nachricht«, »Naturmäßige Anweisung«, »Gründliche Darstellung«, »jedem Hauswirthe zu unschätzbaren großen Auffnehmen«, »gründliche Nachricht«, »Aus Liebe zu Beförderung des algemeinen Bestens beschrieben.«

Durch die Wiederholung hämmert er quasi seine Bildungsbotschaft in den Leserkopf: Ich habe etwas zu sagen und ich möchte mein Wissen teilen und weitergeben. Zielgruppe sind die Hausväter, also in der Regel adelige Landbesitzer oder deren Verwalter,[17] die durch das Werk in den Stand gesetzt werden sollen, ihr Gut hinsichtlich der stofflichen und energetischen Ressource Holz optimal bewirtschaften zu können. Es ist kein Lehrbuch im klassischen Sinne, also eine Schrift für Studenten oder für Forscher. Es ist mehr ein Ratgeber für Praktiker, die selbst Flächenverantwortung und eine gewisse Erfahrung haben und die willens sind, neu hinzuzulernen. Man kann auch von einer Art Multiplikatoren-Sensibilisierung sprechen. Denn wenn die für einen größeren Komplex Verantwortung tragenden Hausväter die Anregungen aufnehmen und umsetzen, geben sie Handlungsaufforderungen an ihre Mitarbeiter weiter und werden zu Vorbildern, analog dem Geschehen in der Parabel vom Kaiser und dem Bauern.[18]

---

15 Anflug, Wiederwachs, Saam-Bäume etc.

16 Carlowitz (1713), S. 46 f.

17 Carlowitz (1713), Einleitung, VI.

18 Carlowitz fordert, dass ein verantwortlicher Hausvater bzw. eine verantwortliche Obrigkeit die »menage wohl zu führen« habe, also das Management so einrichten solle, dass Holz sparsam verwendet und verbraucht wird. Vorräte im Wald sind zu halten, möglichst aufzubauen, denn sie dienen auch als Risikovorsorge für z. B. Brandkatastrophen in Dörfern, weil nur so ein Wiederaufbau ermöglicht wird (Carlowitz, 1713, S. 79/80).

Carlowitz spricht auch davon, dass neben organisatorischen und administrativen Strukturen »gröste Kunst / Wissenschafft / Fleiß« notwendig sind, um eine nachhaltende Waldnutzung sicherzustellen.[19] Damit sind ganz persönliche Eigenschaften angesprochen, nämlich das handwerkliche Können (Kunst), die Offenheit für neues Wissen und die Reflexionsfähigkeit (Wissenschaft) sowie das persönliche Engagement, der Impetus eines Menschen (Fleiß). Diese Formulierung erinnert sehr stark an das, was heute im BNE-Konzept mit Gestaltungskompetenz ausgedrückt werden soll, nur eben in barocker Sprache.[20]

Bewusstsein für Nachhaltigkeit wird durch aktive Kommunikation geschaffen. Der Kaiser spricht den Dattelbäume pflanzenden Bauern an, dieser antwortet. Beide bestärken sich gegenseitig. Der Bauer den Kaiser durch seine ethische Einstellung und die konsequente Handlung, der Kaiser den Bauern durch die Belohnung. Es entsteht ein gemeinsames Bewusstsein über die Standesgrenzen hinweg. Carlowitz erhebt diese beiden zu Vorbildern der Zukunftsorientierung. Den einen für den Stand der Werkenden und Umsetzenden, den anderen für den Stand der Führenden und Leitenden.

Bildung geschieht durch Vorbilder, die Leitbilder vorleben und ein Weltbild vermitteln. Um einen visionären Begriff wie Nachhaltigkeit zu vermitteln, braucht es authentische Menschen, an denen Nachhaltigkeit konkret wird. BNE setzt aktive Kommunikation voraus. BNE braucht Menschen, die auf andere zugehen und in deren Verhalten ablesbar ist, um was es geht.

Fazit

Nachhaltigkeit ist ein schwieriger Begriff, weil er vieldeutig ist und weil viele Projektionen damit zusammenhängen. Ohne Inhalt besteht die Gefahr, dass Nachhaltigkeit zur konsensstiftenden Leerformel wird, zu der sich zwar alle bekennen, in der aber keine Handlungsmaximen erkennbar sind.[21] Es kann hilfreich sein, zwischen ethischem Bekenntnisbegriff (gasförmig), technischem Handlungsbegriff (fest) und kommunikativem Bildungsbegriff (flüssig) zu unterscheiden. Bereits bei Carlowitz finden sich diese Aggregatzustände der Nachhaltigkeit. Mit den Begrif-

---

19 Carlowitz (1713), S. 105/106.

20 »Mit der ›Gestaltungskompetenz‹ wird, in Absetzung zur moralisch aufgeladenen Erziehung zu umweltgerechtem Verhalten, das Konzept einer eigenständigen Urteilsbildung mitsamt der Fähigkeit zum innovativen Handeln im Feld nachhaltiger Entwicklung ins Zentrum gestellt.« de Haan; Harenberg (1999), S. 63.

21 Suda; Zormaier (2002), S. 322.

fen Kunst, Wissenschaft und Fleiß nimmt Carlowitz bereits wesentliche Inhalte von dem vorweg, was heute unter Gestaltungskompetenz verstanden wird.

Seine Überlegungen finden vor dem Hintergrund einer drohenden Ressourcenkrise (Holzmangel) statt und führen ihn zum Vorschlag, dass heute (1713) massiv in die Vorsorge investiert werden muss. Dabei ist ihm klar, dass diese Investitionen der gegenwärtigen Generation nicht mehr zugutekommen werden. Als Überbrückung schlägt er Suffizienz und Substitution vor (Torf, Niederwaldwirtschaft). Die Zielgruppe der Hausväter ist von ihm aufgefordert, sich permanent mit Themen der energetischen und stofflichen Zukunftsvorsorge auseinandersetzen und durch Vernunftgebrauch Lösungen zu erarbeiten.[22] Denkanreiz und eigene Erfahrungen führen zu Ideen und Innovationen, die – an Folgegenerationen weitergegeben – nachhaltigen Fortschritt bewirken.

Carlowitz' Denken ist erstaunlich modern und systemisch ausgerichtet. Mit großem Engagement tritt Carlowitz für die Interessen der zukünftigen Menschheit ein.

Literaturhinweise

Brundtland: Our Common Future / Brundtland Report United Nations World Commission on Environment and Development, 1987; http://en.wikisource.org/wiki/Brundtland_Report, abgerufen: 06.11.2012.

Carlowitz, H. C. von: Sylvicultura oeconomica oder Haußwirthliche Nachricht und Naturmäßige Anweisung zur Wilden Baum-Zucht. – Johann Friedrich Braun, Leipzig 1713. Nachdruck in den Veröffentlichungen der Bibliothek »Georgius Agricola« der TU Bergakademie Freiberg, Nr. 135, 2000.

de Haan, Gerhard & Harenberg, Dorothee: Bildung für eine nachhaltige Entwicklung. Expertise »Förderprogramm Bildung für nachhaltige Entwicklung« verfaßt für die Projektgruppe »Innovation im Bildungswesen« der Bund-Länder-Kommission für Bildungsplanung und Forschungsförderung im Auftrage des Bundesministeriums für Bildung, Wissenschaft, Forschung und Technologie. Bund-Länder-Kommission für Bildungsplanung und Forschungsförderung, Heft 72, 1999.

Donner, Susanne; Matthes, Sebastian & Reuter, Benjamin: Getäuscht und ausgetrickst. WirtschaftsWoche Nr. 43, 2012, S. 72–77.

Gründinger, Wolfgang: Nachhaltigkeit: Leitbild, Leerformel oder Kampfbegriff? Taten statt Worte für eine generationsgerechte Welt. Natur + Umwelt BN-Magazin [3–10], 2010, S. 20–21.

---

22 Carlowitz (1713), I, 5, § 44: »Folglich werden viel zur Holtzspar-Kunst von sich selbst gezwungen werden / und jeder seinen Sinn / Vernunfft und Hand anlegen müssen / das Ubel mit Pflantzen / Säen und guter Wartung bey Zeiten zu ersetzen.«

Hamberger, Joachim: Von der Nachlässigkeit zur Nachhaltigkeit: Etymologische und forsthistorische Annäherung an Schlüsselbegriffe bei Hans Carl von Carlowitz. In: Hamberger, J., Forum Forstgeschichte, Festschrift zum 65. Geburtstag von Prof. Dr. Egon Gundermann, Forstliche Forschungsberichte München 206, 2009, S. 31–39.

Hamberger, Joachim; Vogt, Markus: Nachhaltigkeit braucht MUTation. In: UNIVERSITAS, Verantwortung unternehmen — nachhaltig wirtschaften. Hrsg. von der Eberhard von Kuenheim Stiftung der BMW AG, Heidelberger Lese-Zeiten Verlag, Heidelberg 2011, S. 19 25.

Loboda, Stephan: Nachhaltigkeit mehrdimensional. Jahrestagung des Brandenburgischen Forstvereins. AFZ/Der Wald, Nr. 18, Jg. 67, 2012, S. 36–37.

Malisch, Ralph: Nachhaltigkeit zwischen Ökologie und Ökonomie, 2010. http://www.smartinvestor.de/highlights/artikel/article/nachhaltigkeit-zwischen-oekologie-und-oekonomie.html, abgerufen: 05. 11. 2012.

Merkel, Angela: Die Bewahrung der Schöpfung im Zeichen einer nachhaltigen Entwicklung. In: Studien zur Umweltökonomie und Umweltpolitik, Bd. 8. »Unsere Erde gibt es nur einmal« – Bekenntnisse zur Verantwortung für die Umwelt. Hrsg. Henning Kaul und Hans Zehetmair, Duncker & Humblot, Berlin 2009, S. 19–21.

Merkel, Angela: Rede der Bundeskanzlerin anlässlich der 12. Jahreskonferenz des Rates für Nachhaltige Entwicklung, Berlin, 25. Juni 2012.

Suda, Michael; Zormaier, Florian: Anmerkung zur Rolle der Forstwirtschaft im Diskurs der Nachhaltigkeit. Forst und Holz 2002, Jg. 57, S. 322–323.

Franz Josef Radermacher

Die Ressourcen der Erde setzen uns Grenzen – vom sächsischen Bergmann Hans Carl von Carlowitz 1713 bis zum neuen Report an den Club of Rome 2052

Hans Carl von Carlowitz wird im deutschsprachigen Raum als der Erfinder des Nachhaltigkeitsbegriffs gesehen. Eine gute Darstellung der diesbezüglichen Hintergründe liefern unter anderem die Beiträge von Günther Bachmann und Ulrich Grober im vorliegenden Sammelband sowie das umfangreiche einschlägige Werk des Letzteren (Grober 2010). 1645, gegen Ende des Dreißigjährigen Krieges geboren, lebte von Carlowitz in einer Zeit großer Umbrüche und dramatischer Schwierigkeiten. Die Bedeutung seiner Aufgabe als Sächsischer Vize-Berghauptmann und ab 1711 als Oberberghauptmann resultierte aus der wichtigen Rolle des Silberbergbaus für die Finanzierung des sächsischen Staates. Dafür waren große Mengen Holz erforderlich, die über die Flüsse herantransportiert werden mussten.

Lange Zeit wurde mehr Holz geschlagen, als nachwuchs. Es wurde zur damaligen Zeit für viele Zwecke gebraucht: Holz und Holzkohle waren in der Zeit von Hans Carl von Carlowitz zentrale energetische Ressourcen. Bergbau, Metallgewinnung und -verarbeitung, die Betreibung von Salinen und vieles mehr waren nur unter Nutzung dieser Ressourcen möglich. Dabei ging es häufig auch um entscheidende Stützen der Staatsfinanzen (Kotter 1998).

Die Venezianer und ihre Widersacher im Mittelmeerraum haben mit der Beschaffung des Holzes für ihre Flotten wesentlich zur Verkarstung der dalmatinischen Küste beigetragen. Der Holzbedarf Venedigs war extrem, denn das Rückgrat der Seemacht Venedigs war seine gewaltige Flotte. Das eigentliche Kraftzentrum der Republik war die zentrale Werftanlage, das Arsenal, das damals größte industrielle Areal des alten Europa, in dem in der Glanzzeit Tag und Nacht Tausende von Menschen arbeiteten. Ulrich Grober (Grober 2010) beschreibt eindrücklich, wie Venedig in der zweiten Hälfte des 15. Jahrhunderts in verlustreiche Kriege mit Genua und Habsburg verwickelt war und sich zusätzlich auf einen lang andauernden Krieg im östlichen Mittelmeer gegen die Türken vorbereiten musste, die kurz zuvor Konstantinopel erobert hatten. Eine wichtige Maßnahme dazu war 1476 die erste venezianische Forstgesetzgebung, die die Wälder entlang der Piave, die in die Lagune mündet, bis hinauf in die Dolomiten unter rigorosen Schutz stellte.

Besonders eindrücklich ist auch das eng mit dem Holz verbundene Schicksal der Osterinsel (Diamond 2005). Auf dieser Insel haben die Menschen ihren gesamten Waldbestand vernichtet, um riesige Steinfiguren auf Holzbohlen über die Insel zu befördern, obwohl der Fischfang mit Holzbooten die Hälfte der Ernährungsbasis für zeitweise zwanzig- bis dreißigtausend Menschen ausmachte. Am Ende des Prozesses war die Insel baumlos und konnte gerade noch ein Zehntel der ursprünglichen Bevölkerungszahl ernähren.

Von Carlowitz veröffentlichte sein Grundlagenwerk ein Jahr vor seinem Tod (1714) (von Carlowitz 1713). Seine Darlegungen sind mit Blick auf den aufkommenden Holzmangel in Folge von kurzfristig (zu) hohen Erträgen zulasten der Zukunft konsequent und letztlich naheliegend. Ausgangspunkt ist seine Feststellung, dass Holz so wichtig sei wie das tägliche Brot. Man müsse es pfleglich und mit Behutsamkeit nutzen, sodass eine Gleichheit zwischen An- und Zuwachs und dem Abhieb des Holzes erfolgt. Das Denken von Hans Carl von Carlowitz beinhaltet dabei bereits alle Dimensionen, die wir heute mit dem Dreieck der Nachhaltigkeit zu beschreiben versuchen. Ulrich Grober zeigt dies ausführlich in seinem einschlägigen Werk (Grober 2010). Die Natur ist großzügig und beschenkt uns (Mutter Erde). Wir müssen mit diesem Geschenk pfleglich umgehen – die ökologische Seite der Nachhaltigkeit. Die ökonomische Seite findet ihre Verankerung in der biblischen Schöpfungsgeschichte, in dem Gebot, die Erde zu bebauen und zu bewahren. Schließlich entwickelte von Carlowitz Prinzipien einer Sozialethik. Die Beförderung einer allgemeinen Landeswohlfahrt (inklusive der Vorsorge für die nachfolgende Generation) ist der ethische und moralische Kern seiner politischen Ökonomie.

Die facettenreiche Sicht von Hans Carl von Carlowitz auf die Thematik liegt nahe an unserem heutigen Verständnis von Nachhaltigkeit. Seine Überlegungen sah er selber schon früher in der ›grande ordinance‹ und den Edikten Ludwigs XIV. zur Reorganisation des Forstwesens in Frankreich (1669) verwirklicht. Dabei ging es insbesondere um die Sicherstellung des enormen Holzbedarfs für die französische Kriegsflotte. Man muss sich dabei aus heutiger Sicht stets vor Augen führen, dass es damals um viel mehr ging als um den Walderhalt heute: Die Bedeutung der Ressource Holz war in jener Zeit sehr viel größer. Holz war ein zentraler Wirtschaftsfaktor und entscheidender Energielieferant, so wie heute das Öl.

Hans Carl von Carlowitz trug in seiner späteren Stellung als sächsischer Oberberghauptmann auch Verantwortung für das Floßwesen im Erzgebirge, das seit Beginn der Neuzeit auf modernstem wissenschaftlich-technischem Stand seiner

Zeit war. In seinen ›Lehrjahren‹ bereiste er Europa und studierte die Forstpolitik in vielen Ländern. Er schaute sich den Holzbedarf der großen Flotten in den führenden Reichen seiner Zeit, wie England, Frankreich und Venedig, an, war aber auch über die Verhältnisse in der Silberminenstadt Potosi in der damaligen spanischen Kolonie Peru gut informiert. Für ihn war entscheidend, dass Holzmangel die Existenz des sächsischen Silberbergbaus bedrohte und damit die Quelle des Wohlstandes seines Landes. Der Engpass war nicht das Erz als Ressource, das Problem war die Holzkohle für den Schmelzofen.

Ähnlich stellte sich übrigens die Lage für die bayerische Krone im Raum Bad Reichenhall dar. Die dortigen Salinen waren eine zuverlässige Geldquelle zur Finanzierung des bayerischen Staates. Auch sie verbrauchten viel Holz. Das Holz zur Gewinnung des Salzes stammte aus einem Gebiet, das teilweise bis Salzburg reichte. Häufig wechselnde Herrschaftsverhältnisse erschwerten die langfristige Sicherung der erforderlichen Ressourcenbasis. Gleichzeitig gab es in der Nähe der Salinen auch metallverarbeitende Betriebe. Sie brauchten ebenfalls Holz. Die Konkurrenz der beiden Nutzungsformen, die diesbezüglichen staatlichen Entscheidungen und die Maßnahmen zur Sicherstellung der Ressourcenverfügbarkeit über Generationen zeigen Handlungsoptionen und Entscheidungsprinzipien, die sich in die heutige Situation übersetzen lassen (Kotter 1998).

Holz war also zum damaligen Zeitpunkt eine Ressource von zentraler Bedeutung. Es hatte eine ähnliche Bedeutung wie heute die fossilen Energieträger. Übernutzung war mit massiven negativen Effekten, wie etwa Verkarstung, verbunden. Dies erinnert an die heutige Situation bezüglich der CO_2-Emissionen und der resultierenden Klimaproblematik. Da bereits eingetretener Schaden wiedergutzumachen war, war die Vorgabe von Hans Carl von Carlowitz, die Balance zwischen Zuwachs und Abholzen zu halten, weniger statisch als sie auf den ersten Blick erscheinen mag. Nachhaltigkeit als dauerhafte Balance betrifft dynamische Fließgleichgewichte.

Die dominante Bedeutung von Holz als Ressource in der damaligen Zeit wird schließlich dadurch deutlich, welche weiteren Persönlichkeiten, die die deutsche Geschichte prägten, neben von Carlowitz direkt oder indirekt mit der Thematik Wald befasst waren. Ulrich Grober beschreibt das Wirken des kursächsischen Bergbauexperten und Salineninspektors Friedrich Freiherr von Hardenberg und die Aktivitäten des Forstmanns Heinrich Cotta, einem der Begründer der neuen Fachdisziplin »Forstwirtschaft« (Grober 2010). Von besonderem Interesse ist der Hinweis auf den jungen königlich-preußischen Bergassessor Alexander von Humboldt, der später als einer der großen Naturforscher weltweit Beachtung finden sollte und der 1792 als damals 22-Jähriger Bergbau und Hüttenwesen in neuen Landesteilen inspizierte. 80 Jahre nach Carlowitz boten für ihn die fossilen Brennstoffe

(»unterirdische Wälder«) ein neues Potenzial zum Umgang mit dem allgegenwärtigen Holzmangel (auch zur Überbrückung einer erheblichen zeitlichen Lücke in der Versorgung mit Holz).

Bei aller Vergleichbarkeit der prinzipiellen Verhältnisse war damals dennoch vieles ganz anders als heute. Die Entwicklung seit damals ist vergleichbar mit einer »Explosion« in alle Richtungen. Das hat eine enorme, damals kaum vorstellbare Verschärfung der Lage zur Folge, aber gleichzeitig auch eine Multiplikation unserer Handlungsoptionen. Das Thema der Balance dynamischer Fließgleichgewichte erhält damit eine gegenüber den Zeiten von Carlowitz wesentlich gesteigerte Bedeutung. Die Dynamik ist heute die zentrale Herausforderung im Kontext von Nachhaltigkeit. Die Zahl der Menschen ist seit damals fast um den Faktor zehn gewachsen (Kapitza 2005), die Produktion von Gütern und Dienstleistungen und der Umfang genutzter Energie fast um den Faktor 100. Noch problematischer ist, dass alle Prozesse heute viel schneller ablaufen. Damit haben wir gegenüber jener Zeit auf einem Niveau sehr viel umfangreicherer Kenntnisse und Technologien ein Vielfaches an Problemen. Einerseits sind die damaligen Herausforderungen, vor denen von Carlowitz stand, also vergleichbar mit den heutigen, nur in sehr viel mehr Dimensionen als der rein forstwirtschaftlichen. Andererseits ist die Dimension der Probleme heute eine ganz andere: Im Verhältnis zu heute hatte die Menschheit vor 300 Jahren viel mehr Zeit zur Verfügung und es war nicht der ganze Globus bedroht.

Der Bumerangeffekt: von Sergey Kapitza zu Jacques Neirynck

Wir haben diskutiert, inwieweit die Situation in Zeiten eines von Carlowitz mit der heutigen vergleichbar ist. Diesen Gedanken kann man sehr viel weiter spannen. Das vor kurzem verstorbene Mitglied des Club of Rome, Sergey Kapitza, ein wichtiger Analytiker der globalen Problemlage und der Rolle von Technik und Wissenschaft, hat sich mit der Geschichte der Weltbevölkerungsentwicklung über die letzten vier Millionen Jahre beschäftigt (Kapitza 2005). Besonders interessant sind dabei die letzten zehntausend Jahre, die mit der Erfindung von Ackerbau und Viehzucht etwa 8000 v. Chr. begannen. Damals gab es nur etwa 20 Millionen Menschen auf der Erde. Diese waren Jäger und Sammler. Sie konnten der Welt nicht viel antun. Sie mussten nicht säen, um zu ernten.

Auch seinerzeit war die Welt in einem gewissen Sinne überbevölkert. Die Probleme waren also auch damals nicht viel anders als zu den Zeiten eines von Carlowitz. Statt Holz waren jagbares Wild und Früchte der Natur die limitierenden

Faktoren. In der Sprache von Kapitza war die Erde »voll«, relativ zu den Technologien, über die die Menschen ehemals verfügten und relativ zu ihrem Wissen. In solchen Situationen wächst die Menschheit in einen Engpass hinein. Sie kann in einem solchen Engpass stecken bleiben – die Zahl der Menschen kann dann nicht mehr wachsen – oder sie kann sich durch Innovationen aus diesem Engpass befreien. Die entscheidende Innovation vor 10.000 Jahren war die Erfindung von Ackerbau und Viehzucht. Der Engpass wurde beseitigt. Die Zahl der Menschen konnte weiter wachsen. Der Lebensstandard konnte sich verbessern – beides in damals unvorstellbarem Umfang. Dabei wurden pro Wertschöpfungseinheit gigantische Verbesserungen der Produktivität erzielt (Erhöhung der Ressourcenproduktivität/Dematerialisierung) (Schmidt-Bleek 1998, von Weizsäcker 2009). Diese aus fundamentalen Innovationen resultierenden »Entspannungen« halten jedoch immer nur eine begrenzte Zeit vor, denn gegen die Entspannung wirkt der sogenannte Bumerangeffekt. Er ist der entscheidende Gegenspieler des technischen und organisatorischen Fortschritts. Er übersetzt diese Fortschritte und vor allem auch die Effizienzgewinne in so viel mehr Menschen und so viel mehr Lebensstandard, dass die Probleme in einem gewissen Sinne immer die gleichen bleiben oder immer noch größer werden. In diesem Sinne ist dann »die Lösung das Problem«.

Wir verbrauchen heute extrem viel mehr Ressourcen als je zuvor, zum Beispiel in Verbindung mit der IT, einer Technologie, die selber »Kind« der bei weitem größten Dematerialisierung ist, die wir je erreicht haben. Das Preis-Leistungs-Verhältnis wird im Bereich der Datenspeicher alle zwei Jahre um den Faktor zwei besser, alle 20 Jahre um den Faktor 1.000. Der Ressourcenverbrauch nimmt mit der Nutzung dieser Technologie jedoch dauernd zu und nicht etwa ab.

Die Entdeckung des Bumerangeffekts ist ein Verdienst von Jacques Neirynck (Neirynk 1994). Kapitza und Neirynck zeigen uns, dass die Situation der Menschheit im Wesentlichen immer die gleiche ist. In der Regel sind wir in einer bedrohten Lage und bewegen uns an einer Kapazitätsgrenze. Der Schlüssel zur Veränderung sind Innovationen in Technologie und Organisation. Es sind die Möglichkeiten, die der »göttliche« Ingenieur schafft.

Jacques Neirynck ist der Ingenieur, der uns verdeutlicht, dass die Lösung, die der »göttliche« Ingenieur schafft, unsere Lage in der Regel nicht wirklich verbessert, sondern sie sogar noch verkompliziert. Immer mehr Menschen auf einem immer höheren Konsumniveau sind in einem gewissen Sinne immer am »Anschlag«. Eine entscheidende Beobachtung von Kapitza ist die, dass sich die Situation der Menschheit sogar dauernd erschwert: Wir greifen immer umfassender auf den ganzen Globus zu. Früher erfolgten neue Entwicklungen lokal. Wenn sie scheiterten, hatte das negative Konsequenzen für Regionen, aber nicht für die ganze Welt und die

Menschheit. Aus der weitgehenden Separierung von Entwicklungsprozessen resultierten Kompensationsmöglichkeiten und eine gewisse Fehlertoleranz. Eine derartige Robustheit besteht heute nicht mehr. Alles ist mit allem verknüpft, Entwicklungen beeinflussen sich gegenseitig und erfolgen teilweise in atemberaubender Geschwindigkeit. Das Experimentierfeld für moderne Innovationen ist mittlerweile die ganze Erde. Fehler schlagen deshalb sofort weltweit durch, alles ist mit allem eng verknüpft – die letzte Weltfinanzkrise hat dies überdeutlich werden lassen (Radermacher 2007).

Die von uns induzierten Prozesse verlangen mittlerweile zudem, dass wesentliche Veränderungen innerhalb der Lebenszeit eines Menschen sehr schnell stattfinden müssen und nicht mehr in der Folge der Generationen (Radermacher 2002, 2011 b). Die anthropologischen Grenzen unserer Anpassungsfähigkeit verhindern es irgendwann, dass die Probleme schnell genug durch immer weitere Innovation gelöst werden können. Massive Innovationen können normalerweise nur in der Folge der Generationen umgesetzt und verkraftet werden, nicht in der Lebenszeit eines einzelnen Menschen. Letzteres charakterisiert jedoch die heutige Situation und macht einen prinzipiellen Unterschied zur Vergangenheit aus. Die Menschheit ist in einer singulär neuen Lage, obwohl vordergründig dasselbe Muster wirkt wie früher. Es ist ein großer Verdienst von Sergey Kapitza, gerade auch diesen Punkt herausgearbeitet zu haben (Kapitza 2005).

Die Entwicklung der Positionen des Club of Rome

Im Club of Rome haben sich weit in die Zukunft schauende Köpfe aus Wirtschaft, Wissenschaft und Politik früh zusammengefunden, um für die heutige Zeit die Themen zu diskutieren, mit denen von Carlowitz sich in seiner Zeit beschäftigte. Der epochale Bericht »Grenzen des Wachstums« an den Club of Rome hat das Denken der Menschheit verändert (Meadows 1972). Das Buch erschien 1972, 20 Jahre vor der Weltkonferenz in Rio. Heute sind wir 40 Jahre weiter. Vieles von dem, was der Club of Rome schon 1972 thematisiert hat, wird heute von immer mehr Menschen mit zunehmender Sorge wahrgenommen. Die Kernaussage des Club of Rome lautet: Es gibt »Grenzen des Wachstums«. Gemeint sind Grenzen auf der Ressourcenseite, die beispielsweise durch die notwendige Beschränkung des ökologischen Fußabdrucks der Menschheit gegeben sind (Wackernagel 2010). Es sind das die Grenzen des verkraftbaren Zugriffs der Menschen auf die Ressourcenbasis der Welt, wozu auch die Deponiefähigkeit der Welt für Abfälle und Klimagasemissionen gehört.

Zwischenzeitlich sind Jahrzehnte vergangen. Im Juni 2012 fand die Rio+20-Konferenz statt – wieder in Rio. Die Befunde des Gipfels sind klar: Wir kommen an entscheidenden Stellen, etwa beim Klima und bezüglich der Überwindung von Armut und Hunger, nicht wirklich voran und der Blick in die Zukunft ist alles andere als rosig. Mittlerweile liegt der neue Club of Rome Report zum Thema von Jorgen Randers (Randers 2012) vor. Er blickt auf das Jahr 2052, also noch einmal 40 Jahre weiter in die Zukunft.

Randers schließt nicht aus, dass die Welt den Weg der Nachhaltigkeit wählt. Aber er hält dies für eher unwahrscheinlich. In seiner Sprache wird die Zukunft gekennzeichnet sein durch »overshoot and managed decline«, im schlimmsten Fall sogar durch »overshoot and decline enforced by nature«. In der Sprache des Autors entspricht das erste Szenario der »Brasilianisierung der Welt«, das andere einem »ökologischen Kollaps« (Radermacher 2002, 2011b, 2011c). Im Szenario der Brasilianisierung »wursteln« wir uns durch, nehmen Anpassungen an die Ressourcenengpässe immer wieder vor, aber nur halbherzig – als Getriebene. Wir geraten auf der Ressourcenseite in den Bereich »overshoot«. Die resultierenden »Schmerzen« müssen verkraftet werden. Die Politik wird sich auf die »Wunden« konzentrieren und versuchen, »Pflaster« darauf zu kleben. Für mehr reicht die verfügbare Zeit der politischen Entscheidungsträger und das Finanzierungspotenzial nicht aus. Die Kraft für einen großen Entwurf haben wir ohnehin nicht mehr. Die Umweltprobleme sind noch beherrschbar, aber nur so, dass der Lebensstandard der meisten Menschen sinkt (Brasilianisierung). Eine bestimmte Elite mag dies sogar für gut oder für sich vorteilhaft empfinden, insgesamt jedoch bedeutet es einen massiven kulturellen und zivilisatorischen Rückschritt – der Weg in eine Neofeudalisierung.

Man kann es auch so formulieren: Die große Befreiung, die der technische Fortschritt und die massive Nutzung fossiler Energien als Ersatz für Holz und Holzkohle als wesentliche energetische Basis einem Teil der Menschheit für etwa 200 Jahre gebracht hat, kommt zu einem Ende. Die gigantischen preiswerten fossilen Quellen werden in dieser komfortablen Form nicht für zehn Milliarden Menschen wirksam werden. Die Menschen werden zukünftig mit anderen Energieressourcen tendenziell schlechter leben. Sie werden das überleben, sie werden nicht verhungern. Trotzdem bedeutet dies einen Rückschritt, keinen Fortschritt, nämlich eine sehr unbefriedigende Anpassung an einen uns von außen auferlegten Zwang. Es ist kein Programm der Befreiung, kein Programm der Aufklärung, an dessen Ende auf der ganzen Welt die Menschen so gut leben wie die Menschen in Europa heute, sondern ein Programm, das der Welt eine globale Zweiklassengesellschaft bringt. Viele Menschen in Europa und USA werden deutlich schlechter leben als heute.

Die Dynamik des Nachhaltigkeitsbegriffs

Die Weltgemeinschaft versucht seit der Weltkonferenz in Rio 1992 mit dem Leitbild der nachhaltigen Entwicklung auf die gewaltigen Anforderungen zu reagieren,
die vor uns liegen. Hier werden fast unvereinbare Zielvorstellungen miteinander
verknüpft: Wohlstand für zehn Milliarden Menschen, zugleich Schutz der Umwelt
und der Ressourcenbasis. Obwohl manchmal versucht wird zu suggerieren, dass
die verschiedenen Ziele nicht in Opposition zueinander stehen, spricht viel dafür,
dass Nachhaltigkeit auf einem hohen Wohlstandsniveau für die Mehrheit der Menschen nicht erreicht werden wird (Radermacher 2011 b, Randers 2012). Dennoch
ist der Anspruch, dieses Ziel zu erreichen, da. Der Druck, es zu erreichen, richtet
sich angesichts der offensichtlichen Grenzen der politischen Möglichkeiten zunehmend auf andere Akteure: auf Organisationen, Unternehmen und Menschen, die
über große eigene Handlungspotenziale verfügen, Dinge zu bewegen. Es liegt nahe,
dass die Betroffenen in dieser Lage durch geschickte Begriffsnutzung versuchen,
sich dem Druck teilweise wieder zu entziehen. Darin waren die Menschen schon
immer gut. Die Verwendung des Nachhaltigkeitsbegriffs ist deshalb facettenreich.
Es gibt eine Inflationierung, der Begriff wird teilweise banalisiert oder sogar sinn-
entstellt benutzt.

Es lohnt sich, in dieser Lage auf von Carlowitz zurückzugehen, wenn man wesentliche Dimensionen des Nachhaltigkeitsbegriffs richtig verstehen will, so beispielsweise die Erfordernis, »von den Zinsen zu leben und nicht vom Kapital« als ein
Prinzip, das die Basis erhält, von der man lebt. Dahinter steckt insbesondere auch
ein ernstes Interesse an den nachfolgenden Generationen. Nachhaltigkeit betrifft
insbesondere eine Gerechtigkeitsfrage über die Folge der Generationen hinweg.

Eine andere, genauso schwierige Frage bezieht sich auf die Gerechtigkeitserfor-
dernisse zwischen den Milliarden von Menschen, die da sind, also die Verteilungs-
frage. Dabei geht es zum Beispiel um die Frage, wie das weltweite und das nationale
Verteilungsproblem mit der Nachhaltigkeitsfrage und der Ressourcenverfügbarkeit verknüpft sind, wobei die Thematisierung der globalen sozialen Fragen erst seit
kurzer Zeit ein breiteres wissenschaftliches Interesse gewinnt (Beck 2010, Radermacher 2011 c). Soziale Fragen waren und sind nämlich bis heute primär ein Thema
von Familiennetzwerken, von Charity und seit etwa 150 Jahren zunehmend der
Staaten, in Deutschland beginnend mit der Sozialgesetzgebung unter Bismarck.
Globale Verantwortung für soziale Verhältnisse, etwa von Konsumenten über Fair
Trade oder als Hilfsprogramme der Vereinten Nationen in Notfällen und zukünftig
vielleicht einmal über einen Finanzausgleich zwischen den Staaten sind Themen
neueren Datums. Sie sind Teil einer Ausdifferenzierung des Nachhaltigkeitsbegriffs

wie er für von Carlowitz noch kein Thema war – übrigens auch nicht für den Club of Rome in seinem ersten Report. Dabei ist zu beachten und als Erkenntnis auch relativ neu, dass ein balancierter Wohlstand, der mit Märkten und hohem Innovationstempo einhergeht, die größte Chance auf Wohlstand für alle eröffnet (Herlyn 2012, Radermacher 2011b, Wilkinson 2009/2010). Dabei stellt eine gute Ausbildung für alle den harten Kern der Balancethematik dar (Pestel 2003).

Wenn wir eine gute Zukunft für alle Menschen haben wollen, müssen wir uns vor allem auch mit den verschiedenen Dimensionen des Nachhaltigkeitsbegriffs beschäftigen. Dies beinhaltet auch Facetten, die für von Carlowitz damals noch nicht aktuell waren. Dazu gehört auch die Ehrlichkeit zu formulieren und auszusprechen, was gegebenenfalls droht und was nicht.

Es geht im Kontext der Nachhaltigkeitsdebatte nicht um das Überleben der Menschheit. Es geht aber um die Lebenssituation von Milliarden Menschen, um Fragen des zivilisatorischen Niveaus und um den zukünftigen Charakter der Ökosysteme. Die Überlegungen des sächsischen Bergmanns Hans Carl von Carlowitz betrafen Fragen, die auch heute im Nachhaltigkeitsdiskurs eine Rolle spielen. Die Dimensionen der heutigen Debatte in ihrer Gesamtheit waren in der Zeit von Carlowitz jedoch noch nicht gegeben. Insbesondere der Charakter der sozialen Frage war vor dreihundert Jahren ein anderer als heute. Globale Gerechtigkeitsfragen (Beck 2010, Radermacher 2002) wurden damals eher nicht tangiert. Der Mensch hatte damals nicht die Fähigkeit, die Ökosysteme weltweit zu destabilisieren. Insofern ist die Forstwirtschaft jener Zeit in manchen Bereichen auch nicht der Ausgangspunkt für die heutige Debatte. Dies gilt in einem benachbarten Umfeld genauso für Adam Smith (Winter 2010), der mit seinem damaligen Erfahrungshorizont die zentralen Herausforderungen im heutigen Weltfinanzsystem auch nicht hat voraussehen oder adressieren können. Das mindert jedoch in keiner Weise die Beiträge von Adam Smith und Hans Carl von Carlowitz.

Weltaufforstungs- und Landschaftsrestaurierungs-Programm

Bezüglich der Möglichkeit einer nachhaltigen Entwicklung ist die Klimafrage und dort das 2 °C-Ziel heute ein dominierendes Thema (Hölscher 2012, Randers 2012). Die Klimafrage hat vielfältige ökonomische, soziale und ökologische Konsequenzen und Dimensionen. Die CO_2-Emissionen sind für fast die Hälfte des ökologischen Fußabdrucks der Menschheit verantwortlich und damit heute ein Hauptfaktor des ›globalen overshoots‹ (Radermacher 2011b, Wackernagel 2010).

Der Autor hat sich mit der Frage beschäftigt, ob das von der internationalen Politik und dem Intergovernmental Panel on Climate Change (IPCC) hochgehaltene 2 °C-Ziel überhaupt noch zu erreichen und der ›finale globale overshoot‹ noch abwendbar ist. Die Antwort ist (glücklicherweise) positiv. Ein entsprechender Verfahrensvorschlag des Forschungsinstituts für anwendungsorientierte Wissensverarbeitung (FAW/n) in Ulm, das der Autor im Ehrenamt leitet, ist in Abbildung 1 schematisiert dargestellt und wird nachfolgend skizziert (Herlyn 2012, Radermacher 2010, Radermacher 2011 a).

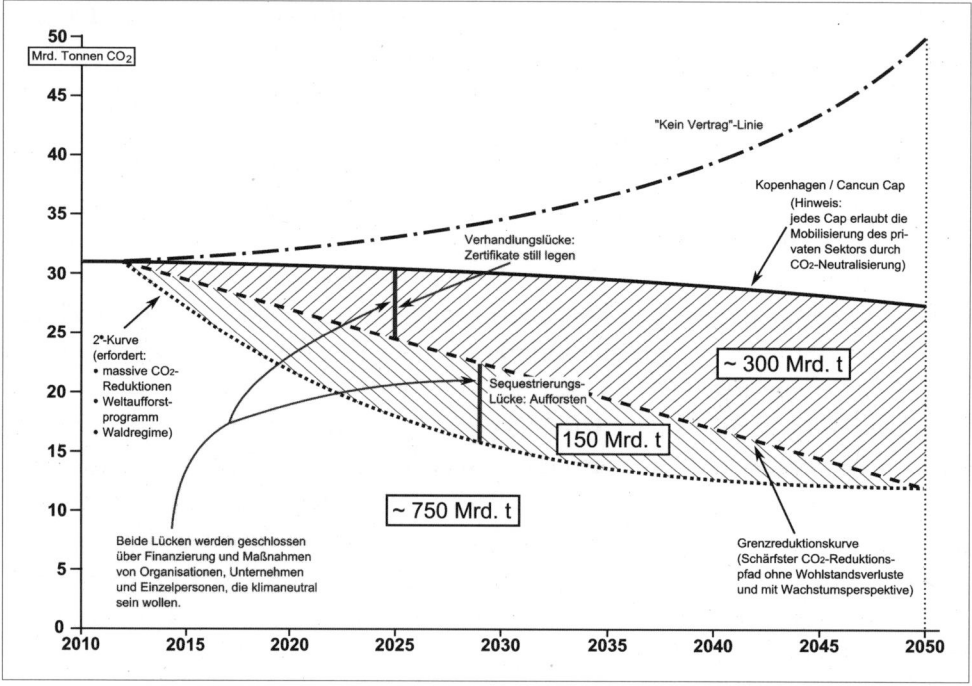

Abb. 1: Ein Klimavertrag nach Kopenhagen und Cancún – diverse Caps (Emissionsobergrenzen) und Reduktionspfade. Grafik von F. J. Radermacher, Ulm 2012.

Der FAW/n-Vorschlag für ein neues Klimaregime

Die Vorschläge des FAW/n lassen sich im Wesentlichen in folgenden vier Punkten zusammenfassen:

1) *Verabredung eines weltweiten (parametrisierten) Cap* (Emissionsobergrenze) *begrenzter Qualität* für CO_2-Emissionen entlang der Kopenhagen-Cancún-Kompromissformel: Industrieländer senken ihre Emissionen absolut ab; erklären

selber wie viel. Nicht-Industrieländer senken ihre Emissionen relativ zu ihrer wirtschaftlichen Wachstumsrate ab; erklären selber wie viel.

2) *Schließen der Verhandlungslücke*, also der Lücke zwischen einem Klimavertrag vom Kopenhagen/Cancún-Typ (in etwa durchgehende Cap-Linie in Abb. 1) und der noch ohne Wohlstandsverlust und mit Wachstumsperspektive umsetzbaren (gestrichelten) Grenzreduktionslinie für CO_2. Die Verhandlungslücke könnte durch Organisationen, Unternehmen und Privatpersonen durch den Kauf entsprechender Volumina an Klimazertifikaten zu Stilllegungszwecken geschlossen werden.

3) *Schließen der Sequestrierungslücke*[1] zwischen der (gestrichelten) Grenzreduktionslinie und der (gepunkteten) Emissionslinie (2 °C-Linie in Abb. 1). Die Sequestrierungslücke kann durch ein mit Finanzmitteln unterlegtes Weltwaldschutzprogramm und durch ein Weltaufforst- und Landschaftsrestaurierungsprogramm geschlossen werden, das bis zum Jahr 2020 etwa 1,5 Millionen Quadratkilometer und bis zum Jahr 2050 etwa fünf Millionen Quadratkilometer degradierte Wald- und Landschaftsflächen restauriert.

4) Aktivierung der Finanzkraft und des administrativen Potenzials interessierter Organisationen, Unternehmen und Privatpersonen zur Schließung der Verhandlungs- und der Sequestrierungslücke über das Angebot einer international abgestimmten Form der *Klimaneutralität* für diesen Interessentenkreis.

Der Kopenhagen/Cancún-Kompromiss, der auf eine Einigung zwischen den USA und China in dieser Frage zurückgeht, ist eine intelligente Formel und im politischen Raum (als ein Minimalkonsens) bereits in großer Breite akzeptiert. Er ist politisch vertretbar und vergleichsweise fair, er übersetzt die Kyoto-Formel in eine deutlich schärfere Form und könnte in flexibler Weise erweitert werden um einen jährlichen Beschluss der Weltgemeinschaft zur Fixierung des genauen Verlaufs der (gestrichelten) Grenzreduktionslinie und damit über das Volumen, das als jährliche Verhandlungslücke jeweils zu schließen ist. Letzteres orientiert sich an der Frage, wie das vielfach geforderte »Wachstum« der Wirtschaft, das zunehmend ein dematerialisiertes, mit Nachhaltigkeit kompatibles (»grünes«) Wachstum sein muss, noch realisiert werden kann (Radermacher 2011b, 2011c).

1　Sequestrierung bedeutet CO_2-Speicherung bzw. -Bindung.

Verhandlungstechnisch ist der größte Vorteil eines Kopenhagen-Cancún-Cap, dass einem solchen Cap fast alle Staaten zustimmen können und dies auch bereits signalisiert haben. Diese können dann in Absprache untereinander und kompatibel mit den Vorgaben der Welthandelsorganisation (WTO) solche Staaten, die nach wie vor eine Beteiligung an einem wirkungsvollen internationalen Klimaregime ablehnen, über die Einführung von Grenzausgleichsabgaben materiell dazu zwingen, sich ebenfalls zu beteiligen (Radermacher 2011b, 2010, 2011a). So entstünde ein Carbon-Leakage-freies Klimaregime, mit dem im Prinzip das 2 °C-Ziel erreicht werden kann, ganz im Unterschied zum heutigen Zertifikatesystem in der EU. In dem beschriebenen Ansatz sind in Arbeitsteilung zwischen Politik und Privatsektor (Organisationen, Unternehmen und Privatpersonen) die zwei beschriebenen Lücken (Verhandlungslücke und Sequestrierungslücke) zu schließen. Ein interessanter Hebel hierzu ist das Interesse vieler Akteure, sich klimaneutral zu stellen. Insbesondere die Premiumkonsumentenklasse rund um die Welt, die erheblich zum Klimaproblem beiträgt, wird so adäquat in die Lösung des Klimaproblems eingebunden (Chakravarty 2009).

Im Kontext der Erinnerung an Hans Carl von Carlowitz ist bei dem gemachten Vorschlag interessant, dass sich eine gigantische Waldaufforstung als der Schlüssel zur eventuellen Lösung der Klimathematik erweist. Dabei wird das Ziel verfolgt, der Atmosphäre in gewaltigem Umfang CO_2 zu entziehen und dadurch Zeit zu gewinnen und das bei gleichzeitiger Wohlstandsförderung in den ärmeren Ländern. CO_2 wird dabei zu einem Produktionsfaktor, also zu einer wohlstandsfördernden Ressource. Früherer Raubbau wird damit »geheilt«. Humusbildung ist übrigens ein ebenso interessanter Ansatzpunkt zur biologischen Sequestrierung wie Aufforstung (Idel 2010). Vielleicht kann auch die Erzeugung von Holzkohle in großem Stil eine Rolle spielen, um für lange Zeit Kohlenstoff aus der Atmosphäre zu binden. Zur Förderung der Humusbildung kann unter Umständen Holzkohle in die Erde eingearbeitet werden (Herlyn 2012, Hölscher 2012, Idel 2010, Radermacher 2011a).

Zusammenfassung

Mit den Hinweisen zur biologischen Sequestrierung (insbesondere CO_2-Bindung durch Aufforstung) schließt sich der Kreis zurück zu Hans Carl von Carlowitz. In einem gewissen Sinne ist die Situation der Menschen auf einer sehr prinzipiellen Ebene im Wesentlichen immer dieselbe, so wie Kapitza dies diskutiert. Im Konkreten sind die jeweiligen Gleichgewichte zeitabhängig ausgestaltet. Von Carlowitz hat im 17. Jahrhundert, einem sehr späten Punkt der Entwicklung, an dem die Neuzeit erstmalig aufscheint, Wesentliches zum Thema Zukunftssicherung erkannt und formuliert. Er tat dies mit Referenz zu einer damals entscheidenden Ressource, dem Wald. Dieser war ein wesentliches Element der materiellen wie der energetischen Seite der Wirtschaft. Die von ihm erkannte Problematik ist bis heute unverändert geblieben, auch wenn sich mit den fossilen Energieträgern die Situation – zumindest für eine begrenzte Zeit – fundamental geändert hat.

Die Kehrseite der fossilen Energieträger ist heute die Klimaproblematik. Wenn wir sie bewältigen wollen, dann werden erneut der Wald und Aufforstung zu Schlüsselthemen, um der Atmosphäre gigantische Mengen CO_2 zu entziehen. CO_2 wird dann im Rahmen einer biologischen Sequestrierung produktiv wirksam. Wir schaffen auf diese Weise dort neue Werte, wo wir lange zulasten des Bestandes »geplündert« haben.

Parallel dazu sind massive Innovationen in andere Energiequellen erforderlich, die reichhaltig, umweltfreundlich, klimaneutral und preiswert genug sein müssen, um Wohlstand für zehn Milliarden Menschen zu ermöglichen (Radermacher 2011b). Wenn uns solche Innovationen gelingen, wenn wir diese mit Augenmaß nutzen und dann zukünftig den Bumerangeffekt durch kluge globale Regulierung vermeiden, dann haben wir eine Chance auf Nachhaltigkeit. Wenn nicht, wird die Menschheit nicht aussterben. Das Leben wird jedoch für die meisten Menschen sehr viel härter werden als es heute ist. Die Perspektiven werden deutlich schlechter. In einem sehr negativen Szenario wird unter Umständen ein Teil der Menschen in einem Prozess der Verarmung letztlich verhungern. Dies ist die harte Seite der Anpassung, die auch für von Carlowitz nicht unbekannt war und die in der Historie der Menschheit nichts Neues darstellt. Kluge Menschen aber sollten eine solche Situation um fast jeden Preis zu vermeiden versuchen. Dies ist die Herausforderung, vor der wir heute stehen.

Literaturhinweise

Bachmann, G.: Die historischen Wurzeln des Leitbildes Nachhaltigkeit und das 21. Jahrhundert. Dieser Beitrag ist in vorliegender Publikation enthalten.

Beck, U. & Poferl, A.: Große Armut, großer Reichtum: Zur Transnationalisierung sozialer Ungleichheit. Suhrkamp Verlag, Berlin 2010.

Carlowitz, H. C. von: Sylvicultura oeconomica oder Haußwirthliche Nachricht und Naturmäßige Anweisung zur Wilden Baum-Zucht. – Johann Friedrich Braun, Leipzig 1713. Nachdruck in den Veröffentlichungen der Bibliothek »Georgius Agricola« der TU Bergakademie Freiberg, Nr. 135, 2000.

Chakravarty, S.; Chikkatur, A.; de Coninck, H.; Pacala, S.; Socolow, R. & Tavoni, M.: Sharing global CO_2 emission reductions among one billion high emitters. PNAS Published online before print July 6, 2009, doi:10.1073/pnas. 0905232106; PNAS July 21, 2009 vol. 106 no. 29 11884-118882009.

Diamond, J.: Kollaps. Warum Gesellschaften überleben oder untergehen. S. Fischer Verlag, Frankfurt am Main 2005.

Grober, U.: Die Entdeckung der Nachhaltigkeit. Kulturgeschichte eines Begriffs. Kunstmann Verlag, München 2010.

Grober, U.: Von Freiberg nach Rio – Carlowitz und die Bildung des Begriffs der »Nachhaltigkeit«. Dieser Beitrag ist in vorliegender Publikation enthalten.

Herlyn, E.: Einkommensverteilungsbasierte Präferenz- und Koalitionsanalysen auf der Basis selbstähnlicher Equity-Lorenzkurven. Ein Beitrag zur Quantifizierung sozialer Nachhaltigkeit. Gabler Verlag, 2012.

Herlyn, E. & Radermacher, F. J.: Klimaneutralität und 20°-C-Ziel – Warum globale und regionale Bemühungen miteinander verbunden werden müssen. In: »Klimaneutralität – Hessen geht voran«, (L. Hölscher, F. J. Radermacher, Hrsg.), Springer Vieweg / Springer Fachmedien Wiesbaden GmbH, Oktober 2012.

Hölscher, L. & Radermacher F. J. (Hrsg.): Klimaneutralität – Hessen geht voran. Springer Vieweg / Springer Fachmedien Wiesbaden GmbH, Oktober 2012.

Idel, A.: Die Kuh ist kein Klima-Killer: Wie die Agrarindustrie die Erde verwüstet und was wir dagegen tun können. Metropolis, Marburg 2010.

Kapitza, S.: Population Blow-up and after. Report to the Club of Rome and the Global Marshall Plan Initiative, Hamburg 2005.

Kotter, A.: Ressourcen-Knappheit als Motiv staatlichen Handelns. Umweltgeschichtliche Untersuchungen zur Holzversorgung aus den Wäldern des Salzmaieramtes Traunstein (1619-1791/98). A. Miller & Sohn, Traunstein 1998.

Meadows, D. L.; Meadows, D. H. & Zahn, E.: Die Grenzen des Wachstums. Bericht des Club of Rome zur Lage der Menschheit. Deutsche Verlags-Anstalt, Stuttgart 1972.

Neirynck, J.: Der göttliche Ingenieur. expert-Verlag, Renningen 1994.

Pestel, R. & Radermacher, F. J.: Equity, Wealth and Growth: Why Market Fundamentalism Makes Countries Poor. Manuscript to the EU Projekt TERRA 2000, FAW, 2003.

Radermacher, F. J.: Balance oder Zerstörung: Ökosoziale Marktwirtschaft als Schlüssel zu einer weltweiten nachhaltigen Entwicklung. Ökosoziales Forum Europa (Hrsg.), Wien, August 2002.

Radermacher, F. J.: Weltklimapolitik nach Kopenhagen – Umsetzung der neuen Potenziale. FAW/n-Report, Ulm 2010.

Radermacher, F. J.: Wege zum 2-Grad-Ziel – Wälder als Joker. politische ökologie 127, S. 136–139, oekom verlag, München 2011 a.

Radermacher, F. J. & Beyers, B.: Welt mit Zukunft – Überleben im 21. Jahrhundert. Murmann Verlag, Hamburg 2007, Neuauflage 2011 b.

Radermacher, F. J.; Riegler, J. & Weiger, H.: Ökosoziale Marktwirtschaft – Historie, Programm und Perspektive eines zukunftsfähigen globalen Wirtschaftssystems. oekom verlag, München 2011 c.

Randers, J.; Bus, A.; Held, U. & Leipprand, A.: 2052. Der neue Bericht an den Club of Rome: Eine globale Prognose für die nächsten 40 Jahre. oekom verlag, München 2012.

Schmidt-Bleek, F.: Das MIPS-Konzept – Weniger Naturverbrauch – mehr Lebensqualität durch Faktor 10. Droemer, München 1998.

Weizsäcker, E. U. von; Hargroves, K.; Smith, M. H.; Desha, C. & Stasinopoulos, P.: Factor Five: Transforming the Global Economy through 80 % Improvements in Resource Productivity. Earthscan 2009.

Wackernagel, M. & Beyers, B.: Der Ecological Footprint – Die Welt neu vermessen. Europäische Verlagsanstalt, 2010.

Wilkinson, R. & Pickett, K.: Spirit Level – Why Equality is Better for Everyone. Penguin Books Ltd, London 2009/2010.

Winter, H. & Rommel, Th.: Adam Smith für Anfänger. Der Wohlstand der Nationen. Deutscher Taschenbuch Verlag, München, 4. Auflage 2010.

Felix Ekardt

Problemebenen des modernen Diskurses
um das Carlowitz-Konzept ›Nachhaltigkeit‹

Die in anderen Beiträgen des vorliegenden Bandes näher erörterte forstliche Nachhaltigkeit im Sinne von Carlowitz ist im ausgehenden 20. und im beginnenden 21. Jahrhundert zunehmend zu einem Kernbegriff geworden. Nachhaltigkeit ist seit einiger Zeit ein Hauptbegriff der internationalen politischen Debatte, doch wird darunter zuweilen recht Unterschiedliches verstanden. *Definitionen*, also die schlichte sprachliche Bezeichnung eines Sachverhalts, sind dabei naturgemäß letztlich beliebig – im Gegensatz zu erkennbaren und damit gerade nicht beliebigen *Inhalten*. Nachhaltigkeit bezeichnet nach vorliegend vertretener Auffassung definitorisch die politische/ethische/rechtliche Forderung nach mehr intertemporaler und globaler Gerechtigkeit, also die Forderung nach dauerhaft und global durchhaltbaren Lebens- und Wirtschaftsweisen. Dies entspricht dem intergenerationellen Anliegen von Carlowitz – erweitert freilich über den Bereich der Forstwirtschaft hinaus und im globalen Zeitalter auch über den hiesigen räumlichen Kontext hinaus. Gemeint ist ergo die Forderung nach intertemporaler und global-*grenzüberschreitender* Gerechtigkeit (nicht zu verwechseln mit universaler Gerechtigkeit, also Prinzipien für das Zusammenleben *in* allen Gesellschaften). Gerechtigkeit sei hier definitorisch verstanden als die Richtigkeit der Ordnung des menschlichen Zusammenlebens (so wie Wahrheit das Zutreffen von Tatsachenaussagen meint); soziale Verteilungsgerechtigkeit als Kategorie materieller Verteilungsfragen ist davon nur ein Teilelement.

Alternativ dazu verstehen viele Stimmen Nachhaltigkeit – im Kontrast zu Carlowitz – als eine Art Rubrum über alles Erstrebenswerte in der Welt, womit der Nachhaltigkeitsbegriff mit dem Gerechtigkeitsbegriff zusammenfiele oder ihn sogar noch an Breite überböte. Insbesondere stehe Nachhaltigkeit für den nötigen Ausgleich von ökologischen, ökonomischen und sozialen Belangen (Bizer 2000; Heins 1998; Ritt 2002; siehe auch Hamberger in diesem Band). Ein solches Drei-Säulen-Konzept von Nachhaltigkeit wäre jedoch (zum Folgenden Ott/Döring 2008; Siemer 2006; Ekardt 2011; anders Grunwald/Kopfmüller 2012) aus einer Reihe von Gründen missverständlich und schief. Das Drei-Säulen-Modell lenkt erstens vom

Paradigmenwechsel als Kernidee ab: mehr Generationen- und globale Gerechtigkeit. Denn mit dem Reden von den »drei Säulen« gerät Nachhaltigkeit in die Nähe der eher trivialen Botschaft, dass politische Entscheidungen verschiedene Belange möglichst in Einklang bringen sollten, insbesondere dann, wenn der intertemporale und globale Bezug nur noch am Rande oder gar nicht mehr auftauchen.

Zweitens ist eine Trennung ökologischer, ökonomischer und sozialer Aspekte in den relevanten Bereichen kaum möglich: Wäre zum Beispiel bessere Luftqualität nur ein ökologisches Ziel, weshalb nicht ein soziales oder ökonomisches? Oder ist etwa die Gesundheit ein soziales Ziel oder ein ökologisches? Oder vielleicht ein ökonomisches, weil sie medizinische Behandlungskosten einspart? Und was ganz genau bedeutet überhaupt der letzten Endes überaus vielgestaltige und vage Begriff des »Sozialen« (Weber 1984, S. 165)? Wäre dies alles, was mit Menschen zu tun hat, wäre Nachhaltigkeit endgültig banalisiert.

Drittens kann das Säulen-Modell im Sinne der Annahme verstanden werden, der Lebensgrundlagenschutz sei stark abhängig von Wirtschaftswachstum. Dies ist jedoch gerade problematisch (siehe unten). Viertens impliziert der Generationen- und Globalbezug von Nachhaltigkeit, dass Nachhaltigkeit primär von grundlegenden Voraussetzungen des Menschseins und nicht von jedwedem Teilaspekt von Wirtschafts- und Sozialpolitik im Allgemeinen handelt.

All diese Gesichtspunkte werden in der Rio-Deklaration von 1992 als zentraler internationaler Wurzel des modernen Nachhaltigkeitsdiskurses an einer Vielzahl von Stellen sichtbar (Appel 2005), explizit etwa in Grundsatz 5. Ferner bezieht sich Grundsatz 7 der Rio-Deklaration (gemeinsame, aber geteilte Verantwortung von Industrie- und Entwicklungsländern) ersichtlich auf die »Umwelt«fragen. Auch die Beseitigung nichtnachhaltiger Produktions- und Verbrauchsstrukturen (Grundsatz 8) klingt nicht gerade nach Dreisäuligkeit. Besonders deutlich ist Grundsatz 12, indem er Wirtschaftswachstum und Nachhaltigkeit nebeneinander nennt und damit als zwei zu unterscheidende Anliegen kennzeichnet.

Wesentlich für Nachhaltigkeit (auch) im Sinne der Rio-Deklaration dürfte indes ein Integrationsprinzip in einem allerdings recht konkreten Sinne sein: Nachhaltigkeit handelt von der integrierten Bewältigung intertemporal-globaler Problemlagen. Dahinter steht auch die zutreffende Einsicht, dass ein lediglich additives Angehen bestimmter komplexer Probleme diese häufig nicht zu lösen vermag: Es wäre beispielsweise (inhaltlich) fatal, Armuts- und Klimaproblematik zu sehr voneinander zu separieren, indem man etwa südliche Länder schlicht zur Imitation des westlichen, viel zu ressourcenintensiven Entwicklungspfades anregte – oder umgekehrt die gravierende Armut in weiten Teilen der Welt unter der Überschrift »gut für den Ressourcenverbrauch« unangetastet ließe.

Ebenen des Nachhaltigkeitsdiskurses

Es geht bei der Nachhaltigkeit – transdisziplinär über verschiedenste Fachdisziplinen hinweg (Rogall 2009; Schneidewind 2009; Ekardt 2011) –

1) um definitorische Klarheit des Begriffs;
2) um die deskriptive Bestandsanalyse, wie nachhaltig Gesellschaften gemessen daran bisher sind und welche Entwicklungen und Tendenzen sich insoweit bisher beschreiben lassen; da dies nur teilweise sozialwissenschaftlich klärbar ist, ist vor allem hier der Ort der naturwissenschaftlichen Nachhaltigkeitsforschung;
3) um die ebenfalls deskriptive Frage, welche äußeren Hemmnisse und Motivationslagen für die Transformation hin zur Nachhaltigkeit oder ihr Scheitern wesentlich und ursächlich sind und welche Aussagen sich zur menschlichen Lernfähigkeit treffen lassen, wobei auch dies bei biologischen Faktoren manchmal naturwissenschaftliche Forschungsergebnisse involviert;
4) um die normative Frage, warum Nachhaltigkeit erstrebenswert sein sollte und was daraus folgend ihr genauer Inhalt ist;
5) darum, wie viel Nachhaltigkeit normativ in Abwägung mit anderen kollidierenden Belangen wie ›kurzfristiges Wirtschaftswachstum‹ geboten ist, einschließlich der Frage, welche Institutionen dies zu klären haben und welche Entscheidungsspielräume dabei bestehen;
6) um die Mittel respektive Governance- oder Steuerungsinstrumente, die das auf den Ebenen d und e ermittelte Ziel effektiv umsetzen können, einschließlich ›Bottom-Up‹-Maßnahmen wie Lernprozessen, mehr Nachhaltigkeitspädagogik, mehr unternehmerische Selbstregulierung und der Frage nach den Hindernissen, nach möglichen Akteuren, Strategien usw.; von nicht sozialwissenschaftlicher Seite her tritt an jener Stelle die Frage hinzu, welche technischen Möglichkeiten bestehen (auf deren Einsatz gegebenenfalls per Governance hingewirkt werden könnte).

Nachhaltigkeitsinhalte – und Indikatoren?

Inhaltlich ist Nachhaltigkeit ein normatives Ziel. Zum näheren Gehalt heißt es häufig, Nachhaltigkeit bedeute etwa, dass erneuerbare Ressourcen nur unter Beachtung der Nachwachsrate genutzt, nicht erneuerbare Rohstoffe sparsam verwendet, die Assimilationsgrenzen des Naturhaushalts beachtet und Schädigungen des Klimas sowie der Ozonschicht vermieden werden sollen. Relevant wäre beispielsweise auch im Sinne physischer Sicherung eine elementare Existenzsicherung weltweit (global) für alle einschließlich elementarer Alterssicherung, Bildung, Zugang zu sauberem Trinkwasser und medizinischer Behandlung sowie Abwesenheit von Krieg und Bürgerkrieg. Näheres ist letztlich von der genauen normativen Nachhaltigkeitsbegründung abhängig. Das gilt auch für die umstrittene Frage, inwieweit Naturgüter gegen ökonomische Güter aufgerechnet werden dürfen (»starke versus schwache Nachhaltigkeit«; siehe auch Ott/ Döring 2008; Rogall 2009; Vogt 2009).

Umstritten ist, ob Nachhaltigkeit sinnvollerweise auf einzelne numerische Indikatoren eingedampft werden kann. Staaten und Unternehmen streben immer wieder nach solchen Indikatoren (näher Grunwald / Kopfmüller 2012 und teilweise Vogt 2009) und einer Messbarkeit von Nachhaltigkeit, um Nachhaltigkeit in vereinfachter Form durch einige aus der Vielzahl relevanter Faktoren ausgewählte, gut quantifizierbare Gesichtspunkte (sogenannte Nachhaltigkeitsindikatoren) sichtbar zu machen – etwa CO_2-Emissionen, Flächenverbrauch, Energieverbrauch pro Kopf, Anteil erneuerbarer Energien am Stromaufkommen oder die Gewässergüte bestimmter großer Flüsse. Eine echte Messbarkeit wird gegebenenfalls noch dahingehend erstrebt, dass all diese Dinge untereinander verrechnet werden sollen (kritisch Ekardt 2011, zum Teil auch Rogall 2009). So sollen gewisse Entwicklungstendenzen und (reale oder vermeintliche) Erfolge visualisiert und für ein breiteres Publikum verständlich gemacht werden. Hinterfragungswürdig ist daran bereits, dass (1) häufig vielleicht problematische, entweder nicht zur Nachhaltigkeit gehörende oder, da der verbreiteten Wachstumsorientierung (siehe unten) verhaftet bleibend, sogar kontraproduktive Indikatoren gewählt werden. Denn die dauerhafte und globale Lebbarkeit von Wirtschafts- und Lebensformen wird eben gerade nicht abgebildet, wenn sich ein Unternehmen beispielsweise vornimmt, in Zukunft Dreiliter- statt Achtliterautos zu produzieren. Problematisch ist (2) an Indikatoren- und Messansätzen ferner, dass scheinpräzise einzelne Faktoren eine Exaktheit suggerieren können, die so gar nicht gegeben ist, ungeachtet aller politischen und medialen Attraktivität. Insbesondere jedoch erweisen sich Indikatorensysteme als untauglich, sofern sie (3) normativ die (ethisch oder rechtlich) »richtige« Nachhaltigkeit Sein-Sollen-fehlschlüssig naturwissenschaftlich oder ökonomisch ableiten (dazu sogleich).

Normative Begründung von Nachhaltigkeit

Wenn der Inhalt von Nachhaltigkeit von der normativen Begründung abhängt, gerät letztere in den Blick. Nachhaltigkeit meint zunächst ein Politikziel, da es um die Lösung gesellschaftlicher Probleme geht, und scheint damit im Belieben der jeweils politisch Handelnden zu stehen; das wirft die Frage auf, ob die Politik zur Nachhaltigkeit verpflichtet ist.

Aus Naturbeobachtungen – etwa zum Klimawandel, zur Endlichkeit von Ressourcen usw. – für sich genommen lässt sich eine solche normative Begründung nicht geben. Denn aus einer empirischen Beobachtung als solcher folgt nicht logisch, dass diese Beobachtung normativ zu begrüßen oder zu kritisieren ist. Aus gleichen Gründen überzeugend sind auch jedwede Art von Vorstellungen, die von einer empirischen Anthropologie logisch normative Schlussfolgerungen ableiten. Problematisch wäre auch der Versuch, Nachhaltigkeit (oder etwas anderes) durch eine ökonomische Kosten-Nutzen-Analyse (KNA) zu bestimmen, also durch eine quantifizierende Saldierung von Vor- und Nachteilen eines bestimmten Umgangs mit Nachhaltigkeit, gemessen an den rein faktischen Präferenzen von Menschen. Denn eine KNA führt, neben anderen Problemen zum Beispiel bei der Quantifizierung, auf die nonkognitivistische Grundlage einer empiristischen Ethik zurück, die Normativität in ihren letzten Grundlagen per se für subjektiv, unwissenschaftlich oder axiomatisch gesetzt hält. Jene strikt nonkognitivistische Basis dürfte jedoch – ungeachtet aller im Bereich des Normativen vielleicht bestehenden Spielräume – aufgrund performativer Widersprüche nicht zu halten sein.

Auch der gängige ethische Diskurs um eine Begründung von Nachhaltigkeit (zusammengestellt etwa bei Unnerstall 1999), wie er bei Carlowitz – auch aus Gründen der disziplinären Herkunft – so noch nicht präsent ist, weist jedoch Probleme auf. Erstens können gegen die meisten ethischen Ansätze an der Grundlage Einwände erhoben werden (zum Beispiel Sein-Sollen-Fehler, axiomatische Setzungen, Zirkelschlüsse usw.). Zweitens hat jedwede Ethik, die die Politik zu etwas verpflichten will, das Problem, dass das Verfassungsrecht der jeweiligen politischen Grundeinheit den Anspruch erhebt, abschließend zu bestimmen, was Politik tun darf und gegebenenfalls tun muss, wo also ihre Verpflichtungen und wo ihre Spielräume liegen.

Recht ist dabei Ethik (verstanden als die Wissenschaft von den normativ richtigen gesellschaftlichen Zuständen) in konkretisierter und sanktionsbewehrter Form. Ethik kann natürlich die Grundprinzipien des Rechts gegebenenfalls universal begründen oder auch als normativ ungültig erweisen – was das Recht selbst nicht kann (hierzu und zum Folgenden Alexy 1991, 1995; Ekardt 2011; Habermas

1992; eingeschränkt Rawls 1971). Jenseits dessen kann sie jedoch nicht einfach eine konkurrierende Normativität aufbauen.

Praktisch gelingt eine ethische Begründung – und damit auch Inhaltsbestimmung von Nachhaltigkeit – deshalb primär dann, wenn man eine Verpflichtung zur Nachhaltigkeit und eine Konturierung diesbezüglicher Spielräume anhand von Grundprinzipien liberal-demokratischer Verfassungen ermittelt.

Grundlagen einer Nachhaltigkeits-Menschenrechtstheorie – rechtlich und ethisch

Hält man die Grundprinzipien der liberalen Demokratie für ethisch (ggf. auch universal) begründbar, ergibt sich eine menschenrechtliche juristische und parallel ethische Grundlage und Inhaltsbestimmung für Nachhaltigkeit. Menschenrechte sind Rechte von Individuen auf Freiheit und Freiheitsvoraussetzungen. Sie stehen, gemeinsam mit den organisationsrechtlichen Regelungen der jeweiligen öffentlichen Gewalt (Staat, Staatenbund, völkerrechtliches Vertragssystem) sowie sonstigen inhaltlichen Verpflichtungen jener öffentlichen Gewalt (zum Beispiel auf Sozialstaatlichkeit), auf einer höherrangigen Ebene gegenüber sonstigen allgemeinverbindlichen Regelungen (Gesetzen; zum gesamten Kapitel Ekardt 2011; teilweise auch OHCHR 2009; stärker traditionell ausgerichtet Alexy 1986). Jene Prinzipien führen auch zu Abwägungsregeln, die den Rahmen für Verpflichtungen und Spielräume zum Beispiel auf Nachhaltigkeit umreißen, wobei liberale Verfassungen eine Aussparung von Fragen des guten Lebens vornehmen (breit rezipierte Ansätze – unter anderem ohne Abwägungstheorie – bei Habermas 1992; Rawls 1971; konkretisiert und modifiziert bei Ekardt 2011).

Die beiden – in kantianischer Tradition aus der normativen Vernunft ableitbaren – »liberalen Grundprinzipien« Menschenwürde (verstanden als der gebotene Respekt vor der Autonomie des Individuums, also als Selbstbestimmungsprinzip) und Unparteilichkeit (verstanden als die gebotene Unabhängigkeit von Sonderperspektiven) sind – nach umstrittener Ansicht (siehe Böckenförde 2003 einerseits und Ekardt 2011 andererseits) – keine Grundrechte und sie sind auch nicht darauf angelegt, überhaupt für einen konkreten ethischen oder rechtlichen Einzelfall etwas zu besagen; sie sind vielmehr der normative Grund der Menschenrechte, also der konkreten Freiheits- und Freiheitsvoraussetzungsrechte. Zur Ermittlung konkreter normativer Kriterien für Nachhaltigkeit ist (rechtlich respektive parallel ethisch) darauf aufbauend eine partielle Neuinterpretation der Menschenrechte im Sinne einer Überwindung eines primär wirtschaftlich ausgerichteten Freiheitsverständnisses, aber umgekehrt auch eine Vermeidung der drohenden Freiheitsabschaffung etwa durch eine Ökodiktatur (doppelte Freiheitsgefährdung) nötig. Die diesbezüglich gewinnbaren Aussagen sind, ethisch gesprochen, Aussagen zur Gerechtigkeit und Aussagen zur sozialen Ebene. Individualethische Verpflichtungen, die über die Verpflichtung zur Herbeiführung einer gerechten – einschließlich nachhaltigen – Gesellschaftsordnung hinausgehen, sind schon mangels hinreichender Konkretisierbarkeit und nicht erst aufgrund von Durchsetzbarkeitsschwächen nur schwer vorstellbar. Menschenrechte vermitteln sich unter anderem genau deshalb stets über die öffentliche Gewalt – auch wenn ihr Ursprung im interpersonalen Verhältnis zwischen den Individuen begründet liegt.

Ethisch und (auch über die partielle wortwörtliche Normierung hinaus) rechtsinterpretativ ergibt sich – als normativer Kern von Nachhaltigkeit – aus dem Freiheitsbegriff der Menschenrechte ein Recht auf die elementaren Freiheitsvoraussetzungen wie Leben, Gesundheit, Existenzminimum in Gestalt von Nahrung, Wasser, Sicherheit, Klimastabilität, elementare Bildung, Abwesenheit von Krieg und Bürgerkrieg und Ähnliches. Dieses ergibt sich im Kern daraus, dass – über die liberale Tradition hinaus – Freiheit ohne jene elementaren Bedingungen nicht möglich erscheint und letztere darum in der Freiheit zwingend mitgedacht sind. Der Schutz weiterer freiheitsförderlicher Bedingungen – zum Beispiel Schutz der Biodiversität – hat demgegenüber ethisch und rechtlich keinen Menschenrechtsstatus, verdient aber wegen ihres Freiheitsbezugs gleichwohl Anerkennung. Rechtlich abgebildet wird dies im Rahmen der Interpretation von Bestimmungen, wie etwa eines Umweltstaatsziels (zum Beispiel Art. 20 a Grundgesetz).

Die Freiheit einschließlich ihrer elementaren Voraussetzungen verdient rechtlich und ethisch aus einer Reihe von Gründen auch intertemporal und globalgrenzüberschreitend Schutz und führt damit zur eigentlichen inhaltlichen Nachhaltigkeitskonzeption, also einem Gebot dauerhaft und global durchhaltbarer Lebensverhältnisse. Alle Argumente hängen dabei damit zusammen, dass auch räumlich und zeitlich entfernte Menschen Menschenrechtsträger sind. Bekannte Gegenargumente gegen einen intertemporalen und global-grenzüberschreitenden Grundrechtsschutz wie das Future-Individual-Paradox oder der Hinweis auf unbekannte Präferenzen künftiger Generationen überzeugen letztlich nicht (Unnerstall 1999). Ein kollektivistisch gemünztes »Gebot der Menschheitserhaltung« (Jonas 1979) – also ein kollektives Selbstmordverbot – dürfte dagegen nur schwer zu begründen sein.

Die nachhaltigkeitskonform erweiterten Menschenrechte garantieren bei korrekter Lektüre liberaler Verfassungen sowie national und transnational aus einer Reihe von Gründen gleichermaßen »Abwehr« und »Schutz« (wobei beides ohnehin kaum scheidbar ist), also Rechte gegen die öffentliche Gewalt und Rechte auf Schutz durch die öffentliche Gewalt; ansonsten wären sie für die Nachhaltigkeit auch witzlos, da Klimawandel, Ressourcenknappheit und so weiter in erster Linie von Privaten und nicht direkt von Staaten verursacht werden (für das Nachstehende Ekardt 2011; traditioneller Böckenförde 1991, 2003; Alexy 1986).[1] Erst durch diese gesamten menschenrechtsinterpretativen Schritte werden ein Grundrechtsschutz gegen Klimawandel, schwindende Ressourcen und anderes mehr und damit konkrete normative Nachhaltigkeitskriterien denkbar; Einzelheiten ergeben sich erst aus der Abwägungs- und Institutionentheorie.

Abwägungen, Institutionen, Tatsachenerhebungsregeln

Ethische und rechtliche Entscheidungen sind nicht nur ausnahmsweise, sondern letztlich immer als Abwägung rekonstruierbar, und zwar richtigerweise zwischen verschiedenen Freiheiten, elementaren Freiheitsvoraussetzungen, weiteren freiheitsförderlichen Bedingungen und allem, was sich daraus ableiten lässt (ausführlich zum vorliegenden Kapitel Alexy 1986, 1991; stärker im Sinne des Folgenden Ekardt 2011). Insbesondere kommt es potenziell zu einem Gegeneinander von Nachhaltigkeitsgarantien und den Grundrechten von Unternehmen und Konsumenten auf Gewinn und Konsum hier und heute. Jedwedes Nachhaltigkeitsentscheiden ist damit von auch normativen und nicht nur von tatsachenbezogenen Unsicherheiten (wie die Risikotheorie suggeriert) geprägt. Konkrete Probleme wie »starke versus schwache Nachhaltigkeit« oder auch einzelne Ideen wie zum Beispiel das Verursacher- oder das Leistungsfähigkeitsprinzip erschließen sich erst aus jenem abwägungstheoretischen Rahmen.

Die Freiheitsgarantien machen neben Abwägungsregeln – und damit mehr oder minder konkreten inhaltlichen Nachhaltigkeitsaussagen – auch Aussagen darüber ableitbar, welche öffentliche Gewalt den Freiheitsausgleich unter den Bürgern vornehmen und damit die Nachhaltigkeit realisieren muss. Dies ist dann einerseits eine Frage nach der – freiheitsförderlichen – Gewaltenbalance zwischen Legislative, Exekutive und Judikative. Andererseits ist es eine Frage nach der zuständigen Rechtsebene im – wiederum auf eine optimale Konfliktlösung und damit Freiheitsförderlichkeit hin ausgelegten – Mehrebenensystem (internationale Institutio-

---

1   Diese Einsichten werden nicht durch bestimmte verbreitete Einwände gegen die Anerkennung starker Schutzgrundrechte (Demokratie, Gewaltenbalance, fehlender Individualbezug, Vorrang der Abwehrrechte) gegenstandslos. Die klassischen Scheidungen Tun/Unterlassen und übrigens auch Deontologie/Konsequenzialismus aus der Ethik verlieren damit latent ihren Gegenstand.

nen, EU, Nationalstaat, Bundesländer). Verpflichtet ist in der Theorie jeweils die öffentliche Gewalt, die die beste Eignung aufweist, juristisch formal übersetzt in den Rahmen von Zuständigkeitsordnungen. Was der einzelne Bürger in puncto Nachhaltigkeit konkret zu tun verpflichtet ist, entscheidet sich ethisch und rechtlich, national und transnational anhand der konkreten Abwägungsergebnisse der öffentlichen Gewalten. Die Abwägungsspielräume beziehen sich zunächst auf die Gesetzgebung, wobei meist (in Norminterpretationen oder explizit eröffneten Ermessens- bzw. Abwägungsspielräumen) Teile der Abwägung an die Verwaltung oder an die Gerichte weitergereicht werden, die aufgrund der Vorfestlegungen der jeweils anderen Staatsorgane immer kleinere Spielräume vorfinden.

Die Hauptbetroffenen heutiger Nichtnachhaltigkeit sind keine Wähler heutiger Parlamente und Regierungen, sondern künftige Generationen und Menschen in anderen Ländern. Ein Mangel an Nachhaltigkeit in den realen politischen Maßnahmen kann also nicht ohne Weiteres als »nun einmal demokratisch entschieden« gerechtfertigt werden; und Nachhaltigkeit steht damit in einem Spannungsverhältnis zur Demokratie, zu der sie wegen der Notwendigkeit von Diskursen und Lernprozessen aber gleichzeitig eine Affinität hat. Institutionelle Neuerungen gegenüber dem Bestand gewaltenteiliger Demokratien sind im Zeichen der Nachhaltigkeit dennoch nur begrenzt angezeigt. Wesentlich ist, dass die bewährten Institutionen auch international verstärkt geschaffen werden müssen. Ferner liegt es wegen der räumlich-zeitlichen Ausdehnung der Menschenrechte nahe, eine Treuhand *für Zukunftsinteressen* zu schaffen.

Die eigentlichen Abwägungsregeln (»Verhältnismäßigkeitsprüfung« ist ein missglückter juristischer Begriff hierfür) führen zu weiteren konkreten normativen Nachhaltigkeitsinhalten. Die Abwägungsregeln dabei aus den liberalen Prinzipien sowie aus der Sein-Sollen-Scheidung. Die grundlegende Abwägungsregel bezieht sich auf das zulässige normative Material jedweder Entscheidung. Generell findet die Freiheit ihre Schranken nur in der Freiheit und den elementaren Freiheitsvoraussetzungen anderer Menschen und weiteren freiheitsförderlichen Bedingungen (Schutz der Biodiversität, Kulturförderung, Bereitstellung von Kindergartenplätzen und vieles andere mehr), nicht dagegen in irgendeiner Form von Gemeinwohl oder Ähnlichem, welches als Begriff unter liberal-demokratischen Bedingungen keinen sinnvollen Inhalt neben den eben genannten Rechtsgütern mehr hat. Fragen des guten Lebens entziehen sich allgemeiner normativer Maßstäbe und damit auch einer Regulierung, weswegen die ethische und rechtliche Begründung von Nachhaltigkeitsmaßnahmen nicht auf das anschließend vielleicht größere »innere Glück« der in ihrer Freiheit Beschränkten verweisen, sondern nur auf den Schutz der Freiheit und der Freiheitsvoraussetzungen anderer.

Eine weitere aus der Freiheit ableitbare Abwägungsregel ist zum Beispiel die Handlungsfolgenverantwortlichkeit im Sinne eines rechtlichen und ethischen Einstehenmüssens für die Folgen frei gewählter Handlungen. Diese Folgen, etwa der Klimawandel, dürfte auch durch die öffentliche Gewalt »künstlich« internationalisiert werden, etwa durch Energieabgaben. »Verantwortung« steht hier nicht einfach für Zuständigkeit, Pflicht, freiwillige Wohltätigkeit oder Ähnliches, sondern für ein Verursacherprinzip. Weitere Abwägungsregeln sind beispielsweise die Geeignetheits- und die Erforderlichkeitsregel, die verlangen, dass jemandem nur soviel an Freiheit genommen wird, wie nötig ist, um die Freiheit anderer zu fördern. Eine weitere Abwägungsregel besagt, dass Belange, die für andere fundamental sind, diesen in der Regel vorgehen müssen. Eine weitere Abwägungsregel verlangt, die konkrete Betroffenheit des Belangs im Einzelfall korrekt zu erfassen.

Herleitbar sind auch Tatsachenerhebungsregeln einschließlich eines – entgegen der juristischen Tradition – menschenrechtlichen Verständnisses von Vorsorge, also eines menschenrechtlichen Schutzes vor zeitlich entfernten oder kausal unsicheren Gefährdungslagen. Die populäre Vorstellung, Vorsorge könne, und zwar womöglich schon in der heutigen unvollständigen Form, »sicherer als sicher« vor Gefährdungen schützen, fällt dabei wegen der allgegenwärtigen Abwägungsproblematik freilich in sich zusammen. Möglich sind aber – angesichts ständiger Nachhaltigkeits-Erkenntniszuwächse wesentliche – Regeln für neue Erkenntnisse bei Wertungen und neue Erkenntnisse bei Tatsachen und ein darauf aufbauendes Abändern von Entscheidungen der öffentlichen Gewalt.

Inhaltlich führen verletzte Abwägungsregeln (oder auch Verfahrensregeln wie zum Beispiel Beteiligungs- und Klagerechte oder Tatsachenerhebungsregeln; zu letzteren siehe unten) zu einer Pflicht zur Neuentscheidung unter Beachtung der bisher verletzten Regel. Im Falle der bisherigen Klimapolitik beispielsweise betreffen verletzte Regeln die von der Politik häufig geschönt zugrunde gelegte Tatsachenbasis bisheriger Klimapolitik und die mangelnde Orientierung an einem für die weitere Erhaltung der liberalen Demokratie und ihrer Freiheitsgarantien hinreichenden Freiheitsvoraussetzungsschutz, der zumindest einigermaßen (auch global und intertemporal) egalitär zu gewährleisten ist. Zwar lassen sich materielle Verteilungsmaßstäbe – also eine Theorie sozialer Verteilungsgerechtigkeit – vor dem Hintergrund des Gesagten generell nur schwer ableiten. Wenn jedoch ein Gut wie etwa Klimastabilität oder Energiezugang im Interesse des Systems der Freiheiten zwingend erhalten werden muss und gleichzeitig jeder Mensch nicht ohne ein Minimum an Treibhausgasemissionen existieren kann, dann liegt eine Gleichverteilung nahe. Gegen diese ableitbare Abwägungsvorgabe – drastische Treibhausgasemissionsreduktion plus Gleichverteilung – hat die Politik national wie international bisher verstoßen.

Verhältnis zum Wachstumsdenken

In den Bereichen Klima, Energie und Ressourcen zusammengenommen erweist sich ein fundamentaler Wandel im Umgang mit fossilen Brennstoffen (im Wesentlichen ein Totalausstieg bis 2050 in den Bereichen Strom/Wärme/Treibstoffe/stoffliche Nutzung) sowie mit der Landnutzung als nötig, wenn insbesondere verheerende Klimawandelschäden vermieden werden sollen wie Millionen Tote, Kriege und Bürgerkriege um schwindende Ressourcen, Migrationsströme, massive Naturkatastrophen, explodierende Öl- und Gaspreise, massive ökonomische Schäden und anderes (Stern 2009). Wie eben beschrieben, bleibt es nicht bei dieser Wenn-dann-Aussage, sondern es besteht vielmehr ein ethisches bzw. rechtliches Gebot. Global empfehlen Naturwissenschaftler entgegen einer verbreiteten Wahrnehmung, will man die geschilderten Szenarien noch abwenden, eher minus 80 als minus 50 Prozent Treibhausgasemissionen (IPCC 2007). Deutschland und die EU sind von den Pro-Kopf-Emissionen und von den vermeintlichen Reduktionsleistungen her (die bisher vollständig durch günstige Zufälle wie die Produktionsverlagerung in Schwellenländer, die Finanzkrise und den DDR-Industriezusammenbruch 1990 bedingt sind) keinesfalls »Vorreiter« (Edenhofer u. a. 2011; Ekardt 2011; nicht zutreffend daher Oberthür 2008 und Lindenthal 2009). Nachhaltigkeit darf freilich nicht auf Klima- und Energiefragen reduziert werden; weitere Ressourcen wie Wasser und Phosphor sind existenziell wichtig und werden ebenfalls massiv übernutzt.

Derartige Problemlagen setzen Nachhaltigkeit in ein Spannungsverhältnis zur heute alles dominierenden Wachstumsidee (zum Folgenden Paech 2005; Ekardt 2011; Rogall 2009). Ewiges Wachstum ist in einer physikalisch endlichen Welt eine eher zweifelhafte Vorstellung, woran auch erneuerbare Ressourcen (Solarautos und Solarpanels haben ebenfalls eine Ressourcenbasis, die schon in kurzer Zeit knapp zu werden droht) wohl nur teilweise etwas ändern. Zudem könnte die Größe der Herausforderung beim Klimawandel auf Dauer (anders als mittelfristig angesichts der Innovationspotenziale von Energieeffizienz und erneuerbaren Energien und aufgrund der nötigen Armutsbekämpfung in den Entwicklungsländern) einen Weg fort vom Wachstum und eben gerade keine *bloße* »Effizienzsteigerung« erzwingen, ebenso wie drohende Rebound-Effekte. »Qualitatives Wachstum« rein ideeller Art löst diese Probleme möglicherweise ebenfalls nicht. Nach aller Erfahrung ist ein solches ideelles Wachstum partiell selbst materiell geprägt und die Vorstellung gleichbleibend (und damit letztlich exponentiell!) immer weiter wachsender respektive besser werdender sozialer Pflegeleistungen, Musikkenntnisse, Naturgenüsse, Gesundheit, Kunstgenüsse usw. erscheint auch nur schwer sinnvoll denkbar.

Wachstumsraten besagen überdies nichts über die Wohlstandsverteilung: Einige können immer reicher werden und die, die Wachstum am nötigsten brauchen, werden sogar ärmer. Außerdem blendet der Wachstumsbegriff vieles aus: private soziale Arbeiten wie private Kinderbetreuung beispielsweise und die ökologischen Schäden des momentan für alternativlos gehaltenen Wachstumspfades. Ebenso fehlt es an einer empirischen Bestätigung, dass Wachstum per se menschliches Glück vergrößert. Dass eine Abkehr vom Wachstumsideal Folgeprobleme auslöst, ist dabei unbestritten (auch wenn Wachstum letztlich historisch ein Sonderfall der letzten 200 Jahre ist, gebunden an das Auftreten der fossilen Brennstoffe). Wesentlich ist gleichwohl, nicht länger (wie IPCC 2007 und Stern 2009) allein auf »neue Technologien« zu schauen, sondern (gerade in den Industrieländern) die Möglichkeit der Suffizienz hinsichtlich bestimmter Lebensgewohnheiten stärker in Betracht zu ziehen. Ebenso wäre ein verstärktes Nachdenken und Forschen über die Folgeprobleme eines langfristigen Endes des Wachstumszeitalters angezeigt.

Transformation und Governance

Insgesamt erscheint die reale Transformation hin zur Nachhaltigkeit jedoch als das größere Problem als die normativ-ethische Begründung (zum vorliegenden Abschnitt Ekardt 2011). Bei Politikern, Unternehmern und Bürgern/Konsumenten – oft teufelskreisartig aneinander gekoppelt – erscheint dabei fehlendes Wissen oft als das geringere Problem. Wichtig sind vielmehr bei Politikern, Unternehmern und Wählern/Konsumenten gleichermaßen die Faktoren Konformität, Gefühl (Bequemlichkeit, fehlende raumzeitliche Fernorientierung, Verdrängung, fehlendes Denken in komplexen Kausalitäten usw.), Eigennutzen, tradierte Werte, Pfadabhängigkeiten, Kollektivgutstruktur zentraler Nachhaltigkeitsprobleme wie des Klimawandels und anderes mehr. All jene Faktoren repräsentieren sich »in den Individuen« und zugleich als gesamtgesellschaftliche (letztlich in variierenden Gewichtsverteilungen weltweite) »Struktur«.

Die konkrete Umsetzung von Nachhaltigkeit kann nicht rein technisch gelingen. Die Gründe für die Grenzen des Wachstums sind zugleich Grenzen des alleinigen (!) Setzens auf mehr Ressourceneffizienz und mehr erneuerbare Ressourcen. Suffizienz (im Sinne von absoluten Reduktionen von Ressourcenverbräuchen und Treibhausgasreduktionen) muss also stets hinzutreten, auch wegen drohender vielfältiger Ambivalenzen und unter Umständen auch (siehe oben) Überschätzungen der erneuerbaren Ressourcen. Manche technische Optionen wie Kohlenstoffabscheidung, Atomenergie, Geo-Engineering und anderes empfehlen sich vielleicht von vornherein aus einer Reihe von Gründen eher nicht, die teilweise auch mit dem Nachhaltigkeitsgedanken und seiner Orientierung auf langfristige Handlungs-folgen zu tun haben.

Ethische und rechtliche, aber auch – bei hinreichend weitem Horizont – eigen-nützige ökonomisch-friedenspolitische und glücksbezogene Überlegungen (wenn-gleich sie, siehe oben, im Falle des Glücks in der liberalen Demokratie nicht nor-mativ vorschreibbar sind) könnten motivational eine echte globale, auch Suffizienz einschließende Nachhaltigkeitswende ermöglichen. Sie benötigen aber ein Ping-Pong mit konkreten detaillierten politisch-rechtlichen Vorgaben an die Adresse der Bürger. Auf Seiten der Bürger bedürfen diese Faktoren eines Prozesses von Ler-nen und Lernfähigkeit; dessen quasi-pädagogisches Anstoßen trifft freilich auf viel-fältige Hindernisse. Dabei bestehen deutliche Hinweise zur Glücksförderlichkeit nachhaltiger Lebensstile (Paech 2005). Freiwillige Unternehmensverantwortung (Corporate Social Responsibility/CSR) und Konsumentenengagement wird die nötigen politisch-rechtlichen Vorgaben zwar unterstützen, aber nicht erübrigen können. Dies scheitert sowohl an Wissensproblemen als auch an der hinreichen-den Konkretheit des dabei von den Unternehmen und Konsumenten »Geschulde-ten« vor allem aber an den eingangs dieses Abschnitts geschilderten Problemen, in denen sich jedwedes Nachhaltigkeitsengagement bisher verfängt.

Auf politischer Ebene gibt es bisher international, europäisch und national eine beeindruckende Sammlung von Nachhaltigkeitsprogrammen, Paketen und Ziel-deklarationen, die freilich in einem Spannungsverhältnis zu den bisher geringen Erfolgen (auch) von Staaten wie Deutschland steht.

Die bisherige ordnungs-, informations-, subventions- und vergaberechtliche Nachhaltigkeits-Governance bietet ein vielfältiges Bild. Insgesamt erliegt die bis-herige Nachhaltigkeitssteuerung freilich mehreren Friktionen, die sich zum Teil aus den Grenzen des Wachstums und dem Übergehen des Suffizienzgedankens ergeben und die strukturell durch Ordnungsrecht, Informationsrecht, Selbstregu-lierung und überhaupt durch ein Ansetzen am einzelnen Betrieb oder am einzel-nen Produkt nicht zu lösen sind. Stichworte dafür sind unter anderem: Rebound-Effekte; ressourcenbezogene/sektorielle/räumliche Verlagerungseffekte; Ziel- und Vollzugsschwäche; Abbildbarkeitsprobleme; Kumulationsprobleme.

Die strukturell beste Antwort auf jene Probleme liegt für Treibhausgase und allgemein für einen übermäßigen Ressourcenverbrauch in einem Mengensteue-rungsmodell (in einem weiten Begriffsverständnis) über Zertifikatmärkte oder über abgabenbasierte Preise; nur dies kann die eben genannten Probleme angehen, die die oben diagnostizierte Motivationslage der Bürger, Unternehmer und Politiker adäquat berücksichtigen und zugleich unter Freiheitsgesichtspunkten eine optimale Lösung garantieren. Eine globale (Mengensteuerungs-)Lösung für Nachhaltigkeitsprobleme wäre dabei ratsam wegen der Globalität von Nachhaltigkeitsproblemen, wegen drohender Verlagerungseffekte und wegen des drohenden Wettlaufs um die niedrigsten Standards.

Mengensteuerung bei Ressourcen und/oder beim Klima ist in mehrfacher Hinsicht auch unter sozialen Verteilungsgesichtspunkten interessant (Ekardt 2011; Ekardt/Heitmann/Hennig 2010), wenn man ihre Erlöse global und teilweise auch national für soziale Ausgleichsmaßnahmen einsetzt. Angegangen werden könnten damit sowohl die langfristigen fatalen sozialen Wirkungen eines Klimawandels und Ressourcenschwundes als auch die Armutsbekämpfung in den Entwicklungsländern. Eine Nachhaltigkeits-Mengensteuerung kann gegebenenfalls wohl ohne Wettbewerbsnachteile auch ohne globale Festlegungen allein in der EU begonnen werden, wenn sie durch – welthandelsrechtlich tendenziell zulässige – monetäre Grenzausgleichsmechanismen für Importe und Exporte (»Ökozölle«) ergänzt wird. Eine zentrale, hier nicht zu vertiefende Fragestellung ist, welcher Ergänzungen – für andere Ressourcen und/oder durch andere Instrumente – selbst ein solches Mengensteuerungsmodell bedürfte.

Literaturhinweise

Alexy, Robert: Recht, Vernunft, Diskurs. Suhrkamp, Frankfurt am Main 1995.

Alexy, Robert: Theorie der Grundrechte. Suhrkamp, Frankfurt am Main 1986.

Alexy, Robert: Theorie der juristischen Argumentation. 2. Aufl. Suhrkamp, Frankfurt am Main 1991.

Appel, Ivo: Staatliche Zukunfts- und Entwicklungsvorsorge. Mohr Siebeck, Tübingen 2005.

Bizer, Kilian: Die soziale Dimension der Nachhaltigkeit. Zeitschrift für angewandte Umweltforschung 2000, S. 472 ff.

Böckenförde, Ernst-Wolfgang: Menschenwürde als normatives Prinzip. Juristenzeitung 2003, S. 809 ff.

Böckenförde, Ernst-Wolfgang: Staat, Verfassung, Demokratie. Suhrkamp, Frankfurt am Main 1991.

Edenhofer, Ottmar u. a.: Growth in emission transfers via international trade from 1990 to 2008. Proceedings of the National Academy of Sciences 2011 [doi: 10.1073/pnas.1006388108].

Ekardt, Felix: Theorie der Nachhaltigkeit: Rechtliche, ethische und politische Zugänge – am Beispiel von Klimawandel, Ressourcenknappheit und Welthandel. Nomos, Baden-Baden 2011.

Ekardt, Felix; Heitmann, Christian & Hennig, Bettina: Soziale Gerechtigkeit in der Klimapolitik. Hans-Böckler-Edition, Düsseldorf 2010.

Glaser, Andreas: Nachhaltigkeit und Sozialstaat. in: Kahl, Wolfgang (Hrsg.): Nachhaltigkeit als Verbundbegriff. Tübingen 2008, S. 620 ff.

Grunwald, Armin & Kopfmüller, Jürgen: Nachhaltigkeit. Eine Einführung. 2. Aufl., Campus, Frankfurt am Main 2012.

Habermas, Jürgen: Faktizität und Geltung. Suhrkamp, Frankfurt am Main 1992.

Heins, Bernd: Soziale Nachhaltigkeit. Springer, Berlin 1998.

IPCC: Climate Change 2007. Mitigation of Climate Change. www.ipcc.int 2007.

Jonas, Hans: Das Prinzip Verantwortung. Suhrkamp, Frankfurt am Main 1979.

Lindenthal, Alexandra: Leadership im Klimaschutz. Die Rolle der EU in der internationalen Klimapolitik. Campus, Frankfurt am Main 2009.

Oberthür, Sebastian: Die Vorreiterrolle der EU in der internationalen Klimapolitik – Erfolge und Herausforderungen. in: Varwick, Johannes (Hrsg.): Globale Umweltpolitik. … Verlag, Schwalbach 2008, S. 49 ff.

OHCHR: Human Rights and Climate Change. UN Doc. A/HRC/10/61 vom 15. 01. 2009.

Ott, Konrad & Döring, Ralf: Theorie und Praxis starker Nachhaltigkeit. 2. Aufl., Metropolis, Marburg 2008.

Paech, Niko: Nachhaltiges Wirtschaften jenseits von Innovationsorientierung und Wachstum. Eine unternehmensbezogene Transformationstheorie. Metropolis, Marburg 2005.

Rawls, John: A Theory of Justice. University Press, Cambridge/Mass. 1971.

Ritt, Thomas: Soziale Nachhaltigkeit. Duncker & Humblot, Wien 2002.

Rogall, Holger: Nachhaltige Ökonomie. Ökonomische Theorie und Praxis einer nachhaltigen Entwicklung. Metropolis, Marburg 2009.

Schneidewind, Uwe: Nachhaltige Wissenschaft. Plädoyer für einen Klimawandel im deutschen Wissenschafts- und Hochschulsystem. Metropolis, Marburg 2009.

Siemer, Stefan: Nachhaltigkeit unterscheiden. Eine systemtheoretische Gegenposition zur liberalen Fundierung der Nachhaltigkeit. in: Ekardt, Felix (Hrsg.): Generationengerechtigkeit und Zukunftsfähigkeit. Philosophische, juristische, ökonomische, politologische und theologische Neuansätze in der Umwelt-, Sozial- und Wirtschaftspolitik. Münster 2006, LIT, S. 129 ff.

Stern, Nicholas: A Blueprint for a Safer Planet. How to manage Climate Change and create a new Era of Progress and Prosperity. London 2009.

Vogt, Markus: Prinzip Nachhaltigkeit. Ein Entwurf aus theologisch ethischer Perspektive. oekom verlag, München 2009.

Unnerstall, Herwig: Rechte zukünftiger Generationen. Königshausen & Neumann, Würzburg 1999.

Weber, Max: Gesammelte Aufsätze zur Wissenschaftslehre. 6. Aufl., Mohr Siebeck, Tübingen 1984.

3

Von Sachsen nach Rio – und zurück

Bernd Bendix

Zur Biografie eines Vordenkers der Nachhaltigkeit, Hans Carl von Carlowitz (1645–1714)

Joannes Carolus de Carlowitz
Dynasta in Arnstorff etc.
Potenijs Regi Polon. et Electori Saxoniæ
a Consiliis Camera et rerum Metallicarum
hariumq. Fribergæ Præfectus Supremus.

Unter den Wegbereitern des Forstwesens in Deutschland nimmt der kursächsische Oberberghauptmann Hans Carl von Carlowitz als Autor der *Sylvicultura oeconomica* (1713), dem ersten rein forstlichen Fachbuch in deutscher Sprache, einen hervorragenden Platz ein (siehe Abb. 1, Seite 175).

Mit dem Jubiläum im Jahr 2013 »300 Jahre Sylvicultura Oeconomica« wird jedoch eine weitere Tatsache von welthistorischer Bedeutung gewürdigt: Wie weitere Autoren in diesem Buch nachweisen, ist die heute mehr denn je benutzte Formel von *Nachhaltiger Entwicklung* oder *Sustainable development* aus der forstlichen Nachhaltigkeit hervorgegangen, die grundsätzlich auf die Erkenntnisse, Überlegungen und Ratschläge des Hans Carl von Carlowitz zurückgeht. Deshalb beschäftigt sich auch die Mehrheit der Autoren dieser Publikation in ihren Beiträgen mit dieser Nachhaltigkeitsthematik. Es liegt darum der Schwerpunkt dieser Ausführungen mehr auf den forstlichen Aspekten seines Wirkens.

Mit von Carlowitz ehren wir deshalb auch heute eine Persönlichkeit, die als Nichtforstmann für die Erhaltung und Verbesserung der kursächsischen Wälder verdienstvoll gewirkt hat und über die der Freiberger Gymnasial-Konrektor Samuel Hasse 1714 die ehrenvollen Zeilen verfasste, dass von Carlowitz »durch sein weises Rathen / Durch himmlischen Verstand / und ungemeine Thaten Sich um das gantze Land sehr hoch verdient gemacht« (in: Müller et al. 1714, S. 3).

Die forstlichen Vorfahren

Nach Gaue (1719) und Zedler (1733) ist das Geschlecht Derer von Carlowitz »eines von den angesehnlichsten Adelichen Häusern in Meissen«, es ist bereits im 14. Jahrhundert in Sachsen urkundlich nachgewiesen, floriert noch in heutiger Zeit und stellte über viele Generationen im Kurfürstentum und dem späteren Königreich Sachsen zahlreiche hohe Staatsbeamte, Diplomaten sowie ranghohe Militärpersonen, aber auch hohe Jagd-, Flößerei- und Forstbedienstete.[1] Aus den Reihen des letztgenannten Personenkreises stammen bemerkenswert zahlreiche Vorfahren des Hans Carl von Carlowitz, die vor seiner Biografie Erwähnung finden müssen, da sie über ihre familiären Verbindungen untereinander wohl auch Einfluss auf die berufliche Entwicklung des Oberberghauptmanns ausgeübt und mit weitergegebenen Praxiserfahrungen an ihre Nachkommen auch bei ihm das Interesse für Wald, Wild und deren Bewirtschaftung geweckt haben dürften.

---

1   Einen *Carlowizzischen Stamm=Baum*, der bis zum Jahre 968 zurückgereicht haben soll, hatte nach Böhme (1681) der Landjägermeister Georg Carl von Carlowitz (1616–1680) besessen.

Um die hier wichtigen, mit dem kursächsischen Forstwesen verbundenen Glieder aus mehreren Hauptlinien des Carlowitz'schen Geschlechts zu erfassen, ist mit **Wilhelm I.** († 1534), aus der Hauptlinie Borthen stammend, zu beginnen (vgl. im Weiteren zur besseren Übersicht auch die Tabelle 2 [S. 208][2]). Dieser wird 1487 als Oberhofgerichtsbeisitzer und 1494 als Amtmann zu Dresden erwähnt. Er war verheiratet mit Elisabeth von Hayn aus dem Hause Calbe.[3]

Der Ehe entstammten die Söhne **Erasmus I. [Asmus]** († 1556) und **Job(st) von Carlowitz** († 1560). Der Erstgenannte soll als Hauptmann beim Grafen Solms-Sonnewalde gedient haben. Diese Angabe aus der Literatur ist jedoch zweifelhaft, da die Linie der Grafen zu Solms-Sonnewalde erst ab 1561 auftritt. Der Sohn des Asmus von Carlowitz, **Oswald** (1538 – 15. Juli 1579), war Jägermeister in der Laußnitzer Heide bei Königsbrück.[4] Er soll nach Weber, v. (1865, S. 81), für seine Verdienste 1572 als Ehrengeschenk ein »vergoldetes verdecktes Trinkgeschirr, darin ein Pokal eins in das andere gefügt, 100 Thaler werth« von der Kurfürstin Anna von Sachsen (1532–1585) erhalten haben. Auch Peckenstein (1608, S. 108) berichtet, dass »Bey Churfürst Augusten der Jegermeister Oßwald von Carlowitz ist in Gnaden gewesen«.

Job(st) von Carlowitz besaß Klein-Karsdorf bei Dresden und Kreischa. Er war als Forst- und Jägermeister nach Stein (heute Gemarkung Niederrabenstein) gekommen und mit Gertr(a)ud von Körbitz a. d. Hause Großsedlitz († nach 1583) verheiratet.

Aus dieser Ehe stammt der Sohn **Georg[e]** (**20. Januar 1544 – 16. Februar 1619**), der Urgroßvater des Oberberghauptmanns Hans Carl v. Carlowitz. Georg von Carlowitz begann seine forstliche Karriere unter dem sächsischen Kurfürsten August I.

---

2   Im »*Lebens=Lauff*« bei Wäger (1714) wird an Stelle des bei Carlowitz, v. (1875) genannten Wilhelm I. als »Uhr=Ober=Aelter HerrVater« des Hans Carl von Carlowitz der Oberstallmeister des sächsischen Kurfürsten August (1526–1586), Hans von Carlowitz (1527–1578) auf Zuschendorf genannt. Das haben zwar dann Gaue (1719), König (1727) und Zedler (1733) auch so übernommen, gefolgt wird hier jedoch den tiefgründigen Archivrecherchen des Carlowitz, v. (1875).

3   Die Ehefrau stammt möglicherweise aus dem frühzeitig erloschenen Thüringischen Uradelsgeschlecht von Hayn (www.schlossarchiv.de/herren/h/HA/U/Hayn.htm). Im historischen Ortsverzeichnis von Sachsen ist kein Ort Calbe oder Kalbe nachweisbar und für die Stadt Calbe/Saale bzw. Kalbe (Milde) in Sachsen-Anhalt fehlen Nachweise für diese Adelsfamilie. Lediglich im 14. und 15. Jh. erscheinen Herren von Hayn in kirchlichen Urkunden von Unterrenthendorf im oberen Rodatal (Thüringer Holzland).

4   Nach Simon (1821), S. 80, hat ein Oberforst- und Jägermeister Oswald von Carlowitz von 1579 bis 1592 die Waldungen der Oberforstmeisterei Zschopau verwaltet. Diese Funktion wurde dann 1598 auch Georg von Carlowitz (1544–1619) übertragen, der wiederum 1618 das Amt an den Sohn Hans Georg (1586–1643) weitergab und welches dieser bis 1630 ausübte. Die Oberforstmeisterei Zschopau umfasste in dieser Zeit, in allerdings zeitweise wechselnder Zugehörigkeit, die »Geheege, Wildfluren und Förstereien« der kurfürstlichen Ämter Lauterstein (mit der Flößerei auf der Flöha), Wolkenstein (mit den Marienberger Flößen), Grünhain mit Schlettau, Schwarzenberg mit Crottendorf, Chemnitz, Stollberg, Zwickau (mit den Muldeflößen), Augustusburg, Lichtenwalde, Rochlitz und Colditz.

als Jägermeister zu Schwarzenberg. Unter dem Kurfürsten Christian II. wurde er am 29. September 1596 durch Herzog Friedrich Wilhelm von Sachsen, den Administrator von Kursachsen 1591–1600, zum Oberforstmeister zu Rabenstein, verantwortlich für die Zschopauer Waldungen (vgl. Anm. 4) und zum Landjägermeister im Erzgebirge und Vogtland berufen. Im Hofbuch »von angetretener Regierung Johann Georgs, Kurfürsten, verfertiget im Julio 1611« sind für ihn 600 Gulden Besoldung veranschlagt (Müller 1838, S. 30).[5]

Georg von Carlowitz heiratete am 3. November 1572 Anna von Ende (1553/54–29. September 1625), Tochter aus der Ehe des Ehrenfried von Ende auf Brandis (urkundl. 1546–1560) mit Helena Edle von der Planitz.[6] Er erwarb 1576 vier Höfe in Niederrabenstein und erhielt dafür vom sächsischen Kurfürsten August (1526–1586) die niedere und 1602 auch die hohe Gerichtsbarkeit. 1610 wurde ihm ein Lehnsbrief für seine Güter ausgestellt, die damit nicht nur im Mannesstamm weitervererbbar waren, sondern nun auch als »Weiberlehen« existierten. Als Patron der St. Georg-Kirche zu Rabenstein stiftete Georg von Carlowitz den Taufstein und 1615 auch den Altar, der aber vermutlich erst 1629 aufgestellt wurde (Riedel 2010), siehe Abb. IV, Seite 218. Der Taufstein »ist am 20. Tage Decembris des 1595. Jahres von Michael Hogenwald, Bildhauer in Kempnitz, welcher ihn auch gemacht, versetzt worden. Kostet sammt dem Becken vierzehndt halbe Gulden«.

Der Chemnitzer Bildhauer Michael Hogenwald (urkundl. ab 1595/† 1626) schuf auch den Altar. Der Taufstein aus Sandstein ist in Form eines Kelches gestaltet. Um den Schaft herum knien auf dem Kelchfuß die 13 Kinder des Georg von Carlowitz. Die Mädchen tragen einen Kranz im Haar, die als Säuglinge verstorbenen Kinder tragen eine Totenhaube. Die Kuppa trägt Namen und Wappen der Stifter (Haendcke 1903).[7]

---

5 Sächs. Staatsarchiv-Hauptstaatsarchiv (folgend abgekürzt mit SStA-HStA) Dresden, 10036 Finanzarchiv, Loc. 32964, Rep. LII, Gen. Nr. 1918 m, Bestallungen 1596–1599, Bl. 67r–79v. Die Angabe bei Gaue (1719), der sich auf Möller (1653) beruft, dass Georg v. Carlowitz bei Kurfürst August »in so großem Ansehen gestanden [hat], daß er sich über dessen Anno 1579 erfolgten Tode sehr betrübet«, ist falsch, da das richtige Sterbejahr 1619 ist. Auch nennen König (1727) und Zedler (1733) für ihn fälschlich als Geburtsjahr 1534 und dazu Zedler (1733) auch das falsche Sterbejahr 1629.

6 Nach König (1727) wurde Anna von Ende 1563 geboren. Das Kirchenbuch der St. Georg-Kirche zu Rabenstein, Begräbnisse 1593–1673 (unpaginiert), Anno 1625, Nr. 9 vermerkt eindeutig, dass sie »in Gote verschieden, am Tage Michäelis, den 29. Septemb. Ihres Alters im 71. Jahr«, also 1553 oder 1554 geboren sein muss. Nachweisbar ist die Geburt leider nicht, da das Taufbuch der Kirche zu Brandis erst mit dem Jahre 1570 beginnt. Die Hochzeit fand auf Schloss Brandis statt (Ev.-Luth. Pfarramt Brandis-Polenz, Tauf-, Trau- u. Begräbnisbuch 1570–1736).

7 Als weitere Stifterpersonen neben Georg v. Carlowitz sind aufgeführt: Anna von Ende (seine Ehefrau), Helena Edle von der Planitz (Mutter der Anna v. Ende) und Gertrud von Röhrwitz. Letztgenannte ist mit diesem Namen unbekannt. Es muss hier dem Bildhauer ein Lesefehler unterlaufen und »Gertrud von Körbitz« gemeint sein, das ist die Mutter des Georg v. Carlowitz.

Das zentrale Altarbild mit der Kreuzigungsgruppe Jesu ist als Relief gestaltet. Zu Füßen der Gekreuzigten sind der Stifter Georg von Carlowitz mit Frau, Söhnen und Töchtern als Vollfiguren aus dem Stein herausgearbeitet worden (siehe Abb. V, Seite 218).

In der St. Georg-Kirche zu Rabenstein befinden sich auch die gut erhaltenen und bildhauerisch hervorragend gearbeiteten Epitaphe der Eheleute.

Georg von Carlowitz auf (Klein-)Karsdorf und Rabenstein verstarb am 16. Februar 1619, wie auf seinem Epitaph vermerkt, »NACHTS ZWISCHEN 11. V[N]D 12 VHR«.[8] Sein Portrait hat der Bildhauer lebensnah gestaltet. Der Betrachter identifiziert durchaus in Haltung und Gesichtsausdruck den »Gestrengen und Ehrenfesten« Gutsherrn, der die ihm unterstellten Untertanen, sowie es dann (nach Jentsch, 2011, S. 12) auch seine Nachfahren gehalten haben, »mit eiserner Hand« regierte (siehe Abb. I, Seite 217).

Der Sohn des Georg von Carlowitz, **Hans Georg[e] (16. April 1586–22. Februar 1643)**, also der Großvater von Hans Carl v. Carlowitz, der die Hauptlinie Rabenstein begründete und Stein, Schönau, Hermersdorf und Rabenstein (heute Gemarkung Oberrabenstein) besaß, wurde 1609 zum Oberforstmeister zu Werdau (Vogtland) »an Hans von Pöllnitz' statt« bestallt und 1626 dann zum Landjägermeister, mit jährlich 1.000 Gulden (!) Gehalt, befördert. Zudem war er Amtshauptmann und kursächsischer Oberkriegskommissar (siehe Abb. II, Seite 217).

Hans Georg von Carlowitz sowie auch sein Vater waren Anfang März 1609 Teilnehmer an einem großen Jagdaufzug der kursächsischen Jägerei in Dresden. Lehmann (1699) schildert ausführlich einen solchen Aufzug, den der Kurprinz und spätere Kurfürst Johann Georg III. von Sachsen (1647–1691) anlässlich der Hochzeit von Christian Ernst von Brandenburg-Bayreuth (1644–1712) mit Erdmuthe Sophie von Sachsen (1644–1670) am 29. Oktober 1662 ebenfalls in Dresden veranstaltete. Hier marschierten unter der Führung des Oberhofjägermeisters Siegmund

---

8 Ev.-Luth. Pfarramt Rabenstein, Kirchenbuch der St. Georg-Kirche, Begräbnisse 1593–1673 (unpaginiert), Anno 1619, Nr. 3. Seinen Epitaph wie auch den seiner Frau Anna, geb. von Ende, schmücken vier Wappen: In Kopfhöhe der Verstorbenen befinden sich aus der Sicht des Betrachters jeweils links das Familienwappen von Carlowitz, rechts das Familienwappen von Ende. Etwa in Kniehöhe sind auf beiden Epitaphen jeweils links das Familienwappen von Körbitz und rechts das Familienwappen von der Planitz eingeschlagen. Das Wappen von Körbitz bezieht sich auf die Mutter Gertrud von Körbitz des Georg von Carlowitz, das Wappen von der Planitz verweist auf die Mutter Helena von der Planitz der Anna von Ende. Nach Böttcher (2006, S. 13) bestand der ursächliche Sinn der Wappendarstellungen auf Epitaphen in der Absicht, den Nachkommen der Verstorbenen die Grundlage für eine Ahnenprobe aufzuzeigen. Die nachweisbare ungestörte adlige Ahnenzahl war u. a. Voraussetzung bei der Zulassung zum sächsischen Landtag als Schriftsasse einer Grundherrschaft. Wie hier an der Wappenanordnung beider Epitaphe ersichtlich, stellen die linksseitig angeordneten Wappen von oben nach unten die männliche Linie (Vater/Mutter), die der rechten Seite explizit die der weiblichen Linie dar.

Adolph von Ziegesar (1570–1664) 265 Personen des kurfürstlichen Forst- und Jagd-personals in Dreierreihen, mit 139 Pferden und mit Wildtieren (Tiger, Löwen, Bären Hirsche, Wildschweine usw.) in Käfigwagen durch die Straßen von Dresden zum Schlosshof. Auf dem abgesperrten Altmarkt wurden dann im Anschluss diese mit-geführten Tiere »gejagt«.

Hans Georg von Carlowitz heiratete 1610 in erster Ehe Sabina von Wolframsdorf (18. November 1587–7. April 1636), Tochter des Wolf von Wolframsdorf († 1631) zu Teichwolframsdorf und der Maria von Neumarck (1560–1631) aus dem Hause Wurchwitz (Löscher 1636).

Nach dem Kaufbrief vom 2. Januar 1619 kaufte Hans Georg von Carlowitz, wenige Wochen vor dem Tod des Vaters, das kurfürstliche Schloss, Vorwerk und die Schäferei Rabenstein »nebst Zubehörungen für 14.000 Gulden« dem Kurfürs-ten Johann Georg I. (1585–1656) ab (Carlowitz, v. 1875, S. 138).

Falke (1863) berichtet, dass der sächsische Kurfürst Johann Georg I. im Jahre 1630 an seinen Hausmarschall Georg von Pflugk schrieb: »Uns ist unterthänigst angetragen worden, was maßen unser Landjägermeister Hans George von Carlo-witz zu Rabenstein an uns geschrieben und gebeten, daß ihr ihm zu seiner Toch-ter Hochzeit etwas von dem aufgesetztem Federwildpret als: zwei Schwane, zwei Auerhähne, zwei Autvögel, zwei Auerhühner und zwei Fasanen zu Schauessen abfolgen lassen wollet. Wenn er sich dann erboten, daß solche ohne Schaden wie-der eingeschicket oder neue auf seine Kosten dagegen aufgesetzt und verfertigt werden sollten, als begehren wir gnädigst, ihr wollet ihm solche abfolgen lassen«. Diese präparierten Vögel sollten die Hochzeitstafel schmücken.[9] Am 25. Oktober des gleichen Jahres war Hans Georg von Carlowitz auch Teilnehmer bei der am Dresdener Hof gefeierten Vermählung des Hofjägermeisters Siegmund Adolph von Ziegesar und 1642 aus gleichem Anlass bei einer Hoffeier für den Oberforst-meister Christoph von Liebenau zugegen (Bendix 2001, S. 78). Alle diese Gunst-beweise seitens des Kurfürsten deuten auf eine bevorzugte Stellung des Landjäger-meisters am Dresdener Hof hin. Hans Georg von Carlowitz verstarb am 22. Februar 1643 auf der Burg Rabenstein und wurde in der 1852 abgetragenen Kirche zu Nie-derrabenstein begraben. Nach Carlowitz, v. (1875, S. 139–140, Anm. 198), soll sein Bildnis in Öl gemalt 1840 auf einer Auktion vom Heraldiker und Genealogen Victor von Carlowitz-Maxen (1809–1856) gekauft worden sein. Es müsste sich um das hier als Abbildung II (siehe Seite 217) gezeigte Bildnis handeln, das heute im Besitz von Johannes von Carlowitz in Heyda bei Falkenhain ist.

9   Es handelt sich um die Hochzeit der Tochter Anna Elisabeth (5. Juni 1613–5. September 1640) mit dem Junker Georg Caspar von Schönberg auf Limbach am 25. November 1630 in Oberrabenstein (Ev.-Luth. Pfarramt Rabenstein, Kirchenbuch der St. Georg-Kirche, Traubuch, S. 408, Copulirte des 1630. Jahres, Nr. 8).

Als fünftes Kind aus erster Ehe des Hans Georg(e) von Carlowitz wurde am 10. Februar 1616 **Georg Carl I.**, der Vater des Oberberghauptmanns, auf dem kurfürstlichen Schloss zu Zwickau geboren.[10] Der beginnende Dreißigjährige Krieg hatte ihm wohl geplante Universitätsstudien und anschließende Bildungsreisen versagt, sodass er sich für eine militärische Laufbahn entschied. König (1727) beschreibt, dass er gemeinsam mit dem Vater im November 1632 der Schlacht bei Leipzig (gemeint ist Lützen, d. A.) »mit beygewohnt«, da vermutlich in den Reihen der sächsischen Regimenter auf der Seite Schwedens unter dem Kommando des Bernhard von Sachsen-Weimar (1604–1639). Er diente als Rittmeister noch bis 1641 »eine ziemliche Zeit im Kriegs-Wesen«. Am 21. November 1643 ehelichte Georg Carl I. Anna Maria von Römer (1623–19. November 1680) – (Frentzel 1643). Ihr Vater Jobst Christoph von Römer (um 1588–24. August 1660) war Oberforst- und Wildmeister des Erzgebirgischen Kreises sowie Oberaufseher der Zölle sowie der Saale- und Elster-Flößerei. Römer besaß als Gutsherr die Güter Neumark (seit 1636), Rauenstein (seit 1651) und Rehefeld. In der Ehe des Georg Carl I. mit Anna Maria von Römer wurden siebzehn Kinder (13 Söhne u. 4 Töchter) geboren.[11] Unter ihnen war Hans Carl, der spätere kursächsische Oberberghauptmann, der 1645 zur Welt kam.

Georg Carl I. auf Arnsdorf, Altschönfels bei Zwickau (ab 1649), Oberstaucha bei Lommatzsch und Tausa (südöstl. von Pößneck) wurde 1664 zum Amtshauptmann und Oberforstmeister zu Wolkenstein, Lauterstein, Lichtewalde und Neusorge bestallt und stieg am 1. Dezember 1666 zum Landjägermeister des Erzgebirgischen Kreises auf. Damit wurde er Nachfolger eines seiner Brüder im Amt (s. u.). Ihm wurde auch ab 1641 die Oberaufsicht über die Freiberger und Erzgebirgische Flößerei übertragen. Zehn Jahre später erhielt er in dieser Funktion den kurfürstlichen Auftrag, »eine neue Probe=Flöße auf der Zschopau und Mulde förderlichst anzurichten«.[12] In diesem Jahr, am 21. März, brannte ein Teil des Schlosses von

---

10 Nach König (1727, S. 139) war Georg Carl von Carlowitz »der 7de Sohn 1.ter Ehe«, Carlowitz v. (1875), S. 141 bezeichnet ihn dagegen als »5. Kind (3. Sohn) von dreizehn Geschwistern«.

11 König (1727, S. 140) führt nur zehn Söhne und die Tochter Martha Sabina auf. Sechs Kinder (vier Knaben/zwei Mädchen) sind früh verstorben, so dass folgende Kinder die Eltern überlebten: Hans Christoph (1644–1691), Hans Carl (1645–1714), Hans Georg (1646–1681), Hans Wolff (1648–1686), Hans Dietrich (1649–1683), Martha Sabina (1650–1723), Hans Job[st] (1653–1716), Magdalene Elisabeth († nach 1703), Georg Carl (1658–1700), Carl Rudolph (1659–1701) und Carl (1660–1736).

12 Das Floßwesen war in Kursachsen seit dem 16. Jahrhundert auf einem bemerkenswert hohen technischen Stand. Für die Bergwerke im Erzgebirge, aber auch für die Salinen in Halle an der Saale wurden große Mengen an Holz benötigt, die durch Floßgrabensysteme aus den Wäldern des Erzgebirges und des Vogtlandes auf dem Wasserwege zu den Endverbrauchern transportiert wurden. So versorgte z. B. die bedeutendste Scheitholz-Flößanlage Kursachsens, das Elsterfloßgrabensystem mit 93 Kilometern Länge, nach 1565 die Hallische Talsaline und die Stadt Merseburg. Später erhielt auch die Stadt Leipzig über den *Floßgraben* der dafür ausgebauten Patschke eine Anbindung an dieses Floßgrabensystem und damit das notwendige Flößholz (Hartmann 1988).

Altschönfels ab, wobei das dortige Familienarchiv größtenteils vernichtet worden sein soll (Herzog 1866, S. 30). Die Verdienste des Carlowitz müssen über die Grenzen Sachsens hinaus bekannt gewesen sein, denn der Bayreuther Geschichtsprofessor Ludwig Liebhard (1635–1687) widmete »dem edelsten und großzügigsten Landjägermeister und Floßinspector« sogar eine historische Monografie (Liebhard 1672, S. 2).

Carlowitz hatte seinen Dienstsitz in Rabenstein. Nach Hausen (1728, S. 1633) war der alternde Landjägermeister auch Teilnehmer an der Leichenprozession von Kurfürst Johann Georg II. von Sachsen (1613–1680), die Ende August 1680 zu Dresden stattfand. Neben ihm werden noch weitere Mitglieder der Carlowitz'schen Familie genannt, so auch Hans Christoph von Carlowitz als Kammerjunker und Adjunkt des Oberaufsehers der Muldeflöße, Christoph Rudolph von Carlowitz als Kammerjunker und Oberforstmeister (s. u.), Jobst von Carlowitz als Kammerjunker und Adjunkt des Oberaufsehers der Freibergischen Flöße und natürlich auch Hans Carl von Carlowitz damals noch als Vize-Berghauptmann. Georg Carl I. starb am 17. November 1680 »zwischen 3 und 4 Uhr nachmittags«, seine Ehefrau folgte ihm schon zwei Tage später im Tode nach. Beide wurden in der Kirche zu Staucha bei Riesa begraben.[13] Zum 12. Mai 1681, »am Heil. HimmelsfarthTage« fand dann dort für die Eheleute eine große Trauerfeier statt, zu der zahlreiche Geistliche, aber auch die Enkel Carl Christian von Behlau und Carl Friedrich von Carlowitz Trauergedichte vortrugen, die dann auch in Chemnitz und Freiberg im Druck erschienen sind (Böhme 1681; Mylius et al. 1681; Schrollius et al. 1681 u. Behlau, v. et al. 1681).[14] Johann George Oehemich, Floßmeister der Görsdorfer und Blumenauer Flöße, dichtete dazu auf seinen ehemaligen Vorgesetzten:

»Dein Ambt hastu recht versehen / Wie ein treuer Diener soll; Daher ist auch dies geschehen / Daß du hohes Preisses voll« (OEHEMICH 1681).

Zu den Vorfahren des Hans Carl von Carlowitz ist noch der aus der Zuschendorfer Hauptlinie des Carlowitz'schen Geschlechts stammende **Joachim III. (1583 urkundl. minderjährig / †1637)** anzuführen, der zu Nauendorf (bei Wettin?) 1604 bis 1615 als Förster bzw. Oberförster in den Akten erscheint. Weber, v. (1858) S. 347,

---

13 Nach Auskunft der Kirchenverwaltung (vgl. Jentsch 2011, S. 20, Anm. 16) befand sich die Begräbnisstätte am Altar der Kirche. Nach dem Abriss der Kirche 1858 wurde auf dem Friedhof für alle in der Kirche befindlichen Gräber eine Gemeinschaftsgruft eingerichtet. Möglicherweise befinden sich hier die Särge der Eheleute.

14 Ein gedruckter *Nachruf* aus dem Jahre 1701 → Wilke, Georg Leberecht (1701): »Caroli lumen in Dei et coeli lumen transmutatum, wodurch der […] George Carl von Carlowitz […] In des […] Königs Himmels und der Erden hellstrahlendes Himmels=Liecht verwandelt worden.« Druckts Elias Nicolaus Kuhfuß, Freyberg, 67 S. (Sächsische Landes- u. Universitätsbibliothek [SLUB] Dresden), ist dem Bruder des Oberberghauptmanns, dem Generalmajor George Carl II. (1658–1700) gewidmet, der am 23. März 1700 bei Mitau (Kurland) von einer Kartätschenkugel tödlich getroffen worden war.

kannte nach 1615 seinen weiteren Lebensweg, denn er fand in den Akten des Hauptstaatsarchivs Dresden den Hinweis, dass »Joachim von Carlowitz, Förster zu Nauendorf 1615« Gefangener auf der Burg Hohnstein (Sächsische Schweiz) gewesen war. Den Grund und die Zeitdauer für seine Inhaftierung hatte er leider nicht genannt. Vielleicht traf auf den Inhaftierten der alte Spruch zu, »Wer da kommt nach dem Hohnstein, der kommt selten wieder heim«, denn es sind über diesen Forstmann keine weiteren Hinweise bekannt.

Ebenso müssen noch zwei Brüder des Georg Carl I. – beide also Onkel des Hans Carl von Carlowitz – Erwähnung finden: **Georg Wolf I. (11. Juli 1611 – 8. Februar 1663)**, war 1636 bis 1657 Oberforst- und Wildmeister zu Schlettau im Zschopautal (Erzgebirge), mit Dienstsitz im dortigen Schloss. Er wurde dann zum Landjägermeister des Erzgebirgischen Kreises befördert und blieb in dieser Stellung bis 1663. **Georg Dietrich I. (25. Oktober 1623–15. November 1651)** wird nach 1645 als Oberforst- und Wildmeister genannt, er war mit der Tochter Anna Elisabeth des Oberforstmeisters Christoph von Liebenau (s. o.) auf Krummhermsdorf (Sächsische Schweiz) verheiratet (Winterfeld, v. 1702, S. 210 u. Carlowitz, v. 1875, S. 142).

Kinder- und Studienjahre (1645–1665)

Zum Lebensweg des kursächsischen Oberberghauptmanns Hans Carl von Carlowitz schöpfen alle Autoren der bisher über ihn erschienenen biografischen Beiträge aus den Angaben im »Lebens=Lauff«, den Wäger (1714) in seiner »Gedächtnüß= Predigt« (= Leichenpredigt), »Bey Hoch=adelicher und Volck=reicher Versammlung in der St. Petri Kirchen zu Freyberg am 15. April des Jahres 1714 vorgestellet hat« (Carlowitz, v. 1866; Carlowitz, v. 1875; Grober 2001 u. 2010; Hess 1876 u. 1885; Jentsch 2011; König 1727; Lauterbach 2000; Mantel/Pacher 1976; Mathé 2001; Ratzeburg 1872; Richter 1957a/b, Schmidt 2012 u. Zedlitz, v. 1952). Originale Familienpapiere über ihn sind, wenn überhaupt noch vorhanden, heute schwer zugänglich. Auch sind die persönlichen Aufzeichnungen des Hans Carl von Carlowitz, »die mit so grosser Sorgfältigkeit und unermüdeter Arbeit auffgezeichnete[n] Anmerckungen durch eine unverhoffte Feuersbrunst des Guthes Arnsdorff [am 1. Juni 1689] verlohren und uns entzogen worden« (Wäger 1714, S. 92/93). Nach König (1727), S. 142, hat Carlowitz, auf die Anfrage des Leipziger Historikers Johann Burckhard Mencke (1674–1732), der für den ersten Band der *Genealogische Adels=Historie* des Kohrener Akziseinspektors Valentin König das Vorwort schrieb, diesem mit Schreiben vom 10. Dezember 1709 aus Dresden geantwortet, »daß bey meinem Guthe Arnsdorff (bei Hainichen, d. A.), durch einen unglücklichen Wetterschlag Hauß

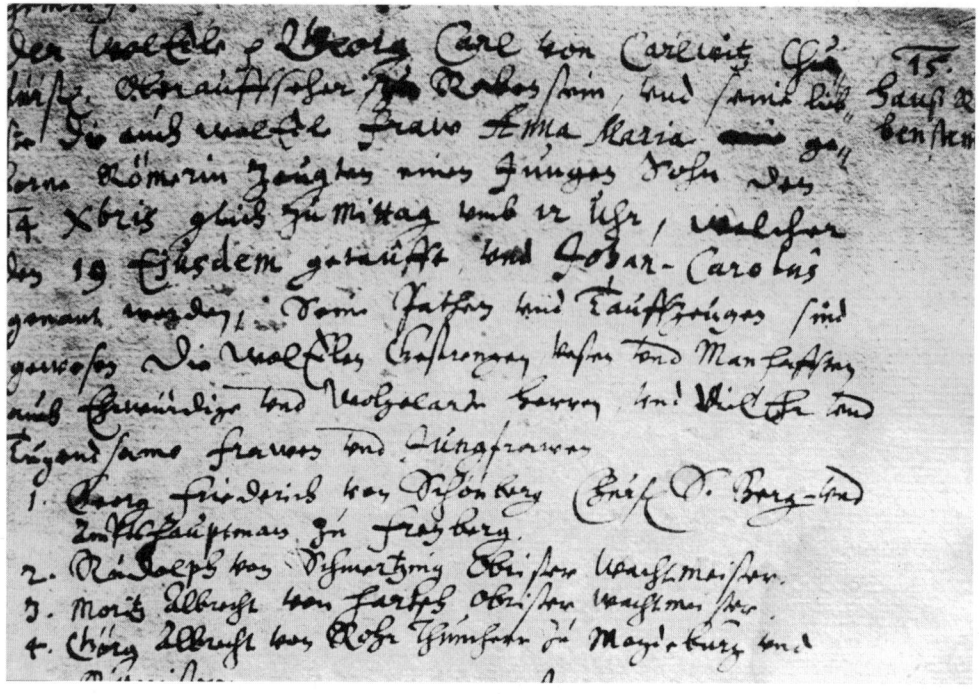

Abb. 2: Ausschnitt aus dem Taufbuch der St. Georg-Kirche zu Rabenstein mit dem Eintrag der Geburt und Taufe des Hans Carl von Carlowitz.

und Hof, nebst allen Brieffschafften im Rauch auffgegangen, so werde ich von Originalien, als des Geschlechts itziger Aeltester, und der ich daher den Titul, als des Heil. Römisch. Reichs vierter Erb Ritter führe, wenig übersenden können, zumahl was die Genealogie vom Vater auf den Sohn betrifft [...]«. Der hier von Carlowitz genannte Titel eines »Heil. Römisch. Reichs vierter Erb Ritter« stand dem Geschlecht von Carlowitz über das eingeheiratete, 1544 aber erloschene Geschlecht Derer von Ziegelheim zu. Die vier Titelträger (von Carlowitz, von Strandeck [Strundegg] – nach anderer Quelle: von Andlau, von Frauenberg und von Weißenbach, an Stelle Derer von Meldingen) vertraten in der Heerschildordnung den reichsunmittelbaren Ritterstand. 1720 erneuerte der sächsische Kurfürst Friedrich August I. »der Starke« (1670–1733) diese Würde für den jeweiligen Geschlechtssenior der Familie von Carlowitz (Bendix 2001, S. 83, Anm. 37). Für diese Standeserhöhung wurde bereits von Knauth (1692, S. 493) das Jahr 1552 genannt. König (1727, S. 126) zitiert dann den Wortlaut eines Briefes vom 13. Januar 1552, in dem Kaiser Karl V. (1500–1558) den kursächsischen Politiker und Diplomaten Christoph von Carlowitz (1507–1578) und »allen seinen Erben, Stämmen und Geschlecht für und für in ewige Zeit, diese Gnade gethan, und Freyheit gegeben, und ihme seine männlichen

Erbes=Erben [...] in den Stand, Gnad, Ehr= und Würde der vier Erb=Ritter des Reichs [...]« erhoben hat. Welchen hohen Stellenwert Carlowitz diesem Ehrentitel beigemessen haben muss, dokumentieren beide heute bekannten authentischen Porträts, die ihn nicht in der Dienstkleidung eines Oberberghauptmanns zeigen, was zu erwarten gewesen wäre, sondern in einer Ritterrüstung (siehe Abb. 1, Seite 175, und Abb. III, Seite 217).[15]

Hans Carl von Carlowitz wurde am 14. Dezember 1645, »gleich zu Mittag vmb 12 Uhr« als zweites von siebzehn Kindern des »WolEdle[n] Georg Carl von Carl[o]-witz Churfürstl. Oberauffseher zu Rabenstein, vnd seiner liebste[n] die auch woledle Fraw Anna Maria geborne Römerin« in Rabenstein bei Chemnitz geboren.[16] Die ev.-luth. Taufe fand fünf Tage später am von seinen Ahnen gestifteten Taufstein und im Beisein von vierzehn Taufpaten statt, wobei der Täufling den Namen »Johan-Carolus« erhielt. Die Taufzeugen waren alles »WolEdle Gestrenge, Veste Vnd Manhaffte auch Ehrwürdige vnd Wolgeborne Herren, Vnd Viel Ehr Vnd Tugensame Frawen vnd Jungfrawen«. An ehrenvoll erster Stelle wurde Georg Friedrich von Schönberg (1586–1650), der »Churfürstl. S. Berg= vnd Amtshauptman zu Freyberg« und spätere Oberberghauptmann in das Rabensteiner Taufbuch eingeschrieben (siehe Abb. 2, Seite 184).[17] Es folgten in der Patenauflistung verwandtschaftlich verbundene Angehörige aus den Adelsfamilien von Schmertzing, von Hartsch, von Rohr, von der Planitz, von Römer, von Etzdorff und natürlich auch von Carlowitz; sie dokumentieren die engen genealogischen Verknüpfungen des kurfürstlich sächsischen Dienstadels zu dieser Zeit. Ob dem Täufling damit, wie Grober (2001, S. 15)

---

15 Im Verlauf der Recherchen zu diesem Beitrag bekam der Autor Kenntnis von einem dritten authentischen Bildnis des Hans Carl v. Carlowitz. Es handelt sich um ein Gemälde, das offensichtlich eine perfekte Kopie von alter Hand des in Abb. II (s. S. 217) gezeigten Gemäldes ist. Es befindet sich heute im Besitz von Forstdirektor a. D. Peter Georg von Carlowitz – Soltau. Auf beiden Gemälden ist auch die Inschrift unter dem Carlowitz'schen Wappen identisch, jedoch in Teilen unkorrekt, was auch schon Richter (1957a, S. 254) angeführt hatte (vgl. auch Kunze 1889). Ein im Bildarchiv der Österreichischen Nationalbibliothek Wien vorhandenes Gouache-Bildnis in »Dienstuniform als Halbfigur« (Inv.-Nr.: Pg 54.620:I[1]), deren Herkunft unbekannt ist, trägt wohl mit Recht den Vermerk »Carlowitz, Hans Karl v. + 1714; Identität nicht gesichert!«, da hier eine Person mit einer völlig anderen Gesichtsform und Leibesfülle porträtiert ist.

16 Bereits Mantel/Pacher (1976), Anm. auf S. 23, stellten fest, dass die Angaben zum Geburtsdatum von Hans Carl von Carlowitz schon bei Carlowitz, v. (1866) mit »14. Oktober« und bei Kunze (1889) mit »16. Oktober« offensichtlich auf einer falschen Lesart der Angaben im Taufeintrag (Kirchenbuch der St. Georg-Kirchgemeinde Rabenstein) beruhen. Die Schreibweise »Xbris« (vgl. Abb. 2, s. S. 184) bedeutet nicht der zehnte Monat im Kalender, also Oktober, sondern Dezember → »decem« = zehn; vgl. dazu auch Ribbe, Wolfgang u. Eckart Henning (1990): *Taschenbuch für Familiengeschichtsforschung.* 10. erweiterte u. verbesserte Ausgabe, Verlag Degener & Co., Inh. Manfred Dreiss, Neustadt a. d. Aisch, S. 316. Hess (1876 u. 1885) gibt als Geburtstag den 25. Dezember 1645 an. Dieses falsche Datum findet sich im Textblock auf dem Freiberger Porträt-Gemälde (Abb. III, s. S. 217), von dem es Hess offensichtlich übernommen hat.

17 Ev.-Luth. Pfarramt Rabenstein, Kirchenbuch der St. Georg-Kirche, Taufbuch 1585–1688 (unpaginiert), Nr. 15 »Hauß Rabenstein«.

schreibt, »die spätere Karriere sozusagen in die Wiege gelegt worden ist«, bleibt dahingestellt.

Der Dreißigjährige Krieg hinterließ auch im Chemnitzer Umfeld vielfältige Spuren der Verwüstungen durch Brandschatzungen und Belagerungen der ständig durchziehenden Söldnerheere, sodass auch Rabenstein damit nicht verschont wurde. Wohl deshalb zog die Familie 1652 nach ihrer Besitzung Altschönfels (Schmidt 2012, S. 261) – siehe Abb. VI, Seite 219. Die Eltern ermöglichten dem Knaben trotzdem in dieser schwierigen Zeit eine solide Erziehung. Nach Wäger (1714) haben sie dafür »allen Fleiß und Kosten angewendet« und ihn »hernachmahls zu fernerer Unterrichtung in Sprachen und Wissenschafften auff die Schule zu Werda[u] verschicket«. Vierzehnjährig wechselte Hans Carl von Carlowitz 1659 dann auf das zu seiner Zeit berühmte Gymnasium (Lycei Halensis) der Stadt Halle an der Saale. Es zählte damals mit 500 Schülern zu den bedeutenden Schulen im mitteldeutschen Raum. Der gerade neu eingesetzte Rektor Valentin Berger (1620–1675) und der Superintendent Dr. Gottfried Olearius (1604–1685) garantierten eine humanistische Ausrichtung des Schulunterrichts. Der Lehrplan umfasste vor allem neben Latein, Griechisch und Hebräisch auch Mathematik, Astronomie, Geschichte, Botanik und Geografie.

Fünf Jahre später begann der Gymnasiast sein Studium an der Universität Jena. Der Matrikeleintrag lautet: »Johannes Carolus á Carlowitz, Eq. Variscus« (= »Vogtländer«). Die Aufnahme erfolgte zum Beginn des Sommersemesters 1664 unter dem Protektorat des Juristen Johann Christoph Falckner (1629–1681),[18] »woselbst er sich auff Erlernung derer Rechte und Staats=Sachen / Erkundigung alter= und neuer=Geschichte / auch anbey auff alle / einem jungen von Adel besonders wohlanstehende / Leibes=Übungen geleget« (Wäger 1714, S. 90). Sein Studienaufenthalt in Jena umfasste maximal zwei Semester, in denen er auch Vorlesungen beim dort seit 1653 lehrenden und über die Universität hinaus bekannten Mathematikprofessor Erhard Weigel (1625–1699) besucht hatte.

Die Reisejahre (1665–1670)

In Jena könnte beim 20-jährigen Carlowitz auch der Entschluss gereift sein, sich auf die für junge Adlige obligate »pergrinatio academica« oder »Grand tour« zu begeben, um seinen erreichten Wissensstand zu erweitern und andere Kulturkreise kennenzulernen. Bestärkt in seiner Entscheidung wurde er »nach ertheilten

---

18 Thüringische Universitäts- und Landesbibliothek Jena, HSA, Ms. Prov. f. III, Bl. 144 r.

Rath seiner geliebten Eltern und andern vornehmen Freunden, die vornehmsten Reichs=Städte und darinnen befindliche Merckwürdigkeiten zu besehen und die Chur= und Fürstl. Höffe Ober=Teutsch=Landes zu besuchen«, die traditionell wichtige Etappenziele einer solchen Reise waren (Wäger 1714, S. 90–91).[19] Carlowitz dürfte also so bedeutende Städte und Residenzen wie Nürnberg, Heidelberg, Stuttgart, Karlsruhe, Frankfurt am Main, Mainz und Köln besucht haben, ist dann »den Rhein hinab nach denen Niederlanden gegangen und hat die vereinigten Provinzien (Holland, Zeeland, Groningen, Utrecht, Friesland, Gelderland und Overijssel, d. A.) nacheinander durchreiset«. Über die genaue Reiseroute kann heute nur spekuliert werden, da seine Reiseaufzeichnungen verloren gegangen sind. Zur Fortsetzung seines Studiums ging Hans Carl von Carlowitz 1665 an die Universitäten Leiden und Utrecht. In Utrecht war zu dieser Zeit der Philosoph Regnerus van Mansveld (1639–1671) Rektor. Immatrikulationseinträge von Carlowitz können in den Matrikeln beider Universitäten jedoch nicht nachgewiesen werden. Nach schriftlicher Auskunft von Prof. Dr. Leen J. Dorsman (Abteilung Geschichte und Kunstgeschichte der Universität Utrecht) an den Autor bedeutet das jedoch nicht allzu viel. Die erst 1636 gegründete Universität Utrecht war eine städtische Institution und nicht wie in Leiden eine provinzielle Universität. So gab es für den Eintrag in die Matrikel besonders für ausländische Studenten, zumal die meist nicht die Absicht hatten, längere Zeit zu bleiben, keinen besonderen Anreiz, die hier üblichen Steuern (zum Beispiel auf Wein und Bier) damit zu umgehen, da diese für Studenten ohne Matrikeleintrag ebenfalls nicht erhoben wurden.

Carlowitz wird wohl nur jeweils ein Semester in den beiden Universitäten verbracht haben und reiste danach durch die spanischen Niederlande (Flandern), »allwo er wegen herum gehender Pest grosse Gefahr ausgestanden«. Warum er sich dann aber ausgerechnet nach London begab, wo ebenfalls zu dieser Zeit eine große Pestepidemie grassierte, die in der Stadt in den Jahren 1665/66 circa 70.000 Todesopfer forderte, also ein Fünftel der Stadtbevölkerung, ist nur erklärlich, da bei seiner Ankunft 1666 die Seuche schon am Abklingen war. Dafür erlebte er die Katastrophe des großen Brandes, der am frühen Morgen des 2. September 1666 in der Backstube eines Londoner Bäckers ausgebrochen war, hautnah in seinem ganzen Ausmaß mit. Das schnell um sich greifende Feuer, genährt von starken Winden und begünstigt durch die eng mit überwiegend Fachwerkhäusern bebauten Stadtquartiere, vernichtete 13.200 Häuser und 87 Kirchen. Als dann endlich drei Tage später dieser Großbrand gelöscht werden konnte, waren 80 Prozent der Häuser

---

19 Alle weiteren nicht konkret mit Autorenhinweisen versehenen Zitate sind der genannten Leichenpredigt Wäger (1714) entnommen.

innerhalb der Stadtmauern vernichtet und rund 100.000 Einwohner waren ob-
dachlos geworden. Obwohl bald ermittelt wurde, dass das Feuer in einer Bäckerei
in der Pudding Lane, nahe der Themse, der Auslöser der Brandkatastrophe war,
verbreiteten sich schnell verschiedene Verschwörungstheorien, unter anderem
sollten Ausländer das Feuer gelegt haben. In dieser Situation soll Carlowitz »vom
rasenden Pöbel angegriffen, geschlagen und in ein übles Gefängniß geworffen«
worden sein. Wäger (1714) beschreibt seine schnelle Rettung aus der Kerkerhaft
durch den kurpfälzischen Prinzen Ruprecht (1619–1682), der seit 1660 Privatsekretär des Königs Karl II. von England (1630–1685) war und der ihn besonders mit
Marineangelegenheiten beauftragt hatte. Die wiedergewonnene Freiheit nutzte
Carlowitz, indem er die englische Sprache erlernte, »den zwar sehr Lasterhafften
Hoff öffters besuchte« und sich im Königreich noch einige Zeit aufhielt. Er soll
dabei auch Augenzeuge gewesen sein, als die holländische Flotte Mitte Juni 1667
unter Admiral Michiel de Ruyter (1607–1676) die Themse aufwärts segelte und die
bei Chatham (Grafschaft Kent) im Nebenfluss Medway ankernde Flotte der Royal
Navy fast völlig versenkte. Ob er zu dieser Zeit jedoch noch in England gewesen ist,
wie Wäger schreibt, ist nicht glaubhaft, denn er muss sich bereits im zeitigen Frühjahr 1667 nach Hamburg begeben haben, »allwo er an einer tödtlichen Kranckheit
lange Bettlägerig darnieder lag«, sonst hätte er wohl kaum in Dänemark der Hochzeit von Kronprinz Christian V. von Dänemark (1646–1699) mit Charlotte Amalie
von Hessen-Kassel (1650–1714) beiwohnen können, die am 25. Juni 1667 in Nykø-
bing/Falster gefeiert wurde.

Von Dänemark reiste Carlowitz weiter nach Schweden, dann zurück über Lübeck
und ab Hamburg auf dem Seeweg wieder in die Niederlande. Auf dieser Schiffs-
reise soll er nur mit Glück, »da ihn die hereinbrechende Nacht vor einem Englischen Caper[schiff] in Sicherheit gesetzet«, einer erneuten Gefangenschaft entgan-
gen sein. Carlowitz verspürte offensichtlich trotz bisheriger Fährnisse auf seiner
Europareise noch keine Lust, in die Heimat zurückzukehren, sondern wollte »mit
Begierde mehr und mehr Wissenschafften / gleich den Bienen den Honig / ein-
sammlen«.

Sein Weg führte ihn dazu folgerichtig weiter nach Frankreich. In Paris, der
prachtvollen Metropole des Sonnenkönigs Ludwig XIV. (1638–1715), hielt er sich
einige Zeit auf, lernte die französische Sprache, bemühte sich hier um Kontakte zu
»vornehmen und gelehrten Männern« und nutzte ausgiebig die Möglichkeiten des
Studiums in der *Bibliothèque Nationale*, damals im *Hôtel de Nevers* befindlich,
sowie in der Bibliothek der berühmten Pariser Universität Sorbonne. Auch soll er
»sämbl. Provinzien des weitläuffigen Königreichs wohl durchreiset« haben, um
dann um die Jahreswende 1667/68 nach Italien aufzubrechen. Erster Anlaufpunkt

war natürlich Rom, wo er sich einige Monate aufhielt, »die in grosser Anzahl befind-lichen Merckmahle des Alterthums beschauet« und Kontakte zu vielen Gelehrten geknüpft haben soll. Besonders soll er in freundschaftlicher Beziehung zum pro-movierten Juristen und Kardinal Ulderico Carpegna (1595–1679) gestanden haben, der als Vizedekan des Kardinalskollegiums unter dem Kardinal Francesco Bar-berini (1597–1679) eine umfangreiche Bibliothek besaß, die Carlowitz ebenfalls benutzt haben dürfte.

»Mit etlichen teutschen und andern guten Freunden« begab er sich dann 1669 über Neapel und Sizilien nach Malta, wo sich ab 1530 die Zentrale des Johanniter-ordens befand. Hier wurde Carlowitz in der maltesischen Hauptstadt Valletta vom regierenden Großmeister Nicolas Cotoner y de Oleza (1608–1680) »daselbst gnä-dig empfangen und hat von den Rittern viele Höfligkeit genossen«. Von Malta trat Carlowitz dann über Venedig und Tirol endgültig die Rückreise nach Sachsen an, nicht ohne noch auf dem Mittelmeer in einem schweren Seesturm in Lebensgefahr zu geraten sowie zudem mit viel Glück räuberischen Korsaren entkommen zu sein. So traf er nach fünfjähriger Reise noch zum Jahresende 1669 wohlbehalten »gesund und vergnügt bei seinen geliebten Eltern und Anverwandten« wieder ein. Es kann davon ausgegangen werden, dass Carlowitz auf seine bei dieser Europa-reise gesammelten Eindrücke, Erkenntnisse und Erfahrungen, aber auch auf seine Aufzeichnungen aus Schriften und Büchern in den von ihm besuchten Bibliothe-ken zurückgegriffen hat, die er sonst in Kursachsen zur Einsichtnahme wohl nicht zur Verfügung gehabt hätte, als er später das Manuskript seiner *Sylvicultura oeco-nomica* konzipierte.

Karriere zum Oberberghauptmann (1670–1711)

Der sächsische Kurfürst Johann Georg II. (1613–1680), dem der 25-jährige Car-lowitz sofort nach seiner Ankunft in der Heimat seine erste Aufwartung gemacht und dabei mit Sicherheit von seiner erhaltenen Schulbildung und der gerade been-deten Bildungsreise berichtet hatte, genehmigte, dass er im August 1671 dem Vater bei einer Grenzberichtigung an der Grenze zu Böhmen zur Hand gehen konnte, bestallte ihn dann aber erst am 19. August 1672 zum Kammerjunker mit 300 Tha-lern Gehalt [20] und soll ihn danach »2 Jahr in gewissen Verrichtungen an den Kay-

---

20 Seine Ernennung wird zwar in einem Schreiben vom 11. April 1671 bereits erwähnt, die Bestallung wurde jedoch erst 1672 vollzogen. SStA-HStA Dresden, 10036 Finanzarchiv, Loc. 33345, Rep. IX, Gen. 1956, Bestallungen 1672–1674, Nr. 67.

serl. Hoff verschicket haben«. Diese Angabe bei Wäger (1714, S. 93) ist jedoch nicht belegbar.[21]

Zum gleichen Termin 19. August 1672 erhielt Carlowitz auf vielfache Gesuche seines Vaters die Genehmigung, ihm als Adjunkt bei den Amtsgeschäften des Amthauptmanns für die Ämter Wolkenstein, Lauterstein, Lichtenwalde und Neusorge beizustehen. Für seine Verrichtungen sollte der Vater ihm von seinem Gehalt immerhin 200 Thaler abtreten. Schon hier musste sich der junge Carlowitz mit dem Forstwesen direkt befassen, denn im Bestallungstext für den Amtshauptmann wurde unter anderem verfügt, das dieser die Ämter auch mit ihren einverleibten Wäldern, Zugehörungen und Gerechtigkeiten in gutem Aufsehen zu halten habe und beobachten soll, dass auch nichts davon entzogen werde. Auch hatte der Amtmann die Wälder, Gehölze, Grenzungen und Rainungen der ihm zugewiesenen Ämter oft zu bereiten, Gefahren wahrzunehmen und diese abzuwenden.[22] Schon dieser Aufgabenbereich dürfte dem Adjunkten einiges Rüstzeug für seinen weiteren Berufsweg gegeben haben. Den Vater als *Lehrherrn* und die tradierten Erfahrungen seiner im Forstwesen tätig gewesenen Vorfahren, die sicher in der Familie weitergetragen wurden, waren dabei bestimmt sehr hilfreich. Als im September des Jahres 1677 eine kursächsische Kommission – gemeinsam mit böhmischen Kommissaren – Grenzstreitigkeiten bei Johanngeorgenstadt vor Ort zu begutachten hatte und gegebenenfalls Berichtigungen vorgenommen werden sollten, waren neben dem Kammer- und Bergrat Christoph Dietrich von Bose, dem späteren Schwiegervater des künftigen Oberberghauptmanns, auch der Vater, Georg Carl von Carlowitz als Landjägermeister, zugegen. Auch hierbei dürfte der Sohn dem Vater zumindest assistiert haben (Engelschall 1723, S. 114).

Am 26. November 1678 teilte der Kurfürst Johann Georg II. dem Kammerdirektor sowie den Kammer- und Bergräten seinen Entschluss mit, die vakante Vize-Berghauptmannsstelle mit Carlowitz zu besetzen.[23] Die Entscheidung für ihn fiel »in Betrachtung seiner bei den Floß- und Bergsachen von Jugend auf und sonst erlangten anständigen Wissenschafft«. Ein Schreiben vom 22. Februar 1679 bestätigte, dass

---

21 Auf Anfrage des Autors teilte Mag. Dr. Michael Göbl vom Haus-, Hof- und Staatsarchiv Wien am 11.07.2012 mit, dass diplomatische Besuche des Hans Carl von Carlowitz in Wien weder in der Archiv-Datenbank noch in sonstigen Findbüchern für den Zeitraum 1669–1672 in den einschlägigen Beständen nachweisbar sind. Das dortige Repertorium der diplomatischen Vertreter seit dem Dreißigjährigen Krieg kennt auch keinen Diplomaten dieses Namens. Auch schon bei Lünig (1719) wird unter dem Abschnitt »Von der Reception derer Gesandten am Röm. Kayserl. Hofe« für den Zeitraum 1650–1674 (S. 520–526) kein v. Carlowitz erwähnt.

22 SStA-HStA Dresden, 10036 Finanzarchiv, Loc. 33345, Rep. IX, Gen. 1956, Bestallungen 1672–1674, Nr. 66.

23 Die Vize-Berghauptmannstelle war am 11. April 1668 dem Bergkommissionsrat Abraham von Schönberg übertragen worden und wurde nach dessen Beförderung zum Oberberghauptmann, anstelle des am 1. September 1676 verstorbenen Oberberghauptmanns Caspar von Schönberg (*1621), nicht sogleich wieder besetzt.

Carlowitz »aus sonderbaren Gnaden« das Prädikat Vize-Berghauptmann erhalten habe. Sein nunmehriger Chef, der 1676 zum Oberberghauptmann bestallte Abraham von Schönberg (1640–1711), ein Mann mit großer Sachkenntnis, Weitblick und ungewöhnlicher Organisationsgabe, stammte aus einer Familiendynastie, die für über ein Jahrhundert nahezu lückenlos die Oberberg-, Berg- oder Vize-Berghauptleute des Kurfürstentums Sachsen stellte. Von seinem großen Fachwissen dürfte Carlowitz in seiner weiteren beruflichen Entwicklung profitiert haben. Eine erneute Bestallung zum Vize-Berghauptmann datiert vom 21. Februar 1686, jetzt unter der Regierung des Kurfürsten Johann Georg III. (1647–1691).[24] Als am 12. September 1691 der Kurfürst in Tübingen starb, wurde dieser zwölf Tage später nach Freiberg überführt und nach einer Leichenprozession, »welche drey gantze Stunden nehmlich von 12. biß 3. Uhr Nachmittags gewähret [hatte]« im kurfürstlichen Erbbegräbnis im Dom beigesetzt. In diesem Trauerzug trug »Hanß Carl von Carlowitz / zu Arnsdorff / Vice-Berg-Hauptmann der Pfaltz Thüringen Fahne« (Winterfeld, v. 1702, S. 216).[25] Zum Kammer- und Bergrat wurde Carlowitz am 23. Dezember 1709 berufen.[26]

Am 4. November 1711 verstarb der Oberberghauptmann Abraham von Schönberg. Schon drei Tage später ist im Bergkopial zu lesen, dass Hans Carl von Carlowitz die *Exspectanz* (= Anwartschaft) auf die Dienststellung des Oberberghauptmanns habe und am 23. September 1712 erfolgte dann die offizielle Bekanntmachung seiner Bestallung, die dann 1713 erneuert wurde.[27] Was für eine Karriere! Er übernahm damit im kursächsischen Montanwesen eine Schlüsselfunktion und einen der wichtigsten Dienstposten in Kursachsen (Grober 2001, S. 23). Als Leiter des Sächsischen Oberbergamtes oblag ihm nun auch unter anderem die Holzversorgung des sächsischen Berg- und Hüttenwesens. Dabei konnte er bei der Amtseinführung auf umfangreiche bergmännische Erfahrungen und praktische Kennt-

24 SStA-HStA Dresden, 10036 Finanzarchiv, Loc. 33349, Rep. IX, Gen. 1996, Bestallungen 1660–1695, Nr. 43, Bl. 99-101; SStA-HStA Dresden, 10036 Finanzarchiv, Loc. 32621, Gen. Nr. 174 und nach Richter (1957a), Anm. 13: in SStA-HStA Dresden, Genealogica v. Carlowitz. XVIII. Jhrh., Vol. 4, Nr. 2, Bl. 1.

25 Die Fahne trug das Wappen der Pfalzgrafschaft Thüringen, in schwarz einen goldenen Adler mit ausgebreiteten Schwingen. Eine eigentliche Pfalz Thüringen hat es historisch nie gegeben. 1247 kamen die Wettiner in den Besitz der Pfalzgrafschaft. Kurfürst Ernst (1441–1486) nahm das Wappen in seiner Regierungszeit in das sächsische Gesamtwappen auf. 1291 wurde der nördlich der Unstrut gelegene Gebietsteil an Brandenburg verkauft, aber 1347 zurückgekauft, dabei wurden die Gebiete aber nicht mehr vereinigt, sondern man benannte den nördlichen Teil Pfalzgrafschaft Sachsen und den südlichen Teil Pfalzgrafschaft Thüringen.

26 SStA-HStA Dresden, 10036 Finanzarchiv, Bergspecial-Rescr. 1709, Bd. 4, Nr. 45, Bl. 291 u. SStA-HStA Dresden, 10036 Finanzarchiv, Rep. IX, Sect. I. 5213, Spec.Rescr. 1710, I. 23.

27 SStA-HStA Dresden, 10036 Finanzarchiv, Copial in Berg- und Hüttensachen 1711, Bl. 261; SStA-HStA Dresden, 10036 Finanzarchiv, Rep. III, Bergspecial-Rescr. 1712, Bd. 5, Nr. 476, Bl. 143 u. SStA-HStA Dresden, 10036 Finanzarchiv, Rep. III, Bergspecial-Rescr. 1713, Bd. 5, Nr. 365, Bl. 169.

nisse sowohl seines Vorgängers, Abraham von Schönberg, als auch auf die seines Amtes und deren Vorgängerinstitutionen zurückgreifen, die im Laufe von fünfhundert Jahren sächsischen Bergbaus zusammengekommen sind und sich immer mehr vervollkommnet haben. Auch hatte er in 25-jähriger Tätigkeit vorher als Vize-Berghauptmann ausreichend Zeit, sich auf seine neue verantwortungsvolle Position vorzubereiten.

Sein Amtssitz als Oberberghauptmann war das heute noch in der Freiberger Kirchgasse in Domnähe befindliche, um 1500 errichtete Haus Nr. 11, wo 1679 das kursächsische Oberbergamt einzog und hier seitdem in ununterbrochener Folge die oberste sächsische Bergbehörde residiert. Ihre Aufgabe bestand bis 1869 auf der Grundlage des Bergregals – dem Verfügungsrecht über die ungehobenen Bodenschätze als wichtiges landesherrliches Privileg – im Rahmen des Direktionsprinzips und im Sinne der Gewinnmaximierung für die sächsischen Kurfürsten und Könige in der wirtschaftlichen und technischen Leitung aller Bergwerke.

Die Verdienste des Hans Carl von Carlowitz, die er sich in 35-jähriger Dienstzeit als hoher kursächsischer Bergbeamter und Oberberghauptmann erworben hatte, werden von Wäger in seiner Gedächtnispredigt am 15. April 1714 wie folgt beschrieben: »Welchen Ampts=Verrichtungen und andern auffgetragenen vielfältigen Commisionibus er treulich vorgestanden / sonderlich mit Besichtigung auswärtiger Bergwercke und offt grossen Kosten / einige / annoch unbekante / Erfahrungen zu erlangen und zu dieser Lande Nutzen anzuwenden / viele Verbesserungen anzuordnen und Schaden zu vermeiden / sich beflissen / wie dessen theils seine gedruckte[n] / größten Theils aber noch in manuscriptis vorhandene[n] / nützliche[n] Gedancken Zeugniß geben / [...] wie dieses alles ihn mit Grunde der Warheit und ohne straffbare Heucheley nachgerühmet werden kan / [...] es bezeugen es auch die Thränen und Seufftzer so vieler Abwesenden und Gegenwärtigen [...] zur Genüge«.

Familiäre Verhältnisse und Besitzstand

Es ist davon auszugehen, dass Hans Carl von Carlowitz seine Kindheit überwiegend auf dem väterlichen Gut Arnsdorf bei Hainichen verbrachte,[28] das der Vater zusammen mit anderen Gütern 1668 für 21.000 Gulden gekauft hatte, um sich dort vorzugsweise aufzuhalten, nachdem der bisherige Wohnsitz Altschönfels zweimal

---

28 Seit Richter (1957a) wird in der Literatur das Dorf Arnsdorf mit dem Rittergut immer als »bei Siebenlehn gelegen« beschrieben und Schmidt (2012) lokalisiert es »bei Mittweida«. Man sucht es aber bei beiden Orten vergebens, da es sich zehn Kilometer vor Hainichen an der Staatsstraße 169 in Richtung Freiberg befindet.

durch Brand stark geschädigt wurde (Herzog 1866, S. 30, Richter 1957 a, S. 257 u. Jentsch 2011, S. 11). Ein Indiz dafür könnte auch ein Brief von Georg Carl von Carlowitz an den Stadtschreiber Traugott Lischke vom 28. August 1675 sein, den er in Arnsdorf verfasst hatte und der sich auf Beschwerden des dortigen Rittergutpersonals wegen hohen »Dienstgesinde Zwangs« bezieht, welcher aber aus seiner Sicht so gerechtfertigt war.[29]

Am 19. September 1675 heiratete Hans Carl von Carlowitz Ursula Margaretha von Bose (20. Juli 1656–26. Oktober 1727), nachdem er »um Dieselbe bey Dero Hoch=Adel. Eltern angesprochen, welches denn, auf beyderseits vorhero geschehenes Gebeth und reifflichen Überlegungen, dahin ausgeschlagen, daß Sie Ihm verlobet […] und auf dem Schlosse Lichtewalda der Vermählungs=Actus vollzogen worden [ist]« (Wäger 1727, S. 110). Sie war die älteste Tochter des Christoph Dietrich von Bose d. Ä. (1628–1708), der Erb-, Lehn- und Gerichtsherr auf Unterfrankleben, Mölbis und Nickern war. Als Königlich-Polnischer und Kurfürstlich Sächsischer Geheimer Rat, Kriegsrat und Generalkriegskommissar diente er in 50-jähriger Dienstzeit am sächsischen Hof unter vier Kurfürsten. Durch seine Heirat mit Ursula von Gustedt (1636–1694) aus dem Hause Deersheim kam Bose in den Besitz des südlich von Leipzig gelegenen Mölbis. Zur Zeit der Heirat der Tochter war Bose Kammer- und Bergrat.

In der Ehe des Oberberghauptmanns wurden fünf Kinder geboren, von denen nur drei Töchter die Eltern überlebten. Ein Sohn und eine Tochter waren Totgeburten. Die älteste Tochter Ursula, wahrscheinlich 1678 geboren, blieb unverheiratet und starb am 2. Juli 1746 in Freiberg. Tochter Charlotta Maria (1679–28. März 1734) heiratete 1702 den Oberstleutnant Georg Wolf von Tümpling (1672–1732)[30] und Tochter Johanna Magdalena (†24. September 1729 in Freiberg) heiratete am 2. Dezember 1715 Ludwig Gustav von Carlowitz (1678–1730), Oberstleutnant und Junker auf Biehla (1728–1741) und Liebenau bei Kamenz.

Nach dem Tod des Vaters 1680 übernahm bei der Teilung des väterlichen Besitzes Hans Carl von Carlowitz das Gut Arnsdorf für 26.500 Thaler, nachdem am 3. Januar 1683 seine Brüder Johann Christoph, George Carl (II.), Carl Rudolph, Carl, Hans Dietrich und Hans Jobst zugunsten des »wohlbestallten Vice-Berghauptmanns, unseres vielgeliebten Bruders« auf mit belehnte Rechte an diesem Rittergut mittels eines gesiegelten Schreibens verzichtet hatten, das sechs Tage später von

---

29 Sächsisches Staatsarchiv (SStA) Leipzig, Bestand 20335 Rittergut Arnsdorf b. Hainichen 1620–1900, Patrimonialgericht Arnsdorf Nr. 132, Bl. 79r–79v.

30 Der Sohn aus dieser Ehe, Christian Gottlob I. von Tümpling (1705–1770), war Oberforstmeister zu Zeitz und Naumburg (Tümpling, v. 1864).

Abb. 3: Herrenhaus des Rittergutes Arnsdorf bei Hainichen. Historische Aufnahme vor 1945.

der Hofkammer in Dresden »confirmiert«, also bestätigt wurde. Damit war er nun Erb- und Gerichtsherr zu Arnsdorf.[31]

Als am 1. Juni 1689 das Rittergut Arnsdorf durch einen Blitzeinschlag »innerhalb einer Stunde mit Scheuern, Wohnhaus und Ställen nebst dem darin befindlichen Vorrat und Mobilien völlig in Asche gelegt worden war«, wandte sich Hans Carl von Carlowitz am 15. Juli 1689 mit einem Bittgesuch an den Kurfürsten um unentgeltliche Abgabe von Bauholz aus den kurfürstlichen »Amtsgehöltzen«.[32] Ob für den »abgebrannten Mann in seinem schweren Elende« kurfürstliche Hilfe gewährt wurde, ist jedoch unklar, aber nicht unwahrscheinlich, denn schon ein Jahr später konnte Carlowitz in Freiberg das Haus des Bürgermeisters Horn am Obermarkt kaufen (Anonym 1891, S. 72).

Um 1700 muss dann wohl auch der Wiederaufbau des Herrenhauses Arnsdorf erfolgt sein, das in Größe und Ausführung als Bauherrn nicht gerade einen verarmten Lehns- und Gerichtsherrn vermuten lässt, zumal dieser im Jahre 1703 seinen Rittergutsbesitz durch den Ankauf einer Wiese in der Flur Ottendorf von den Erben eines Paul Döring aus Hainichen noch vergrößerte (siehe Abb. 3).[33]

31 SStA Leipzig, Bestand 20335 Rittergut Arnsdorf b. Hainichen 1620–1900, Patrimonialgericht Arnsdorf Nr. 568 (unpaginiert) No. 13 »Abschriften von Documenten so zu denen Arnsdorffl. Kauff und Recess Acten gehören«.

32 SStA-HStA Dresden, Genealogica v. Carlowitz. XVIII. Jhrh., Vol. 4, Nr. 2, Bl. 27–28.

33 SStA Leipzig, Bestand 20335 Rittergut Arnsdorf b. Hainichen 1620–1900, Grundh.[errschaft] Arnsdorf Nr. 10.

Besonders das repräsentative Bürgerhaus am Freiberger Obermarkt, erbaut im Stil der *Görlitzer Renaissance*, heute als *Carlowitzhaus* bezeichnet und aufwendig restauriert, war für den nunmehrigen Vize-Berghauptmann und Kammer- und Bergrat als zweiter Wohnsitz durchaus angemessen (Abb. VIII, Seite 220).[34] Von hier aus war sein Dienstsitz, das Oberbergamt in der Kirchgasse, bequem zu erreichen. Carlowitz hat ebenfalls 1690 nach Knebel (1913), S. 90 noch ein weiteres Haus in Freiberg erworben. Dieses Haus lag südlich der Altstadt, dort, wo heute die Turnerstraße auf die Annaberger Straße (vormals Ratshofgasse) trifft. Er hat dieses damals relativ große Grundstück von einem Gottfried Braun gekauft, der es ab 1673 besessen hatte. Es war 1839 mit einem Wohnhaus mit Pferdestall und Holzschuppen sowie Scheune und einem weiteren Schuppen bebaut. Wegen Baufälligkeit und notwendiger Baufreiheit für eine neue Straße wurden die Gebäude um 1868 abgerissen.[35]

Schließlich besaß Hans Carl von Carlowitz auch erbrechtliche Anteile an der Glashütte Steindöbra, die im sächsischen Vogtland lag, »auf den Schöneckischen Wäldern unterm Ambt Voigtsberg« und dem »darbey befindlichen HoltzRefier«.[36] Diese Glashütte bestand schon mit Privileg vom 21. Januar 1639, erteilt durch den Kurfürsten Johann Georg I. (1585–1656). Am 21. Dezember 1692 erneuerte dann Herzog Moritz Wilhelm von Sachsen-Zeitz (1664–1718) dieses Privileg für die Familie von Carlowitz. Da die Zuweisung der Glashütte für das »HoltzRefier« schon vom 11. Dezember 1647 datiert, ist davon auszugehen, dass bereits der Vater Georg Carl I. v. Carlowitz ab diesem Datum die Glashütte bewirtschaftet hatte. Am 25. Februar 1701 wurde dann ein »Erbschein für die Gebrüder v. Carlowitz« ausgestellt. Danach muss Carlowitz die Brüder abgefunden haben, denn die Glashütte erhielten die drei Töchter des Oberberghauptmanns am 30. Mai 1714 als Erben zugespro-

---

34 Als 1886 der Kaufmann Ernst Lieber als damaliger Hausbesitzer das Dach erneuerte, wurden die Zierkugeln an den Giebelsimsen (heute nicht mehr vorhanden) abgenommen. In der obersten Kugel befand sich auch ein altes Dokument, das für den Hausbau das Jahr 1542 benennt sowie auf eine Renovierung im Jahre 1691 verweist, die also Carlowitz initiiert hatte (Gerlach 1886b). Bei dem Gebäude, früher Obermarkt Haus Nr. 10, handelt es sich um ein Eckgebäude (Obermarkt / Kirchgäßchen). Es ist heute im Häuserkataster dem Kirchgäßchen 3 zugeordnet.

35 Nach Auskunft des Stadtarchivs Freiberg/Sachsen (Akte »Die Freiberger Hausbesitzer 1607–1843«, Sign. FAV-HS Aa 258) war Hans Carl von Carlowitz im Zeitraum von 1690 bis 1732 »vor dem Petersthore« sogar noch mit fünf Grundstücken in Freiberg als Besitzer eingetragen (V312, V331, V332, V336 u. V344; Quelle: Brandversicherungskataster der Stadt Freiberg, gefertigt am 30.11.1839, Teil B, Vorstadt, fol. 360b/361a, Brandkataster-Nr. neu 336/alt 295).

36 Die Glashütte ist auch noch auf einer Karte aus dem Jahre 1758 verzeichnet. Danach lag sie nördlich von Sachsensberg-Georgenthal (heute Ortsteil von Klingenthal) am Aschberg (»Accurate Geogr. Delineation des zu dem Churfürstenth. Sachsen gehörigen Voigtländischen Creisses und derer darinnen befindlichen Æmmter Plauen Pausa u. Voigtsberg ingleichen der reichsfreyen Zettwitzischen Herrschaft Ascha nebst andern angrenzenden Gegenden. In Amsterd. bey Petr. Schenck mit königl. u. Churf. Sæchs. Privilegio. M DCC LVIII.«; Kopie im Besitz des Autors).

chen. Wegen der Holznutzung in dem für die Glashütte zugeteilten Wald zog sich dann ein langer Prozess zwischen den Carlowitzschen Töchtern und dem Kurfürsten hin, der erst 1726 mit einem Vergleich beendet wurde. Der Kurfürst kaufte ihnen danach die Holznutzungsrechte ab, »dieweil das daselbst bestandene Holtz zu Versorgung derer Königl. Flößen mit Menagirung derer Schöneck= und auerbachischen Waldungen voritzo gar nützlich zu gebrauchen seyn dürffte«. Die dazu am 14. November 1726 ausgehandelte und neun Tage später gezahlte Kaufsumme betrug »14.300 Thaler, der Thaler zu 24 Groschen«.[37]

Über das Erbe des Schwiegervaters Christoph Dietrich von Bose, der am 1. September 1708 in Mölbis starb, fiel Hans Carl von Carlowitz auch noch das sogenannte *Bosesche Haus* in der Dresdener Sporer-, Ecke Schössergasse, in bester Lage nahe dem kurfürstlichen Schloss zu. Das Haus stammt aus der Mitte des 16. Jahrhunderts, Christoph Dietrich von Bose d. Ä. besaß es ab 1679 und ließ es um 1680 umgestalten. Da Bose die letzten Lebensjahre auf seinem Gut Mölbis bei Leipzig verbrachte, vererbte er das Haus wohl noch vor der Jahrhundertwende an die Tochter Ursula Margaretha, Ehefrau von Hans Carl v. Carlowitz. Das Haus wurde im Bombenhagel 1945 völlig zerstört und 2007 am historischen Standort neuerrichtet. Nach alten Fotovorlagen wurde das Eingangsportal (Schössergasse 16) originalgetreu wiederhergestellt. Die doppelte Wappenkartusche über der Eingangstür zeigt links das Wappen der Familie von Bose (Schild von Silber und Schwarz gespalten) und rechts das Wappen der Familie von Gustedt (in Gold drei schwarze Kesselhaken – Abb. IX, Seite 220).

Carlowitz hat dieses Haus nicht lange besessen. Am 28. September 1713 beantragte das Kriegsratskollegium zur »Einrichtung eines beständigen Orths für die Expeditiones Unseres Geheimen Kriegs=Collegii« den Ankauf des »Bosischen zwischen Spohrgaße und dem Löwenhaus gelegenen Hauses«. Dem stimmt der Kurfürst zu und bestimmte, »des diesfalls mit Unserem Cammer= und BergRath auch OberBerg=Hauptmann von Carlowiz zutreffenden KauffContracts […] wollet Ihr nunmehro diesen Handel völlig schließen«. Der Kaufvertrag über das Haus »nebst denen in denen drey EckZimmern befindlichen angeschlagenen Guldenen Erker […] umb und vor AchttausendSechshundert ReichsThaler« wurde am 15. November 1713 geschlossen (siehe Abb. VII, Seite 219).[38]

---

37 SStA Leipzig, Bestand 20335 Rittergut Arnsdorf b. Hainichen 1620–1900, Patrimonialgericht Arnsdorf Nr. 567 (unpaginiert) No. 16 »Den Zwischen der Königl. Pohln. und Churfürstl. Sächs. RenthCammer, und denen Carlowizischen Frauen und Fräulein Erben, getroffenen Vergleich über die Glaßhütte und Zubehörungen zu Steindöbra betrl. 1726«.

38 SStA Leipzig, Bestand 20335 Rittergut Arnsdorf b. Hainichen 1620–1900, Patrimonialgericht Arnsdorf Nr. 566 (unpaginiert) No. 19 »Acta die Verkauffung des Carlowitz=Haußes in Dreßden betrefl.«

Den Briefen in den Akten des Hauptstaatsarchivs Dresden nach zu urteilen, war Carlowitz sehr auf die Erhaltung seines Besitzes bedacht gewesen, zumal er 1709 Familienältester geworden war. Um sein Rittergut Arnsdorf, das Manneslehen war und daher den Töchtern des Oberberghauptmanns nicht durch Erbschaft zufallen konnte, dennoch zu erhalten, verkaufte er das Gut noch zu Lebzeiten (1710) an seine drei Töchter, was nach damaligem sächsischem Lehnsrecht gestattet wurde. Gleiches geschah auch mit der Glashütte Steindöbra.

Die Zeit des Großen Nordischen Krieges (1700–1721) muss auch der Familie des Oberberghauptmanns ziemliche Beschwernisse gebracht haben. In der Leichenpredigt der Ehefrau von 1727 wird vom Amtsprediger Wäger, der schon die Leichenpredigt vom Ehemann 1714 verfasst hatte, angedeutet, dass »Sie auch den Einfall der Feinde Anno 1706 hat erfahren müssen und daher auch das Flüchten aus dem Lande« (Wäger 1727, S. 111).[39] Wo Carlowitz mit Frau und Kindern zeitweilig vor marodierenden Truppen Schutz gesucht hatte, ist nicht überliefert.

Tod, zeitgenössische Würdigung und Familienerbe

Die hohe Ehre, zum Jahresende 1711 zum Oberberghauptmann befördert zu werden, wurde einem schon von Krankheit gezeichneten Hans Carl von Carlowitz zuteil. Wohl in weiser Voraussicht hatte er bereits 1706 in der St. Petri-Kirche zu Freiberg ein Erbbegräbnis errichten lassen, das sich nach Grübler (1731) »zur Rechten des Eintritts in das Chor dieser Kirche« befand (siehe Abb. 4, Seite 198).[40]

Sein mit ihm freundschaftlich verbundener Beichtvater und »Magister der Weltweisheit«, der Amtsprediger Hieronimus Joachim Wäger (1671–1755) zu St. Petri in Freiberg beschreibt 1714, »daß Carlowitz wegen langanhaltender Kopfschmertzen seinem Ampte nicht mit gleichmäßigen Eiffer / als vormahls / vorzustehen vermochte« und dass dieser an »einer schon viele Jahre anhaltenden höchst beschwerlichen Kranckheit [...], sintemahln von geraumer Zeit her an malo hypochondriaco und obstructionibus viscerum laboriret / daraus dann allerhand empfindliche symptomata, als: anxictates præcordiorum, cephalalgia, vertigo und dergleichen entstanden / welche ungeachtet des zum öffteren gebrauchten Carls=Bades und derer von unterschiedlichen Medicis, als den seel. D. Schrötern und D. Weidemül-

---

39 Dieser in fast ganz Europa geführte Krieg um die Vorherrschaft im Ostseeraum griff nach dem Ausscheiden des von Sachsen regierten Königreichs Polen 1706 auch auf das kursächsische Territorium über.
    Am 27. August 1706 wurde Kursachsen von den schwedischen Truppen, die über Schlesien einrückten, besetzt.

40 Superintendentur Freiberg/Sachsen, Sup. Acta. Abt. II, Sect. Ic. Nr. 38 »Acta das Carlowitzische Erbbegräbnis bei der Kirche zu St. Petri in Freiberg de anno 1749 betrl.«

*Abb. 4: Bauriss der St. Petri-Kirche
zu Freiberg/Sachsen, gezeichnet 1728
von Johann Christian Simon (1687–1760).*

lern wohlbedächtlich verordneten Artzeneyen dennoch bey herannahenden Alter mehr vergrösset / als vermindert worden / bis endlich verflossenen 25. Febr. dieses Jahres ein Febris inflammatoria darbey sich eingefunden und endlich seinen seeligen Abschied befördert hat« (Wäger 1714, S. 95).[41] Carlowitz litt also an Milzbeschwerden und Darmverschluss, in deren Folge es zu Herzbeklemmung, langanhaltenden Kopfschmerzen, Schwindelgefühlen und schließlich mit Entzündungen verbundenem Fieber kam. Bei diesem geschilderten langwierigen Krankheitsverlauf kann Carlowitz sein wissenschaftlich so tiefgründiges und umfassendes Werk der *Sylvicultura oeconomica* wohl nur mit großer Willenskraft vollendet haben.

Am 3. März 1714 starb Hans Carl von Carlowitz in seinem Haus am Obermarkt in Freiberg und wurde zehn Tage später in die Carlowitzsche Familiengruft in der St. Petri-Kirche überführt (Bursian 1865, S. 79). Der Eintrag im Totenbuch der St. Petri-Kirche lautet: »d. 13. März wurde in die bei hiesiger Peters-Kirche befindliche Hochadeliche Carlowitzische Gruft zu Abend um 7 Uhr beigesetzet der weiland Hochwolgeborene Herr / Herr Hannß Carl v. Carlowitz auf Arnsdorf, Sr. Königl.

---

41 Dr. med. Carl Schröter (1642 – vor 1714) praktizierte nach 1671 in Freiberg, Dr. med. Daniel Heinrich Weidemüller stammte aus Freiberg und promovierte in Leipzig 1699.

Abb. 5: Titelblatt der gedruckten Leichenpredigt des Hans Carl von Carlowitz (Wäger 1714).

Maj. in Pohlen und kurfürstl. Durchl. zu Sachsen hochansehnlich bestallter Kammer- und Berg=Rath, wie auch derer gesamten Kurf. Sächs. Ertzgebirge hochverdienter Ober=Berg=Hauptmann allhier am Obermarkt, welcher starb den 3. huj. nachmittags halb 5 Uhr, seines Alters 68 j. 4 Monate 7 Tage«.[42]

Sein Grab ist leider verloren, da das Erbbegräbnis 1891 aufgelöst und die Überreste »nach dem Friedhof überführt« wurden. Um welchen Friedhof es sich gehandelt hat und an welcher Stelle dort die Gebeine bestattet wurden, ist nicht überliefert. Noch im Juni 1881, als man Bauarbeiten in der St. Petri-Kirche durchführte, sollten auch die in ihren Angeln gelockerten Flügeltüren der Gruft neu befestigt werden. In der dazu geöffneten Gruft zeigte sich ein nur mit Leiter zugängliches unregelmäßiges Gewölbe mit einem Seitenflügel, über dem die Jahreszahl »1706« angebracht war. In der Gruft befanden sich mehrere zerfallene Särge. Es gab auch hier ummauerte, mit Ziegeln überwölbte, jedoch teilweise durchschlagene Einzelgrüfte, während eine größere noch unversehrt war. Möglicherweise war das die Gruft des Oberberghauptmanns (Gerlach 1886a, S. 96). Auch im Freiberger Dom

---

42 Ev.-Luth. Superintendentur Freiberg/Sachsen, Kirchenbuch der St. Petri-Kirche zu Freiberg, Totenbuch 1665–1721, Bl. 371.

ist die Grabstätte der Johanna von Carlowitz, geb. v. Milkau – Ehefrau des Berg-
kommissionsrates Carl Christian von Carlowitz (1684–1734) – aus dem Jahre
1730, die sich im vierten Bogen des Kreuzganges befand und die Grübler (1731)
beschreibt, heute nicht mehr vorhanden.

Am »Sonntage Misericordias Domini, war der 15 April des Jahres 1714« fand
dann »Bey Hoch=adelicher und Volck=reicher Versammlung« in der St. Petri-Kirche zu Freiberg die offizielle Trauerfeier statt. Die »Gedächtnüß=Predigt« hielt der
schon genannte Amtsprediger Wäger, der dazu auch den ausführlichen Lebenslauf
vortrug. Wie zu damaliger Zeit üblich, wurde diese Leichenpredigt auch gedruckt
(siehe Abb. 5, Seite 199). Wie es schon zur Trauerfeier der Eltern des Oberberghauptmanns geübter Brauch gewesen war, trugen auch hier zahlreiche Teilnehmer
meist pompöse Lobeshymnen auf den Verstorbenen vor, die dann in Chemnitz und
Freiberg ebenfalls im Druck erschienen sind. Den acht überlieferten, teils umfangreichen »Gedächtnis=Predigten« und Trauerreden nach dürfte diese Trauerfeier
geraume Zeit gedauert haben (Anonym 1714 a/b; Bergner 1714; Bose, v. 1714; Fischer
et al. 1714, Müller et al. 1714, Richter et al. 1714 u. Steuber 1714). Die umfangreichs-
ten Würdigungen des Verstorbenen stammen von den Predigern aller Freiberger
Kirchen, dabei befand sich auch diese treffend formulierte Einschätzung seiner
Tätigkeit als Oberberghauptmann:

> »Die Lust zur Wald=Cultur, die Sorge der Metallen
> Die Kunst / wie man mit Turff den Ofen heitzen kan
> Und was von Tugend mehr hat männiglich gefallen
> Hat Carlewitzens Ruhm getragen Himmel=an«
> (Fischer et al. 1714, S. 2).

Von den zwei anonymen Verfassern der Trauerdrucke könnte der mit »J.B.C.P.«
signierte möglicherweise Zacharias Plattner (1658–1729) gewesen sein, der sechs-
mal Bürgermeister in Chemnitz war. Auch vom Rektor und Magister Samuel
Müller und seiner Lehrerschaft vom Freiberger Gymnasium werden in Versen
die großen Verdienste des Hans Carl von Carlowitz gewürdigt. Schließlich kam
auch der Chemnitzer Amtmann Johann Friedrich Bergner (†1751) zu Wort und
der Hochfürstlich Sächsische Eisenbergische Stallmeister Carl Zdislaus von Bose
(1661–1743) fand – sicher auch im Namen der anwesenden Verwandten der Witwe –
die ehrenvollen Worte: »Sein Hoher Stand machte IHN nicht hochmüthig […] Darbey bemühete er sich zu seyn / was Er war / Ein rechtes Ober=Haupt des Berg-
werckes / Indem seine aus der mühsamen Erfahrung begriffene Wissenschafft Bey
IHM die Meisterin aller Verrichtungen war« (Bose, v. 1714, S. 3).

Die Witwe Ursula Margaretha von Carlowitz wohnte weiterhin in Freiberg. Sie verstarb am 26. Oktober 1727 »zur Mitternacht im 72. Jahr ihres Alters sanfft und selig […] und ihr entseelter Leichnam wurde darauff am 9. Novembr. in Ihr allhiesiges Erb=Begräbnüß unter öffentlich angestellten Volckreichen Leichen=Conduct gebracht«. Der Enkel und spätere Major Carl George Heinrich von Tümpling (1708–1762) ehrte die Großmutter mit einer »Abdanckungs=Rede«, die der Leichenpredigt beigegeben ist. Er rühmte »Ihre besondere Erfahrung und Geschicklichkeit in der Oeconomie«, sie hatte also den Haushalt an der Seite ihres viel beschäftigten Mannes im Griff gehabt. Auch vergaß er nicht zu erwähnen, dass sie »unermüdet gewesen sey, allen hiesigen Nothleidenden nach Ihrem Vermögen beyzustehen, die nun eine grosse Versorgerin beklagen«.

Mit Schreiben vom 18. März 1713, also noch zu Lebzeiten des Oberberghauptmanns, bat Martha Sabina, verwitwete von Ende, geb. von Carlowitz um einen Gerichtstermin, um die Erbteile ihrer verstorbenen Brüder Hans Dietrich von Carlowitz auf Altenschönfels (†Februar 1683 ohne Erben) und Hans Wolff von Carlowitz (†1686 als Oberst bei der Belagerung von Ofen [= Buda, jetzt Stadtteil von Budapest]) zu erhalten. Inwieweit die Klage Erfolg hatte, ist nicht überliefert. Da Hans Carl von Carlowitz jedoch schon 1710 seinen drei Töchtern seine Besitztümer vererbt hatte (s. o.), dürfte der Martha Sabina die beantragte »Erbportion« nicht zugesprochen worden sein.[43]

Im Staatsarchiv Leipzig befindet sich eine »Immobilienliste« aus dem Jahre 1714 über die vererbbaren Grundstücke des Oberberghauptmanns. Aufgeführt sind »Sein Hauß in Freyberg à 900 Gulden« und »Etl. Stücke Feld so auch […] zu Ottendorf gekauft à 700 Gulden«. Insgesamt wurden für die Immobilien 2.162 Gulden ausgewiesen. Ein zweites Haus in Freiberg, dass schon Carlowitz, v. (1875, S.184) erwähnt und dessen Lage dann Knebel (1913, S. 90) lokalisiert hatte, ist jedoch nicht mit aufgeführt, obwohl erst 1732 mit Johann George Liebscher dafür ein neuer Besitzer genannt wird. Dagegen wurden »Schulden« aufgelistet, die wohl als noch außenstehende finanzielle Forderungen des Carlowitz anzusehen sind und die unter den Erben zu verrechnen waren. Es handelte sich um 26.500 Gulden »Kaufgeld, so die Fraun u. Frl. Töchter vors Gutt Arnsdorff nebst zu gehorung schuldig« sowie

---

43 Martha Sabina von Carlowitz (29.08.1650–10.01.1723) heiratete 1681 in zweiter Ehe Hans Sigmund von Ende auf Bornitz (urkundl. 1679–1704). Der Sohn Hans Sigismund von Ende (03.08.1687–10.05.1758) war 1733–1742 Oberforst- und Wildmeister zu Liebenwerda und Annaburg und ab 1741–1757 auch Landjägermeister des Kur-, Meißnischen u. Leipziger Kreises (Feilitzsch, v. S. 65). Ihr Vater war Georg Carl I. v. Carlowitz (1616–1680), ein Sohn des Hans Georg v. Carlowitz (1586–1643), damit war Martha Sabina eine Schwester des Oberberghauptmanns (zu v. Ende siehe Bendix 2001, S. 86). SStA Leipzig, Bestand 20335 Rittergut Arnsdorf b. Hainichen 1620–1900, Patrimonialgericht Arnsdorf Nr. 565 (unpaginiert) »Acta, Der Frau von Enden, von denen verstorbenen Brüdern von Carlowitz, gesuchte Erbportion und die darumb angestellte Klage betrl.«

»5.714 Gulden 6 Gr. stundiges Kauffgeld von Hauße zu Dreßden so die hoch L. Kriegs Canzeley restiret«.[44]

Die Töchter hatten nach dem Tod des Vaters das Erbe angetreten, jedoch keine der drei Frauen wählte das Rittergut Arnsdorf als ihren Wohnsitz. Sie verpachteten vielmehr das Gut mit den dazugehörigen Ländereien und schlossen dazu am 9. Mai 1720 einen Pachtvertrag »als Geschwister« für die Pachtsumme von 2.000 Gulden, »mit Zubehörungen an Arckern, Feldern, Wiesenwachß, Teichen und Wilden Fischereyen, auch NiederJagd, jedoch diese nur auf denen beyden Dorff-Fluren Arnsdorf und Schlegel [...][45] von Johannis 1720 bis Johannis 1724« mit dem Königl. Poln. u. Kurfürstl. Sächs. Hauptmann Christoph He(i)nrich von Schleinitz († 1736). Den Pachtvertrag zeichnete mit Lacksiegel der Oberstleutnant Ludwig Gustav von Carlowitz auf Liebenau in »Ehlicher Vormundschafft« für seine Frau Johanna Magdalena und »cum cautione rati« (= unter Vorbehalt) für die beiden anderen Frauen.[46] Mit »Contract« vom 23. Juni 1724 hatten dann die drei Schwestern »abgehandelt und beschlossen«, die bisherige »Comunion« über den Kauf des Rittergutes Arnsdorf, die sie mit dem Vater am 29. September 1709 beschlossen und am 6. November 1709 amtlich bestätigt erhielten, aufzukündigen. Für das zum 18. Dezember 1710 als ihr Lehen zugefallenes Gut sollte nunmehr, nach den von ihnen am 27. Februar 1713 und 13. November 1717 getroffenen Vertragsänderungen, der schließlich am 5. Mai 1718 ratifizierte Vergleich, in dem Johanna Magdalena ihren Erbanteil am Rittergut Arnsdorf »für 16.204 Gulden Meißnischer Währung« an ihre beiden Schwestern abgetreten hatte, gelten. Erst am 27. Dezember 1727, nach dem Tod der Mutter, schlossen Ursula von Carlowitz und die Schwester Charlotta Maria von Tümpling einen Kaufvertrag über den gemeinschaftlichen Besitz des Rittergutes Arnsdorf ab.[47]

Nach dem Tod der Schwester 1734 wurde Ursula von Carlowitz Alleinerbin. Schließlich ist den Akten noch zu entnehmen, dass sie dann das Rittergut für die Jahre 1744 bis 1749 an ihre Neffen, den Hauptmann Christoph Dietrich von Tümpling (1703–1775), den Oberforst- und Wildmeister Christian Gottlob von Tümpling (1705–1770), den Major Carl Georg Heinrich von Tümpling (1708–1762)

---

44 SStA Leipzig, Bestand 20335 Rittergut Arnsdorf b. Hainichen 1620–1900, Grundh.[errschaft] Arnsdorf Nr. 3 »Übernahme des Rittergutes Arnsdorf durch die Erben des verstorbenen Hans Carl von Carlowitz (1714)«, Bl. 27 r.

45 Schlegel ist das benachbarte Dorf von Arnsdorf in Richtung Hainichen.

46 SStA Leipzig, Bestand 20335 Rittergut Arnsdorf b. Hainichen 1620–1900, Patrimonialgericht Arnsdorf Nr. 566 (unpaginiert) »Pachtvertrag vom 9. Mai 1720 über das Rittergut Arnsdorf«.

47 SStA Leipzig, Bestand 20335 Rittergut Arnsdorf b. Hainichen 1620–1900, Grundh.[errschaft] Arnsdorf Nr. 11 (unpaginiert).

und den Hauptmann Georg Wolff von Tümpling (1713–1777) verpachtet hatte.[48] Nach dem Tod der Ursula von Carlowitz 1746 und danach erfolgtem Vergleich zwischen den Brüdern kaufte es 1747 Carl Georg Heinrich von Tümpling und wurde damit alleiniger Besitzer des Rittergutes Arnsdorf (Tümpling, v. 1864, S. 86–87).

Die forstlichen Nachfahren

Zu Beginn wurde den forstlichen Vorfahren des Oberberghauptmanns Hans Carl von Carlowitz gedacht. Von ihren Lebens- und Berufserfahrungen hat er als Familienmitglied und aufsteigender Montanbeamter sicher profitiert. Diese günstige Konstellation hatte ihm den Blick geschärft, dass die »Gehöltze der größte, ja der unerschöffliche Schatz unsers [Sachsen-]Landes« sind. Damit an Holz kein Mangel werde, hatte er folglich als richtig erkannt, die »Oeconomie also und dahin einzurichten, daß wir […] wo es abgetrieben ist, dahin trachten, wie an dessen Stelle junges wieder wachsen möge«. Aus diesen Überlegungen heraus formulierte Carlowitz in seiner *Sylvicultura oeconomica* (1713, S. 105) dann den heute oft zitierten Gedanken, »daß es eine continuirliche beständige und *nachhaltende Nutzung [des Holzes]* gebe[n muss]«. Diesem Grundsatz sind seine forstlichen Nachfahren in der Familie von Carlowitz bis heute verpflichtet geblieben. Sie sollten deshalb auch abschließend in kurzer Form Erwähnung finden.

Die Reihe weiterer Forstmänner in der Familiendynastie von Carlowitz beginnt mit drei Cousins des Oberberghauptmanns; alles Söhne des Landjägermeisters Georg Wolf I. von Carlowitz (1611–1663), dem Bruder des Vaters Georg Carl I. von Carlowitz (1616–1680):

Hans Georg von Carlowitz (10. November 1643–November 1679) war 1661 Jagdpage und wurde 1663 Oberforstmeister zu Augustusburg, Chemnitz, Stollberg, Grünhain, Krottendorf, Schlettau, Schwarzenberg, Zwickau, Werdau, Lichtenwalde und Frankenberg (Simon 1821, S. 81). Er wird 1678 als Vize-Landjägermeister bezeichnet.[49]

---

48 SStA Leipzig, Bestand 20335 Rittergut Arnsdorf b. Hainichen 1620–1900, Patrimonialgericht Arnsdorf Nr. 497 (unpaginiert) »Pachtvertrag über das Rittergut Arnsdorf zwischen Ursula v. Carlowitz u. den Gebrüdern Tümpling 1744«.

49 Der sächsische Kurfürst Johann Georg II. traf sich 1678 mit seinen Brüdern August, Moritz und Christian zu einer »Conferenz«. Bei dem dazu veranstalteten festlichen Einzug am 1. Februar durch Dresden, der zum kurfürstlichen Schloss führte, »ritt erstlichen die Jägerey, grün, mit Silber ausgemacht, gekleidet«, unter der Führung des Oberhofjägermeisters Loth von Bomsdorf (1626–1684), gefolgt vom Landjägermeister Johann Adolph von Ziegesar (1633–1698) und dem »Vice-Land=Jägermeister Johann George von Carlowitz« (Lünig 1719, S. 253).

Christoph Rudolph von Carlowitz (29. Juni 1655–12. November 1723) war 1677 Jagdjunker, dann Oberforst- und Wildmeister zu Schwarzenberg und Zwickau.

Georg Heinrich I. von Carlowitz (21. Januar 1662–7. März 1739) war 1686 ebenfalls Jagdjunker, ab 1698 Landjägermeister des Kur-, Leipziger und Meißnischen Kreises, auch Oberforst- und Wildmeister zu Torgau, Wurzen, Eilenburg, Düben, Gräfenhainichen, Pretzsch und Mühlberg (über ihn ausführlich in Bendix 2001, S. 81–83). Er hatte sieben Kinder, von denen **Carl Rudolph von Carlowitz (19. Februar 1713–1785)** beim Fürstlich-Blankenburgischen Forstmeister Johann Georg von Langen (1699–1776) im Harz seine forstlichen Ausbildung erhalten hatte. Mit ihm und weiteren sechs Forsteleven ging er 1737 für sechs Jahre nach Norwegen und half unter der Leitung des zum norwegischen Hofjägermeisters avancierten von Langen bei der Reorganisation der dortigen Kronforsten (Bendix 2012, S. 210). 1748 zum Kammer- und Jagdjunker ernannt, stieg er dann 1761 zum Oberforst- und Wildmeister des vogtländischen Kreises zu Schöneck auf.

Nicht ganz klar ist die verwandtschaftliche Beziehung des Oberberghauptmanns zu **Georg Dietrich I. von Carlowitz (25. Oktober 1623–15. November 1651)**, der nach 1645 als Oberforst- und Wildmeister bezeichnet wird. Vermutlich ist er ebenfalls ein Bruder des Vaters und damit als Onkel von Hans Carl von Carlowitz einzuordnen. Seine Linie wird mit dem Sohn **Georg Dietrich II. von Carlowitz (1652–29. Januar 1722)** fortgesetzt. Er war 1684 Jagdjunker, ab 1691 Oberforst- und Wildmeister zu Grillenburg (Tharandter Wald) und Niederschöna. Nach 1695 ist er in gleicher Dienststellung nach Colditz versetzt worden, wo er auch verstarb. Von seinen fünf Kindern stieg **Carl August von Carlowitz (6. Mai 1686–7. Dezember 1740)** vom Jagdpagen (1699) und Jagdjunker (1710) im Jahre 1722 zum Nachfolger des Vaters im Amt auf und brachte es 1739 zum Landjägermeister des erzgebirgischen Kreises.

Die älteste Tochter Johanna Magdalena des Oberberghauptmanns hatte mit Ludwig Gustav von Carlowitz (1678–1730) drei Kinder. Der letztgeborene Sohn aus dieser Ehe, **Georg Wolf von Carlowitz (19. Mai 1721–8. März 1787)**, war mindestens seit 1749 Herzoglich Braunschweig-Lüneburgischer Hofjägermeister (Uechtritz, v. 1793, S. 22). Schließlich ist noch eines **Ludwig Job von Carlowitz (11. August 1782–10. Juli 1863)** zu gedenken, der ab 1815 als Oberförster zu Hohnstein und Forstmeister zu Schandau (Sächsische Schweiz) genannt wird. Nicht unerwähnt soll bleiben, dass auch zwei Brüder des Oberberghauptmanns, Hans Christoph und Hans Jobst, als Oberaufseher im kursächsischen Floßwesen für die Zwickauer Flöße bzw. Erzgebirgischen Flöße (ab 1680) Verantwortung trugen und so mit dem Holztransport aus den erzgebirgischen Wäldern unmittelbar beauftragt waren. Auch ein **Carl Adolph von Carlowitz (19. April 1699–16. Mai 1757)** war nach 1726 erzgebirgischer

Kreiskommissar und Floßoberaufseher und ein **Ferdinand Gotthelf von Carlowitz (10. September 1756–9. Juni 1814)** betreute ab 1787 die Elsterwerdaer und Annaburger Flöße.

Auch heute noch ist die Familie von Carlowitz mit Wald und Forstwirtschaft verbunden, zwei studierte Forstleute und drei waldbesitzende und -bewirtschaftende Nachfahren geben Zeugnis davon:

Forstdirektor a. D. Peter Georg von Carlowitz, geboren 1936 in Dresden, absolvierte nach seinem Mittelschulabschluss eine einjährige Lehre als Industriekaufmann (Holzhandel und Sägewerk). Es folgte ein erneuter Schulbesuch und die Ablegung des Abiturs. Nach Abschluss seines Studiums der Forstwissenschaften an den Universitäten Göttingen, München und Stellenbosch/Südafrika war er nach dem anschließenden Forstreferendariat in Niedersachsen mit Forstinventur- und Forstplanungsaufgaben beschäftigt. Ab 1972 bis 1974 war von Carlowitz als Mitarbeiter einer Forstindustrie-Beratungsgruppe bei der Wirtschaftskommission für Afrika (Economic Commission for Africa) in Addis Abeba/Äthiopien tätig. Danach leitete er bis 1978 beim Äthiopischen Landwirtschaftsministerium in Addis Abeba ein Programm für Erosionsschutz und integrierte Landnutzung im Hochland von Äthiopien und Eritrea. Von 1978 bis 1980 wurde ihm die Leitung des Forstamtes Lüneburg (Klosterkammer Hannover) übertragen. Im Anschluss erhielt von Carlowitz für zwei Jahre die Berufung zum Dezernatsleiter für Holzvermarktung und zum Inspektionsbeamten für die ostniedersächsischen Forstämter der Bezirksregierung Lüneburg. Danach arbeitete er für neun Jahre als wissenschaftlicher Mitarbeiter beim »International Centre for Research in Agroforestry« (ICRAF) in Nairobi/Kenya. Ab 1991 bis zu seiner Pensionierung zur Jahresmitte 1999 übernahm von Carlowitz die Leitung des Forstamtes Soltau der Klosterkammer Hannover.

Oberforstdirektor a. D. Georg Heinrich von Carlowitz, geboren 1937 im sächsischen Falkenhain bei Wurzen, studierte nach der Schulzeit in Naumburg/Saale, Wuppertal und Dierdorf (Westerwald) Rechtswissenschaften in Bonn. Nach einer Forstlehre in Biedenkopf/Lahn nahm er das Studium der Forstwissenschaften in Hann. Münden und München auf. Nach erfolgreich abgeschlossenem Studium absolvierte er die Referendar- und Forstassessorenausbildung in Hessen und übernahm dann 18 Jahre lang die Leitung des Hessischen Forstamtes Dillenburg. Weitere 16 Jahre leitete Carlowitz die Forstbetriebe des Fürsten Solms-Lich und des Grafen Solms-Laubach. Seit 2005 pensioniert, betätigt er sich noch immer als unabhängiger Forstsachverständiger.

Wilhelm von Carlowitz, der heutige Senior des Carlowitzschen Familienverbandes, wurde 1944 ebenfalls im oben genannten Falkenhain bei Wurzen geboren. Er besuchte das Gymnasium in Naumburg/Saale und legte dort am Kirchlichen

Proseminar sein Abitur ab. Danach studierte er Theologie in Ostberlin und wechselte 1967 in die Bundesrepublik über, wo er mit einem Studium der Betriebswirtschaftslehre in Bonn und Köln seine Ausbildung fortsetzte und diese 1972 als Diplom-Kaufmann abschloss. Es folgte ein Auslandsaufenthalt. Ab 1973 war Carlowitz bei der Commerzbank beschäftigt und in deren Auftrag unter anderem acht Jahre in Brüssel tätig. Er wurde 1993 Mitglied der Geschäftsleitung dieser Bank und blieb es bis mindestens 2004. Schon 2001 gründete Carlowitz mit seiner Ehefrau ein forstwirtschaftliches Familienunternehmen in Brunkau (Altmark), das beide auf 650 Hektar nach den Prinzipien eines naturgemäßen nachhaltigen Waldbaus führen. Wilhelm von Carlowitz ist auch im Vorstand des Waldbesitzerverbandes und der Arbeitsgemeinschaft Naturnahe Waldwirtschaft (ANW) Sachsen-Anhalt. Als politisch interessierter Mensch unserer Zeit saß Wilhelm von Carlowitz nach der politischen Wende in Deutschland als CDU-Mitglied im dritten Sächsischen Landtag. Er engagierte sich dort unter anderem im Ausschuss für Landwirtschaft, Ernährung und Forsten. Auch war er Ehrenrichter am Finanzgericht Karlsruhe und 1995 bis 2006 sogar Honorarkonsul des Königreichs Belgien in Dresden. Seit 2008 gehört von Carlowitz als ehrenamtlicher Domherr dem Domkapitel der Vereinigten Domstifter zu Merseburg, Naumburg und des Kollegialstifts Zeitz an. Er ist auch Rechtsritter des Johanniterordens und erhielt das Bundesverdienstkreuz und eine vergleichbare Ehrung vom Königreich Belgien.

Johannes von Carlowitz, geboren 1965 in Geilenkirchen (Nordrhein-Westfalen). Nach dem Abitur und der Ausbildung zum Lt. d. Reserve bei den Gebirgsjägern studierte er Betriebswirtschaftslehre in Passau, Malaga und Berlin mit Abschluss Dipl.-Kaufmann. Seit 1995 verheiratet mit Felicitas (geb. v. Livonius, Ass. jur), fünf Kinder. 1991 pachtete er mit seinem Vater 300 Hektar Landwirtschaftsflächen von der Treuhandanstalt (THA) bei Dornreichenbach (Sachsen). Durch Rückerwerb der ehemaligen Rittergutswälder aus altem Familienbesitz von Falkenhain und Heyda im Jahre 1995/97 werden heute 1.000 Hektar Landwirtschafts- und 400 Hektar Waldflächen bewirtschaftet. Johannes von Carlowitz ist Mitglied im Vorstand der Arbeitsgemeinschaft land- und forstwirtschaftlicher Betriebe in Sachsen und Thüringen e. V. und im Johanniterorden.

Dipl.-Ing. **Anna Michel, geb. von Carlowitz**, Geburtsjahrgang 1968, studierte nach dem Abitur Landschaftsplanung. 1993 begann sie gemeinsam mit Ehemann Franz-Christoph Michel auf Gut Netzow bei Templin in der Uckermark (Brandenburg) mit ökologischer Landwirtschaft. Heute bewirtschaftet das Ehepaar ca. 500 Hektar Ackerland und 1.000 Hektar Wald (Hauptbaumart Kiefer).

Genealogische Zusammenstellung

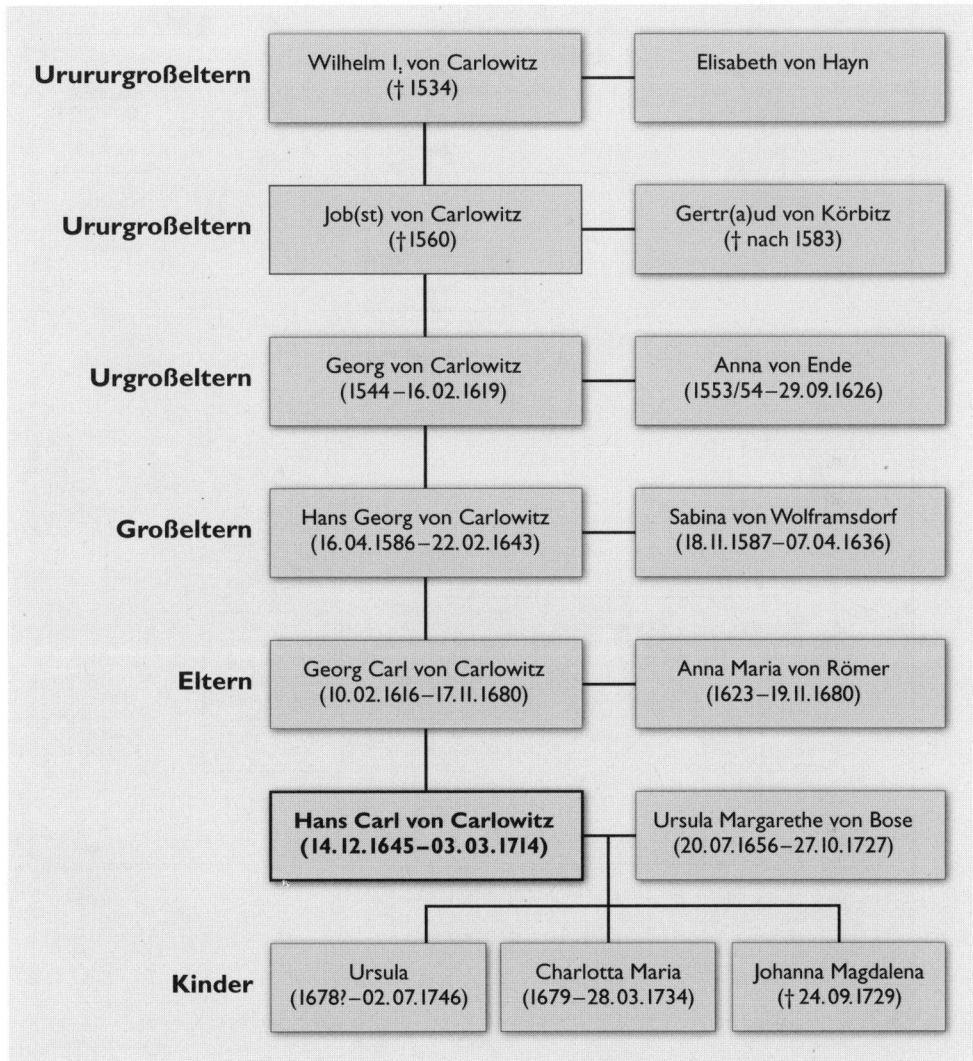

Tab. I: Stammreihe des Oberberghauptmanns Hans Carl von Carlowitz (vereinfachte Darstellung)

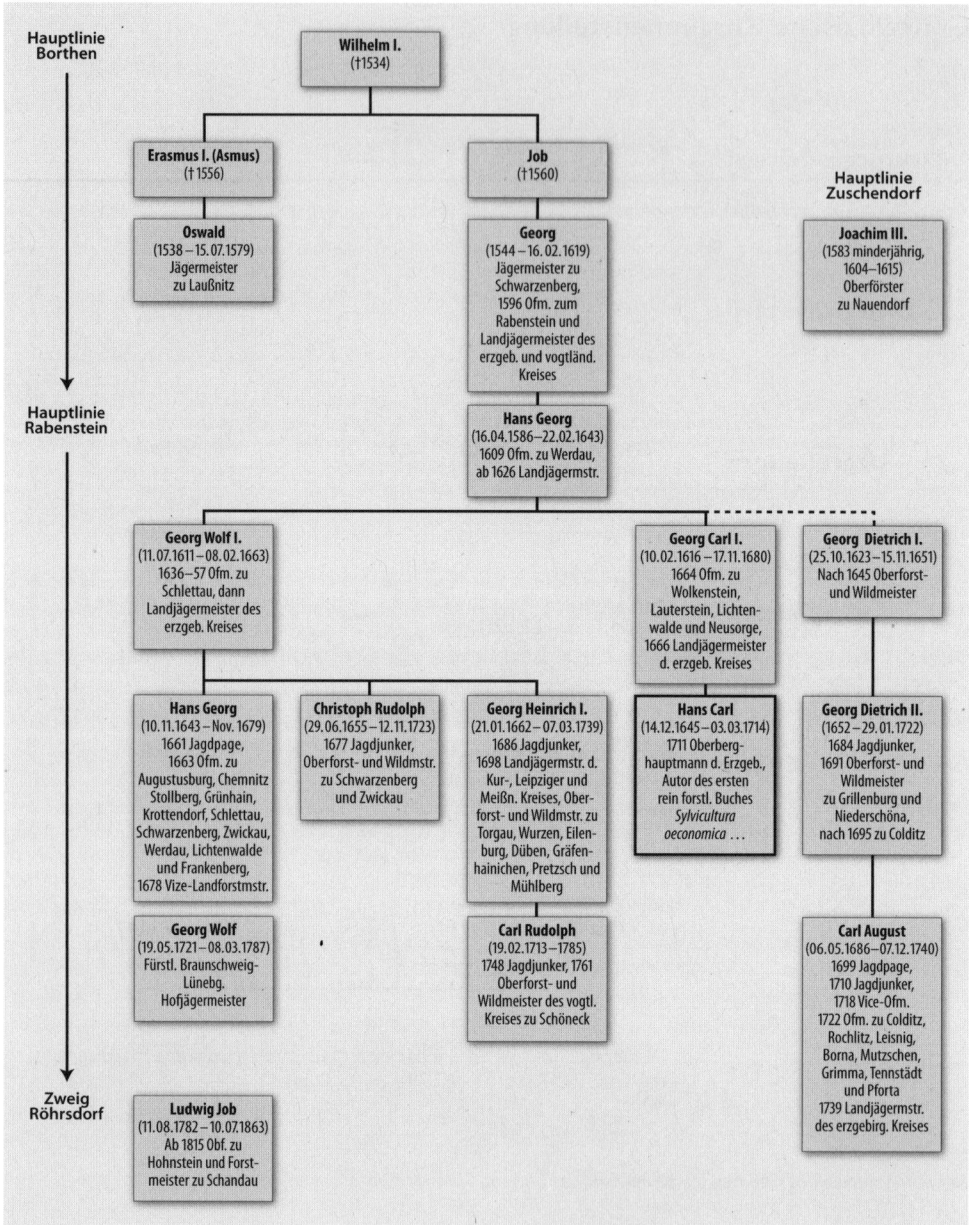

Tab. 2: Stammtafel-Zusammenstellung der Familie von Carlowitz (nur Forstleute betreffend) von B. Bendix, nach Carlowitz, v. (1875)

Zeittafel zu Hans Carl von Carlowitz (1645–1714)

1616 Der Vater Georg Carl von Carlowitz wird in Zwickau geboren.

1623 Die Mutter Anna Maria geb. von Römer wird in Brandis geboren.

1645 Geburt in der Burg Rabenstein am 14. Dezember und fünf Tage später ev.-luth. Taufe in der Kirche St. Georg zu Niederrabenstein (heute Rabenstein-Chemnitz).

1648 Ende des Dreißigjährigen Krieges.

1652 Die Familie von Carlowitz verlegt ihren Wohnsitz von der Burg Rabenstein in ihre Besitzung Burg Altschönfels bei Zwickau.

1653 Schüler der Knabenschule in Werdau.

1656 Ursula Margarethe von Bose, die spätere Ehefrau, wird vermutlich in Mölbis bei Leipzig geboren.

1659 Schüler des Ev.-Luth. Stadtgymnasiums Halle/Saale.

1664 Studium der Rechts- und Staatswissenschaften an der Universität in Jena.

1665 Große Bildungsreise durch Europa, bei der er sich naturwissenschaftlichen, bergbaukundlichen und forstrechtlichen Studien widmet sowie auch kurzzeitig an den Universitäten Leiden und Utrecht Vorlesungen hört.

1666 Pest in London, die 70.000 Todesopfer forderte, sowie »Großer Brand von London«. Dabei gerät Carlowitz in den Strudel der dazu aufflammenden Massenhysterie und wird unverschuldet ins Gefängnis geworfen, aus dem er durch den Privatsekretär des englischen Königs befreit wird.

1667 Carlowitz wird von einer schweren Krankheit befallen, verbringt in Hamburg lange Zeit im Krankenbett und ist danach in Nykøbing/Falster Teilnehmer der Hochzeit des dänischen Kronprinzen Christian V. mit Charlotte Amalie von Hessen. Er entgeht mit Glück bei der Weiterreise von Dänemark über Schweden, Lübeck und Hamburg auf dem Seeweg in die Niederlande einer erneuten Gefangennahme durch ein englisches Kaperschiff. Es folgt die Reise nach Frankreich, wo er die französische Sprache erlernt und in Paris unter anderem die Nationalbibliothek sowie die Bibliothek der Sorbonne besucht.

1668 Reise nach Italien, unter anderem nach Rom, Bekanntschaft mit Kardinal Ulderico Carpegna (1595–1679).

1669 König Ludwig XIV. erlässt in Frankreich ein modernes Waldgesetz. Carlowitz begibt sich über Neapel und Sizilien nach Malta, wo er in Valletta vom Großmeister Nicolas Cotoner y de Oleza (1608–1680) empfangen wird. Auf der Rückreise über Venedig und Tirol übersteht er auf dem Mittelmeer einen gefährlichen Sturm und kehrt zum Jahresende in die Heimat zurück.

1670 Erste Aufwartung beim sächsischen Kurfürsten Johann Georg II.

1671 Hilft dem Vater bei Grenzberichtigungen an der Grenze zu Böhmen.

1672 Erhält vom Kurfürsten die Bestallung zum Kammerjunker mit einem Gehalt von 300 Thalern. Adjunkt beim Vater in Orten des Erzgebirges, wo dieser als Amthauptmann tätig ist.

1675 Heirat mit Ursula Margaretha von Bose.

1676 Todgeburt des einzigen Sohnes.

1677 Assistiert in einer Kommission zur Beilegung von Grenzstreitigkeiten in Johanngeorgenstadt dem Vater, der nunmehr kursächsischer Landjägermeister ist. Das zweite Kind, eine Tochter, wird ebenfalls tot geboren.

1678 Ernennung zum kursächsischen Vize-Berghauptmann mit Amtssitz in Freiberg und somit erster Stellvertreter des Oberberghauptmanns Abraham von Schönberg. Im gleichen Jahr Geburt der ältesten Tochter Ursula.

1679 Geburt der zweiten Tochter Charlotta Maria im Rittergut Arnsdorf bei Hainichen.

1680 Tod der Eltern im November im Abstand von zwei Tagen in Arnsdorf. Carlowitz übernimmt den Arnsdorfer Besitz und wohnt hier mit seiner Familie.

1683 Die dritte Tochter Johanna Magdalena wird in Arnsdorf geboren.

1689 Das Rittergut Arnsdorf brennt durch einen Blitzschlag ab. Zweiter Wohnsitz wird in Freiberg ein Stadthaus am Obermarkt, das noch heute existiert.

1709 Titelverleihung »Kammer- und Bergrat« durch den Kurfürsten.

1710 Vermutliche Berufung zum Mitglied der sächsischen Holzkommission August des Starken, die ausgewählte Bestände sächsischer Wälder erfassen sollte und sich um Beseitigung von Holzmangel und um Bereitstellung von genügend Holz kümmern musste.

1711 Oberberghauptmann Abraham von Schönberg stirbt in Freiberg. Ernennung von Carlowitz zum Oberberghauptmann und damit Übertragung der vollen Verantwortung für die Leitung des sächsischen Bergwesens.

1712 Große gesundheitliche Probleme durch langwierige Krankheit.

1713 Carlowitz veröffentlicht zur Ostermesse in Leipzig sein Werk *Sylvicultura oeconomica – Anweisung zur wilden Baum-Zucht*. Das Buch nimmt eine schnelle Verbreitung.

1714 Tod in Freiberg am 3. März; 10 Tage später Beisetzung in der Familiengruft der Freiberger Hauptkirche St. Petri am Obermarkt unter großer Anteilnahme des Adels, der Stadtoberen und der Bevölkerung.

1715 Die Tochter Johanna Magdalena heiratet Ludwig Gustav von Carlowitz Oberstleutnant und Junker auf Biela und Liebenau bei Kamenz, einen entfernten Vetter.

1727   Die Witwe Ursula Margaretha verstirbt.

1729   Tod der Tochter Johanna Magdalena.

1732   Die zweite Auflage der *Sylvicultura oeconomica* erscheint zusammen mit einem ergänzenden naturwissenschaftlichen Beitrag des Kameralisten Julius Bernhard von Rohr (1688–1742) in Leipzig.

1734   Die Tochter Charlotta Maria stirbt. Sie war verheiratet mit Oberstleutnant Georg Wolf von Tümpling (1672–1732). Ihr gemeinsamer Sohn Christian Gottlob v. Tümpling (1705–1770) war später Oberforstmeister zu Zeitz und Naumburg.

1746   Die Tochter Ursula verstirbt unverheiratet in Freiberg.

Literaturhinweise

Anonym [F.D.S.P.S.]: Das Mit dem Hochseel. Hintritt Hr. Hoch=Wohlgebohrnen Excellenz, Des Herrn Ober=Berg=Hauptmanns von Carlowitz [...] Erloschene Licht [...] entwarff Bey dessen [...] Gedächtniß=Predigt, war der 15. April 1714 Ein / diesem Hochadelichen Hause treu-verbundener Diener u. V.b.G. F.D.S.P.S. Freyberg 1714 a, Gedruckt bey Elia Nicolao Kuhfußen, 4 S. (Sächsische Landes- u. Universitätsbibliothek [SLUB] Dresden).

Anonym [J.B.C.P.]: Ehren=Gedächtniß [...] bey Vollziehung Des Hoch=Wohlgebohrnen Herrn Herrn Hanns Carln von Carlowitz [...] Volckreichen und solennen bereits geschehenen Beyset-zung aufgerichtet [...] Von einem den Vornehmen Carlowitzischen Hause treu=verbundenen Diener J. B. C. P. Den 15. Apil MDCCXIV. Chemnitz 1714 b / gedruckt bey Conrad Stösseln, 4 S. (Sächsische Landes- u. Universitätsbibliothek [SLUB] Dresden).

Anonym: Altertümliche Entdeckungen. In: Mitteilungen vom Freiberger Altertumsverein, 27. Heft 1890, Freiberg 1891, S. 72.

Behlau, Carl Christian von, et al.: Kindliche Thränen und Schuldige Pflicht / Wegen des unver-hofften / doch höchstseel. Absterbens / Des weiland Hoch=Wohl=Edelgebohrnen Herrn / Herrn George Carl von Carlowitz / Auff Arnßdorff / Alten Schönfels / Ober Staucha und Tausa / ec. [...] Ingleichen dessen liebgewesenen und HochAdelicher Ehe=Liebsten / Der auch weiland Hoch=Wohl=Edelgebohrnen Frauen / Frn. Anna Marien von Carlowitzin gebohrnen Römerin / aus dem Hause Rauenstein / ec. [...] gehorsambst abgeleget [...]. Freyberg 1681 / druckts Zacharias Becker, 4 S. (Sächsische Landes- u. Universitätsbibliothek [SLUB] Dresden).

Bendix, Bernd: Geschichte des Staatlichen Forstamtes Tornau von den Anfängen bis 1949. Ein Beitrag zur Erforschung des Landschaftsraumes Dübener Heide. Mitteldeutscher Verlag Halle/Saale 2001, S. 78, 81–83 u. 86.

Bendix, Bernd: Johann Georg von Langen. In: Bernd Bendix [Hrsg.] »Verdienstvolle Forstleute und Förderer des Waldes aus Sachsen-Anhalt«, Verlag Kessel Remagen-Oberwinter 2012, S. 208–214.

Bergner, Johann Friedrich: Wehmüthiges Glück auf! Bey der Hoch=Adelichen Grufft Des Hoch=Wohlgebohrnen Herrn / Herrn Hanns Carl von Carlowitz [...] am Tage der solennen Gedächtniß=Predigt / den 15. Aprilis, MDCCXIV. In tiefster Betrübniß / doch schuldigst

ausgesprochen von einem unterthänig=gehorsamen Diener / Johann Friedrich Bergnern.
Chemnitz 1714 / mit Stösselischen Schriften, 4 S. (Sächsische Landes- u. Universitätsbibliothek
[SLUB] Dresden).

Böhme, Johann Wilhelm: Das höchst=rühmlich=immer=grünende Klee=Blat / Des Vornehmen
Hoch=Adelichen Geschlechts von Carlowizz / Bei dem Christl. und Hoch=ansehnl. Trauer=
und Leichen=Begängnüß Des weiland Hoch=Edelgebohrnen Herrn / Herrn Georg Carln
von Carlowizz / Uff alten Schönfelß / Arnßdorff / Ober=Stauche und Taube […] Wie auch
Der Hoch=Edelgebohrnen und Hoch=Tugend=belobten Frauen / Frauen Annen Marien von
Carlowizz / Gebohrner Römerin auß dem Hause Rauen=Stein […] Zu höchst=schuldigsten
immer=währenden Ehren=Gedächtnüß […]. Zu Chemnitz gedruckt 1681 / durch
J. Gabr. Gütnern. 4 S.(Sächsische Landes- u. Universitätsbibliothek [SLUB] Dresden).

Böttcher, Hans-Joachim: Historische Grabdenkmale und ihre Inschriften in der Dübener Heide.
In: Schriftenreihe der Arbeitsgemeinschaft für mitteldeutsche Familienforschung e.V., Nr. 165,
3. unveränderter Nachdruck, Kleve 2006.

Bose, Carl Zdislaus von: Das Empfindliche Bey=Leid Uber den Abschied Des Weyland
Hoch=Wohlgebohrnen Herrn / Herrn Hanß Carls von Carlowitz […] Welcher Den III. Martii
Anno 1714 […] höchst=seelig entschlaffen / Den XII. Martii darauff Christ=Adelich beygesetzet
worden / Wolte Bey der am XV. Aprilis angestellten Trauer= und Gedächtniß=Predigt […]
abstatten Carol Zdislau Bose. Gräitz 1714/ gedruckt bey Friedrich Martini, 4 S. (Sächsische
Landes- u. Universitätsbibliothek [SLUB] Dresden).

Bursian, G.: Carlowitz. In: Mitteilungen vom Freiberger Altertumsverein, 2. Heft 1863, Freiberg
1865, S. 78–79.

Carlowitz von: Der erste Autor über die Baumzucht. Tharander Jahrbuch, Leipzig 1866, 17. Band,
III. Abt., S. 227–231.

Carlowitz, Hannß Carl von: Mit GOtt! SYLVICVLTVRA OECONOMICA, Oder Haußwirthliche
Nachricht und Naturmäßige Anweisung Zur Wilden Baum=Zucht […]. Leipzig 1713 verlegts
Johann Friedrich Braun. Als Reprint 2011 im Verlag Kessel – Remagen-Oberwinter erschienen.
Die 2. Auflage 1732, erweitert um die »Naturmäßige Geschichte der von sich selbst wilde wach-
senden Bäume und Sträucher in Teutschland« (Autor: Julius Bernhard von Rohr) und mit einer
Einführung (S. I-XIII) von Bernd Bendix versehen, erschien im gleichen Verlag 2009 als Band 1
in der Reihe »Forstliche Klassiker« [Hrsg. Bernd Bendix].

Carlowitz, Oswald Rudolph von: Aus dem Archive der Familie von Carlowitz. Rammingsche
Buchdruckerei Dresden 1875, S. 10, 28–30, 116, 125–126, 138–143, 148, 163, 178, 180, 182–185 u.
Tafel V. (IIa 80), 165–177 u. Tafel III, 182–185, Tafel VIa (V.74).

Engelschall, Johann Christian: Beschreibung Der Exulanten= und Bergstadt JohannGeorgen-
Stadt […]. Leipzig 1723, in Verlegung Friedrich Lanckischens Erben und Christoph Kircheisen.

Falke, Johannes: Wie deutsche Fürsten zu Anfang des 17. Jahrhunderts bedient wurden.
In: Wochenblatt der Johanniter-Ordens-Balley Brandenburg, Berlin 1863, Band 4, Nr. 31, S. 101.

Feilitzsch, Heinrich Erwin Ferdinand von: von Ende. In: »Zur Familiengeschichte des Deutschen
insonderheit des Meissnischen Adels von 1570 bis ca. 1820. Kirchenbuch-Auszüge der ganzen
Ephorie Grossenhain […]«. Verlag Herrmann Starke (C. Plasnick) Grossenhain u. Leipzig 1896,
S. 63–65.

Fischer, Christoph Heinrich et al.: Den unsterblichen Nach=Ruhm, des weyland Hoch=Wohl-
gebohrnen Herrn, Herrn Hans Carl von Carlowitz […] wolte / als Derselbe Am 3. Mart.
Anno 1714 […] entschlaffen / und darauff den 13. Ejusd. dem Leibe nach […] zu seiner in
der St. Petri Kirchen zu Freyberg längst zubereiteten Ruhe=Cammer gebracht worden / bey der

am 15, Aprilis [...] angestellten Ehren= und Gedächtnüß=Predigt [...] zu einigem Trost [...] entwerffen Das Hoch= und Wohl=Ehrwürdige Stadt=Ministerium daselbst. Freyberg 1714 / Gedruckt bey Elia Nicolao Kuhfuß, 12 S. (Sächsische Landes- u. Universitätsbibliothek [SLUB] Dresden).

Frentzel, Johann: Ode / Bey Hoch=Adelicher vnd Vntadelicher Verehlichung / Des [...] Georg=Carls von Carlowitz / Vff Wallhausen / [...] der Ertzgebürgischen=Flöße / wol bestellten Ober=Auffsehers vnd Rittmeisters ec. Mit der [...] Jungfrauen Anna=Maria / Des [...] Jost=Christoff Römers / vff Neumarck / Wiesenbrunn / vnd Behrfeldt [...] Ober=Auffsehers der Saal= vnd Elster=Flöse / wie auch Ober=Forstmeisters zum Beernfels / ec. [...] Tochter [...] Am 21. Novemb. des 1643. Jahrs / Auff dem Leipziger Helicon gesungen [...]. Ohne Druckort 1643, 8 S. (Ratsbibliothek Zwickau).

Gaue, Johann Friedrich [Hrsg.]: Des Heil. Röm. Reichs Genealogisch=Historisches Adels=LEXICON [...]. Leipzig 1719, Verlegts Johann Friedrich Gleditschens seel. Sohn, Sp. 247–258.

Gerlach, Heinrich Constantin: Das v. Carlowitz'sche Gruftgewölbe in der Kirche Skt. Petri zu Freiberg. In: Mitteilungen vom Freiberger Altertumsverein, 22. Heft 1885, Freiberg 1886 a, S. 96.

Gerlach, Heinrich Constantin: Eine metallene Urkunde auf dem Giebel eines Hauses. In: Mitteilungen vom Freiberger Altertumsverein, 22. Heft 1885, Freiberg 1886 b, S. 97–98.

Gottfried, Alfred: Johann Christian Simon und Johann Gottlieb Ohndorff. Zwei Freiberger Barockbaumeister. Ferd. Dümmlers Verlag Bonn 1989, S. 33–40.

Grober, Ulrich: Hans Carl von Carlowitz. Ein Freiberger Oberberghauptmann prägte 1713 den Begriff Nachhaltigkeit. In: Mitteilungen des Freiberger Altertumsvereins, 87. Heft, Freiberg 2001, S. 13–31.

Grober, Ulrich: Der Erfinder der Nachhaltigkeit – Hans Carl Edler von Carlowitz. In: Einleitung zum Reprint der Erstausgabe 1713 der »Sylvicultura Oeconomica«, bearbeitet von Klaus Irmer u. Angela Kießling, herausgegeben von der TU Bergakademie Freiberg, Freiberg 2000, S. 6.

Grübler, Johann Samuel: Ehre Der Freybergischen Todten=Grüffte [...] Erster Theil. Freiberg 1731, S. 228–229 u. 499–501 sowie Anderer und letzter Theil, S. 1–2.

Haendcke, Berthold: Studien zur Geschichte der sächsischen Plastik der Spätrenaissance und Barock-Zeit. Verlag Erwin Haendcke Dresden 1903, S. 104–105.

Hartmann, Helmut: Das Elsterfloßgrabensystem einst und jetzt. In: Veröffentlichungen Naturkundemuseum Leipzig 1988, Heft 5, S. 36–50.

Hausen, Christian August: Leich=Proceß bey der Beysetzung Churfürst Johann Georg II. In: »Gloriosa Electorvm Dvcvm Saxoniæ Bvsta, Oder Ehre Derer [...] Chur=Fürsten und Hertzoge zu Sachsen Leichen=Grüffte [...]«. Bey Joh. Christoph Zimmermann und Joh. Nic. Gerlachen, Dresden 1728, S. 1631–1639.

Herzog, E.: Geschichte des Schlosses Schönfels und seiner Besitzer. In: Archiv für die Sächsische Geschichte, 4. Band, Verlag Bernhard Tauchnitz Leipzig 1866, S. 20–44.

Hess, Richard: Carlowitz: Johann (Hans) Karl v. In: Allgemeine Deutsche Biographie, Band 3, Leipzig 1876, S. 791–792.

Hess, Richard: von Carlowitz, Hans Karl. In: »Lebensbilder hervorragender Forstmänner und um das Forstwesen verdienter Mathematiker, Naturforscher und Nationalökonomen«, Verlag Paul Parey Berlin 1885, S. 47–49.

Jentsch, Frieder: Der »Erfinder« der Nachhaltigkeit Hans Carl von Carlowitz (1645–1714). In: Mitteilungen des Chemnitzer Geschichtsvereins, Jahrbuch 78, N.F. XVII, Chemnitz 2011, S. 7–22.

Knauth, Johann Conrad: MISNIÆ ILLUSTRANDÆ PRODROMUS. Oder Einleitung / zu des Edlen Hochlöblichen und Hochbegabten Marggraffthumbs MEISSEN / Landes= und Geschicht= Beschreibung. M.DC.XCII., Dresden 1692 / Gedruckt bey Johann Riedeln, S. 493–494.

Knebel, Konrad: Das Saubachtal und seine Umgebung. In: Mitteilungen vom Freiberger Altertumsverein, 48. Heft 1912, Freiberg 1913, S. 55–95.

König, Valentin [Hrsg.]: Genealogisch=Historische Beschreibung Nebst denen Stamm= und Ahnen=Taffeln Derer von Carlowitz. In:»Genealogische Adels=Historie Oder Geschlechts= Beschreibung Derer Im Chur=Sächsischen und angräntzenden Landen [...] ältesten und ansehnlichsten Adelichen Geschlechter [...]. Erster Theil«, Leipzig 1727, verlegts Wolffgang Deer, S. 112–163.

Kunze, Max: Hans Carl von Carlowitz. Tharander Forstliches Jahrbuch, Dresden 1889, 39. Band, Frontispiz u. S. 296.

Lauterbach, Werner: Hans Carl von Carlowitz. In:»Berühmte Freiberger. Ausgewählte Biographien bekannter und verdienstvoller Persönlichkeiten. Teil 1 – Persönlichkeiten aus dem 12. bis 17. Jahrhundert«. Mitteilungen des Freiberger Altertumsvereins, 84. Heft, Freiberg 2000, S. 98–99, 101–103 u. 115.

Lehmann, Christian: Von wilden Thieren. Stellet für einem Churfürstlichen Jagt=Aufzug die meist=gebirgischen Thiere. In:»Historischer Schauplatz derer natürlichen Merckwürdigkeiten in dem Meißnischen Ober=Ertzgebirge [...]«. Leipzig 1699 / in Verlegung Friedrich Lanckischens sel. Erben / drucks Immanuel Titze, S. 521–525.

Liebhard, Ludwig: I. N. J. EXERCITATIO HISTORICA DE INCLUTO TEUTONICORUM SIVE MARIANORUM EQUITUM ORDINE [...]. Baruthi, Typis Iohannis Gebhardi, 28 S. (Sächsische Landes- u. Universitätsbibliothek [SLUB] Dresden 1672).

Lochmann, Klaus: Forstliche und Jagdkundliche Lehrschau Grillenburg der Technischen Universität Dresden. Hrsg. TU Dresden 1986, Sektion Forstwirtschaft Tharandt, 48 S., mit Beilage.

Löscher, Martin: Christliche Leichpredigt [...] Bey der Wolansehnlichen Adelichen Sepultar vnd Begräbniß Der Weyland WolEdlen vnd VielEhr= vnd Tugendreichen Frawen / Sabinen, Gebornen von Wolfframsdorff Des [...] Hanß Görgen von Carlwicz Vff Rabenstein / Stein / Schöna vnd Wolhausen / Churfl. Durchl. zu Sachsen wolverordenten Herrn LandJäger= vnd OberForstmeister / gewesenen ehelichen [...] Haußfrawen [... gehalten]. Altenburgk 1636 / Gedruckt durch Otto Michaeln Im Jahr M.DC.XXXVI, 14 S. (Universitäts- u. Landesbibliothek Sachsen-Anhalt Halle/Saale).

Lünig, Johann Christian: Ceremoniel, so zu Dreßden bey der Zusammenkunfft Churfürst Johann Georgens des II. zu Sachsen und dero Herren Brüder, nebst ihren sämtlichen Familien Anno 1678 observiret worden. In:»THEATRUM CEREMONIALE HISTORICO-POLITICUM, Oder Historisch= und Politischer Schau=Platz Aller CEREMONIEN, Welche bey [...] Grosser Herren [...] Visiten [...] beobachtet worden [...]«. Leipzig 1719, bey Moritz Georg Weidmann [...] Churfürstl. Durchl. zu Sachsen Buchhändlern, S. 249–260.

Mantel, Kurt & Pacher, Josef: Hans Carl von Carlowitz. In:»Forstliche Biographie vom 14. Jahrhundert bis zur Gegenwart«, Verlag M. & H. Schaper Hannover 1976, S. 23–27.

Mathé, Peter: Die Geburt der »Nachhaltigkeit« des Hans Carl von Carlowitz – heute eine Forderung der globalen Ökonomie. Forst und Holz, Alfeld-Hannover 2001, 56. Jg., Heft 8, S. 246–248.

Möller, Andreas: Theatrum Freibergense Chronicum, Beschreibung der alten löblichen BergHauptStadt Freyberg in Meissen [...]. Freybergk Druckts und verlegts Georg Beuther 1653, S. 60–61, 102, 331 u. 443–449.

Müller, Karl August: Johann Georgs Vergnügungen. In:»Kurfürst Johann Georg der Erste, seine Familie und sein Hof [...]«. Verlag Georg Fleischer Dresden u. Leipzig 1838, S. 28–40.

Müller, Samuel et al.: Als dem [...] Hanß Carl von Carlowitz [...] am 15. Aprilis, Anno 1714. Die letzte Ehrenbezeugung / in einer Gedächtnis=Predigt, abgestattet wurde. Freyberg / Gedruckt bey Elia Nicolao Kuhfuß, 8 S. (Sächsische Landes- u. Universitätsbibliothek [SLUB] Dresden).

Mylius, Johannes Caspar: Letztes Ehren=Gedächtnüß Welches in etlichen Klag=Schrifften Auff das Hochadeliche und hochansehnliche Leichen=Begängnüs des Weyland HochEdelgebohrnen Herrn / Herrn Georg Carl von Carlowitz / Auff Arnßdorff / Alten Schönfels / Ober Staucha und Tausa / ec. [...] Wie auch Der Weyland HochEdelgebohrnen Frauen / Frauen Anna Maria von Carlowitz gebohrner Römerin / aus dem Hause Rauenstein / dessen HochAdelichen Eheliebsten [...] zu Ober=Staucha gehalten wurde [...]. Freyberg 1681 / druckts Zacharias Becker, 4 S. (Sächsische Landes- u. Universitätsbibliothek [SLUB] Dresden).

Oehemich, Johann George: Bey Des weiland Hoch=Edelgebohrnen Herrn / Herrn George Carln von Carlowitzen / Auff AltenSchönfels / Staucha und Arnßdorff [...] Hochadelichen Leichenbegängnüß [...] folgendes PINDARISCHES Lorberblat [...]. Freyberg 1681 / Gedruckt bey Zacharias Beckern, 4 S. (Sächsische Landes- u. Universitätsbibliothek [SLUB] Dresden).

Peckenstein, Laurenz: Der von Carlowitz Geschlechte. In: »Theatrum Saxonicum Darinnen ordentliche Warhaftige Beschreibung / der fürnembsten Könige / Chur / vnd Fürsten / Graffen / Herren / Ritter / Adelicher Geschlechter [...]«. Gedruckt zu Jehna durch Tobiam Steinman 1608 / Anno M.DC.VIII, S. 107–108.

Ratzeburg, Julius Theodor Christian: Carlowitz (Hanns Carl von). In: Forstwissenschaftliches Schriftsteller-Lexikon, Fr. Nicolaische Verlagsbuchhandlung Berlin 1872, S. 105–108.

Richter, Albert: Auf Hans Carl von Carlowitz' Spuren. Archiv für Forstwesen, Berlin 1957 a, Heft 4, S. 250–260.

Richter, Albert: Carlowitz, Hans Carl von. In: Neue Deutsche Biographie (NDB), Band 3, Verlag Duncker & Humblot Berlin 1957 b, S. 147.

Richter, Christoph & Johann Friedrich Wolff (1714): Bey der Hoch=Adelichen So dem weyland Hoch=Wohlgebohrnen Herrn, Herrn Hanß Carl von Carlowitz [...] den 15. Aprilis 1714. in einer Gedächtnüß=Predigt abgestattet wurde / Wolten ihre ergebenste observanz durch etliche wenige Zeilen erweisen [...]. Freyberg / Gedruckt bey Elia Nicolao Kuhfuß, 4 S. (Sächsische Landes- u. Universitätsbibliothek [SLUB] Dresden).

Riedel, Eckhard (2010): Taufstein und »Carlowitz«-Altar der St. Georg-Kirche. In: »Rabensteiner Blätter« vom Mai 2010, Chemnitz-Rabenstein.

Schmidt, Reinhard: Hans Carl von Carlowitz. In: »Bergbau«, Gelsenkirchen 2012, 63. Jg., Heft 6, S. 261–265.

Schönfeld, Gero von: Briefl. Mitteilung vom 27. 08. 2012 an den Autor (Ahnenliste v. Carlowitz nach angegebenen Quellen).

Schrollius, Johannes et al.: Als Des HochEdelgebohrnen Herrn / Herrn Georg Carl von Carlowitz / Auff Arnßdorff / Alten Schönfels / Ober Staucha und Tausa / ec. [...] Wie auch Der HochEdelgebohrnen Frauen / Frauen Anna Maria von Carlowitz gebohrner Römerin / aus dem Hause Rauenstein dessen HochAdeliche Eheliebste [...] Leichen=Begängnüs [...]. Freyberg 1681 / druckts Zacharias Becker, 4 S. (Sächsische Landes- u. Universitätsbibliothek [SLUB] Dresden).

Simon, Ernst Friedrich Wilhelm: Kurze historisch-geographisch-topographische Nachrichten von den vornehmsten Denkwürdigkeiten der [...] Berg-Stadt Zschopau im erzgebürgischen Kreise. Selbstverlag Dresden 1821, S. 71–91.

Steuber, Wolfgang Heinrich: Die wahre Glückseligkeit, wollte bey des weyland Hoch=Wohlgebohrnen Herrn, Herrn Hanß Carl von Carlowitz [...] nach dessen Den 3. Martii Anno 1714 geschehenen höchst=seeligen Auflösung und der darauf den 13. ejusd. dem Leibe nach [...]

zu Seiner in der St. Petri Kirchen zu Freyberg längst zubereiteten Ruhe=Cammer gehaltenen
Beysetzung am 15. April 1714 darauf […] angestellten Ehren= und Gedächtnüß=Predigt […]
vorstellen […] M. Wolffgang Heinrich Steuber […]. Freyberg 1714 / Gedruckt bey Elia Nicolao
Kuhfuß, 4 S. (Sächsische Landes- u. Universitätsbibliothek [SLUB] Dresden).

Tümpling, Wolf Otto von: Geschichtliche Nachrichten über die von Tümplingsche Familie.
Druckerei E. M. Monse Bautzen 1864, S. 82–83, 86, 110–115 u. 145–146.

Uechtritz, August Wilhelm Bernhardt von [Hrsg.]: Diplomatische Nachrichten adeliger
Familien […], Fünfter Theil. Beygangische Buchhandlung Leipzig 1793, S. 19–25 (v. Carlowitz),
S. 26–30 (v. Ende), S. 137–216 (v. Tümpling).

Wäger, Hieronymus Joachim: Der hohe geistliche Adel gläubiger Christen ward […] Bey Hoch=
Adelichem Leichen=Begängnüsse Des weyland Hoch=Wohlgebohrnen Herrn, Herrn Hans
Carl von Carlowitz / auff Arnsdorff […] Am Sonntage Misericordias Domini, war der 15 April.
des Jahres 1714 […] in einer Gedächtnüß=Predigt vorgestellet. Freyberg 1714 / Gedruckt bey
Elia Nicolao Kuhfuß, 128 S. (Sächsische Landes- u. Universitätsbibliothek [SLUB] Dresden).

Wäger, Hieronymus Joachim: Die Erweckung einer geängsteten Seelen zu einer wahren Befrie-
digung im Leben und Sterben Ward an dem Exempel Der weiland Hoch=Wohlgebohrnen
Frauen, Fr. Ursulen Margareten, geb. Bosin, Des Weiland Hoch=Wohlgebohrnen Herrn,
Hr. Hanns Carl von Carlowitz […] verwittbeten Frauen Gemahlin, Als Dieselbe allhier in
Freyberg Am […] 26. Oct. 1727 […] entschlaffen war […] In einer Leichen=Predigt […]
vorgestellet. Freyberg 1727, druckts Christoph Matthäi, 122 S. (Sächsische Landes- u.
Universitätsbibliothek [SLUB] Dresden).

Weber, Karl von: Gefangene auf dem Hohnstein. In: »Aus vier Jahrhunderten. Mittheilungen
aus dem Haupt-Staatsarchive zu Dresden«, 2. Band, Verlag Bernhard Tauchnitz Leipzig 1858,
S. 345–368.

Weber, Karl von: Anna Churfürstin zu Sachsen […]. Verlag Bernhard Tauchnitz Leipzig 1865,
500 S.

Winterfeld, Friedrich Wilhelm von: Von Exequien und Leich=Processionen hoher Standes
Personen und Generalen / und denen darbey gewöhnlichen Ceremonialien. In: »Der Teutschen
und Ceremonial Politica Dritter Theil […]«. Verlegts Carl Christian Neuenhahn Franckfurt
und Leipzig 1702, S. 204–234.

Zedler, Johann Heinrich [Hrsg.]: Grosses vollständiges UNIVERSAL LEXICON Aller Wissenschafften und Künste […], Fünffter Band, C-Ch., Halle und Leipzig 1733, S. 802–803 u. 851–856.

Zedlitz von: Das erste forstliche Buch und sein Autor. Allgemeine Forstzeitschrift, München 1952,
7. Jg., Nr. 39, Sp. 400–402.

Abb. I: *Epitaphausschnitt des Georg von Carlowitz (1544–1619).
Siehe Seite 179.*

Abb. II: *Landjägermeister Hans Georg von Carlowitz (1586–1643), mit Weidmesser und Jagdschwert, Ölgemälde im Besitz von Johannes v. Carlowitz – Heyda bei Falkenhain. Siehe Seite 180.*

Abb. III: *Hans Carl von Carlowitz (1645–1714), dargestellt als Reichs-Erbritter, Ölgemälde um 1713 von Georg Balthasar (v.) Sand (1650–1718). Stadt- u. Bergbaumuseum Freiberg (Inv.-Nr. 49/11). Siehe Seite 185.*

Abb. IV: *Taufstein und Altar, gefertigt vom Chemnitzer*
Bildhauer Michael Hogenwald (1595/1615),
in der St. Georg-Kirche zu Rabenstein. Siehe Seite 178.

Abb. V: *Georg von Carlowitz (1544–1619) in Bildmitte vorn, mit Ehefrau (ganz rechts) und seinen Kindern.*
Figurengruppe über der Predella des Carlowitz-Altars von 1615 in der St. Georg-Kirche zu Rabenstein.
Siehe Seite 179.

Abb. VI: *Burg Schönfels, um 1650 im Carlowitz'schen Besitz des Rittergutes Altschönfels. Kolorierte Lithografie nach der Abbildung aus der Saxonia. Diese Burg war für den Knaben Hans Carl von Carlowitz für sieben Jahre sein Zuhause. Siehe Seite 186.*

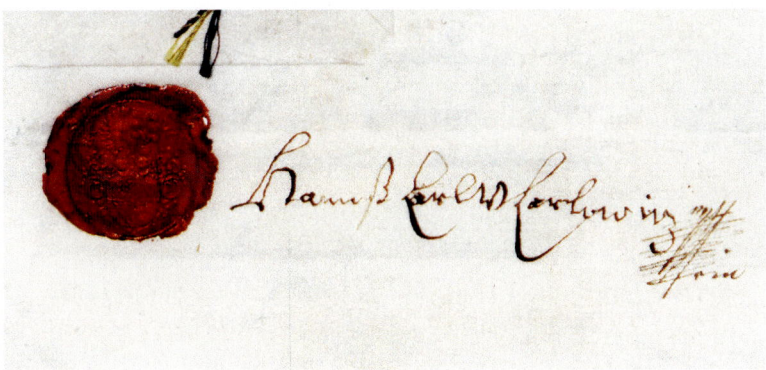

Abb. VII: *Siegel und Unterschrift des Hans Carl von Carlowitz (1645–1714) in der Archivakte Nr. 566. Siehe Seite 196.*

Abb. VIII: *Der Obermarkt in Freiberg / Sachsen mit dem »Carlowitz«-Haus (zweites Haus rechts im Bild). Siehe Seite 195.*

Abb. IX: *Eingangsportal mit doppelter Wappenkartusche am 2007 wiedererrichteten »Boseschen Haus« in der Dresdener Altstadt. Siehe Seite 196.*

Abb. X: *Schloss Kuckuckstein in Liebstadt. Dieses Schloss, in dem am 9. September 1813 Napoleon I. Bonaparte übernachtete, war von 1775 bis 1931 im Besitz der Familie v. Carlowitz. Siehe Seite 226.*

Abb. XI: *Rittergut Falkenhain. Ölbild von Eugen Bracht, Privatbesitz. Das Rittergut war bis 1945 im Besitz der Familie v. Carlowitz. Siehe Seite 226.*

Abb. XII: *Rittergut Heyda. Radierung von Dr. Snethlage a. d. J. 2000.*
Das Rittergut war bis 1945 und ist seit 1998 wieder im Besitz der Familie v. Carlowitz.
Siehe Seite 227.

Abb. XIII: *Christoph von Carlowitz (1507–1578). Siehe Seite 227.*

Abb. XIV: *Hans Georg von Carlowitz (1772–1840). Lichtdruck, Reproduktion nach einem Gemälde von Hanns Hanfstaengel, Frankfurt a. Main. Siehe Seite 230.*

Abb. XV: *Hans Adolf von Carlowitz (1858–1928). Siehe Seite 231.*

Abb. XVI: *Ältestes Wappen der Familie v. Carlowitz. Siehe Seite 232.*

Abb. XVII: *Familienwappen v. Carlowitz 1554. Siehe Seite 232.*

Abb. XVIII: *Blauer Planet. Blick auf die Erde von der Apollo 17 auf ihrem Weg zum Mond. Dieses Foto geht seit 1972 mit dem Titel »Blue Marble« um die Welt. Siehe Seite 248.*

Georg Heinrich von Carlowitz

Virtuti nulla in via est via –
Die Familie v. Carlowitz

> Als Gott Adam geschaffen hatte, fragte er diesen,
> was er denn für einen Familiennamen haben wolle.
> Adam antwortete: v. Carlowitz! Darauf Gott:
> Was, kaum habe ich dich geschaffen,
> da willst du schon einen so alten Namen!

Die Ursprünge der Familie verlieren sich im Dunkel der Geschichte. Die früheste urkundliche Erwähnung erfährt 1311 ein Otto v. Karlwiz als Ministerialer der Burggrafen zu Dohna, deren Grafschaft und Stammburg nur wenige Kilometer südlich von Dresden lag. In der blutigen sogenannten Dohna'schen Fehde (1385–1402) wurde die Burg und die Grafschaft Dohna verheert. Man nimmt an, dass mit der Zerstörung der Burg Dohna auch das Archiv und damit auch ältere Urkunden über die Familie v. Carlowitz verloren gingen. Jedenfalls trat die Familie fortan in den Dienst der Sieger, also der Wettiner, wo sie weitgehend bis 1918 verblieb.

Der Name v. Carlowitz ist wohl mehrfach unabhängig voneinander entstanden, was durch die Zusammenfassung des recht häufigen Vornamens Carl oder Karl mit dem vom lateinischen *vicus* (= Dorf oder Sitz) abgeleiteten -witz oder -vice nicht verwunderlich ist. Es gibt Genealogen, die annehmen, dass die sächsischen v. Carlowitz von einem ungarischen Geschlechte gleichen Namens abstammen. Diese ungarischen Carlowitze leiten sich in direkter Linie vom französischen König Ludwig VIII. (1187–1226) und dessen Sohn Carl v. Anjou und Enkel Johann, Herzog von Durazzo, †1335 (heutiges Albanien) ab. Die Nachfahren bauten auf einem Bergsporn über der Donau zwischen Belgrad und Novi Sad eine Burg, die nach dem Erbauer Carlowitz (Carlowice = Sitz des Carl) genannt wurde. Fortan nennt sich die Erbauerfamilie nach dieser Burg v. Carlowitz. Auf dieser Burg wurde 1699 der berühmte Frieden von Carlowitz abgeschlossen. Der tatsächliche Zusammenhang zwischen der ungarischen und der sächsischen Familie v. Carlowitz ist bis heute allerdings nicht urkundlich belegbar.

Außerdem existiert eine aus Polen stammende Familie Karlinsky, genannt v. Carlowitz, und eine früher in Litauen begüterte Familie unseres Namens. Beide Familien führen ein anderes Wappen, ein Zusammenhang mit den sächsischen v. Carlowitz ist ebenfalls nicht belegbar. Ferner wurden die morganatischen Kinder des Markgrafen Carl v. Brandenburg-Schwedt seit 1744 ebenfalls v. Carlowitz genannt. Diese Hohenzollernnachkommen sind aber bereits nach einer Generation wieder ausgestorben.

Die sächsische Familie v. Carlowitz besteht von Anbeginn an aus zwei Hauptlinien, die sich nach den Rittergütern Zuschendorf und Borthen nennen. Beide Rittergüter liegen in der alten Grafschaft Dohna unweit von Pirna. In der kleinen Zuschendorfer Kirche ist noch heute in der Predella des Altars ein sehr schönes Bild zu bewundern, das an Hans I. v. Carlowitz (vor 1498–1546), seine Frau und deren zahlreiche Kinder erinnert. Die Zuschendorfer Hauptlinie ist Mitte des 17. Jahrhunderts ausgestorben. (Siehe Abb. X, Seite 221.)

Aus der verbliebenen Borthener Hauptlinie gehen die Linien Kreischa und Rabenstein hervor, die beide von Georg v. Carlowitz (1544–1619) begründet wurden. Georg war mit Anna von Ende (1553–1626) verheiratet. Sie sind die Stammeltern von allen heute lebenden Familienmitgliedern. Georg war kurfürstlicher Oberforstmeister in Rabenstein und Landjägermeister im erzgebirgischen und voigtländischen Kreise und später auch Amtmann zu Schwarzenberg. Georg und Anna sind auch die Urgroßeltern des Oberberghauptmannes Hans Carl v. Carlowitz, dessen Vater Georg Carl (1616–1680) und Großvater Hans Georg (1586–1643) notabene ebenfalls als sächsische Oberforst- und Landjägermeister für das Kurfürstentum ihren Dienst versahen (mehr dazu im Beitrag von Bernd Bendix »Zur Biografie eines Vordenkers der Nachhaltigkeit, Hans Carl von Carlowitz [1645–1714]« in dieser Publikation). (Siehe Abb. XI, Seite 221.)

Seit nunmehr etwa 700 Jahren lebt und wirkt die Familie hauptsächlich in Sachsen (zumindest bis 1945). Sehr viele Carlowitze hatten mehr oder weniger hohe Staatsämter inne. Auffallend viele waren zunächst als herzogliche, später kurfürstliche und königliche Forstmeister, Jägermeister, Kammerherrn, Berghauptleute, für die Flößerei zuständig oder als Amtmänner in der Allgemeinen Landesverwaltung tätig. Vor allem dienten viele Familienmitglieder als Offiziere zumeist in der sächsischen Armee, wo sie hohe und höchste Ränge erreichten. Neben diesen Staatsämtern waren sie sehr häufig Eigentümer von zahlreichen Rittergütern, die in Sachsen in der Regel klein waren und allein die Familie wohl nicht ernähren konnten. Deswegen musste oft neben der Bewirtschaftung der Güter ein öffentliches Amt gesucht werden.

Dies sollte sich 1945 mit der Bodenreform gründlich ändern. Neun land- und forstwirtschaftliche Betriebe verschiedener Familienzweige wurden entschädigungslos enteignet und die meisten Familienmitglieder nach Verhaftung und Deportation des Landes verwiesen. Fast alle Familienmitglieder suchten ihr Heil in der Flucht in den Westen. Erst nach der Wiedervereinigung kehrten einige Fa-

milienzweige wieder zurück in die alte Heimat. Heute werden wieder drei land-
oder forstwirtschaftliche Betriebe von Familienmitgliedern bewirtschaftet. Die uralte forstliche Tradition in der Familie wird so hoffentlich erhalten bleiben. (Siehe
Abb. XII, Seite 222.)

Herausragende Persönlichkeiten der Familie:

1. Georg (1471–1550): Er war einflussreicher Rat und Vertrauter der Herzöge Georg,
des Bärtigen, und Heinrich sowie des Kurfürsten Moritz. In den religiösen Konflikten der frühen Reformationszeit war er beredter Vermittler zwischen den strei-
tenden Parteien. Obwohl selbst noch katholisch, suchte er stets den Kompromiss
zwischen Katholiken und Lutheranern. Er versuchte leider vergeblich die Einheit
der Kirche zu erhalten. Selbst des Lesens und Schreibens kaum kundig, hat er seine
Landesherren überzeugt, mit den freien Mitteln der ersten Säkularisation die drei
Fürstenschulen in Meißen (St. Afra), Grimma und in Schulpforta zu stiften. In diesen Schulen sollten intelligente Landeskinder aller Stände humanistisch gebildet
und im Glauben gestärkt werden. Nicht zuletzt – so betonte er oft – sollte dadurch
die furchtbare Spaltung der Kirche verhindert werden. Er schrieb in der Sprache
seiner Zeit (wobei der doppelte Konsonant in alter Rechtschreibung die Dehnung
des davorstehenden Vokals bewirkt): »… Ein ziemlich kost und die larre umsunst
(= Lehre umsonst) onne zuthun irrer Eldern und freunde, sechs Jahr lank …«. Die
sächsischen Fürstenschulen waren Vorbild in ganz Deutschland und existieren noch
heute. Ungezählte große Geister und Wissenschaftler gingen aus ihnen hervor.

2. Christoph (1507–1578): Er war ebenfalls ein sehr einflussreicher Geheimer Rat
der Kurfürsten Moritz und August, enger Berater der Kaisers Karl V. und Ferdinand II. Insbesondere im Schmalkaldischen Krieg vor und nach der verheerenden Schlacht bei Mühlberg versuchte er zwischen den Parteien auszugleichen und
zu vermitteln. In zahllosen Reichstagen, Friedensschlüssen, diplomatischen Ver-
wicklungen war er federführend für die katholischen Habsburger wie auch für die
evangelischen Kurfürsten Moritz und August tätig. Insbesondere bei der Abfas-
sung des Passauer Vertrages (1552) war er maßgeblich beteiligt. Dieser Passauer
Vertrag war die Vorstufe des drei Jahre später folgenden Augsburger Religionsfrie-
dens (1555, ›cuis regio, eius religio‹). Er erreichte zusammen mit anderen, dass der
abgesetzte Kurfürst Johann Friedrich und Philipp von Hessen endlich freigelassen
wurden. Für seine zahlreichen Verdienste wurde ihm und seinen Nachkommen
von Kaiser Karl V. die Würde eines Reichs-Erbvierritters verliehen. Damit war die

Würde eines reichsunmittelbaren Reichsritters verbunden. Lediglich vier Familien im Deutschen Reich sind mit diesem Titel ausgezeichnet worden. (Siehe Abb. XIII, Seite 222.)

3. Nicolaus (1502–1555): Er wurde schon von seinen Eltern dem »geistigen Stande« gewidmet, weil er von »schwacher leibesconstitution« gewesen sein soll. Er studierte in Leipzig und erwarb 1522 den Magistertitel in der philosophischen Fakultät. Er wurde zusammen mit seinem Vetter Christoph (2) und Julius v. Pflug (1499–1564), dem späteren Bischof von Naumburg, von Erasmus von Rotterdam protegiert. Seit 1550 Bischof von Meißen. Obwohl er seine Untertanen mit Sanftmut und Liebe regiert haben soll, galt er als strenger Verfechter der alten Religion. Er soll mit den lutherischen Geistlichen sehr streng umgegangen sein, so »dass ihrer über 200 ins Exilium gehen mußten«. Er berief sich für sein Bistum auf seine Reichsunmittelbarkeit, obwohl er dem Erzbistum Magdeburg unterstellt war. Er vergab selbstständig Lehen. Diese Unabhängigkeit des Bistums und die Uneinigkeit mit dem Kurfürsten über Religionsfragen mag wohl die Ursache gewesen sein, dass die vom Kurfürsten August angestrebte Änderung der Stiftsgrenzen zu Nicolaus Zeiten nicht zustande kam. Er »hinterließ dem Stift und seinen Anverwandten eine ansehnliche Summe Geldes«.

4. Hans II. (1527–1578): Nach dem Tode von Bischof Nicolaus hatten sich die Zuschendorfer Neffen »auf eine reiche Erbschaft gespitzt« und waren höchst enttäuscht von dem Inhalt einer Truhe, die ihnen als Erben zugeschickt wurde. Sie behaupteten, dass der neue Bischof v. Haugwitz das eigentliche Testament unterschlagen hätte. Nach längeren, vergeblichen Verhandlungen griffen die Carlowitze (trotz des von Kaiser Maximilian 1495 verfügten »Ewigen Reichsfriedens«) zur Selbsthilfe. Sie hefteten Fehdebriefe an die Tore der bischöflichen Besitzungen und belagerten Wurzen, wo sich gerade Bischof Haugwitz befand. Dieser konnte gerade noch eilig nach Prag entfliehen und sandte von dort aus Hilferufe an den Kaiser und den Kurfürsten. Vor den Toren Wurzens weideten ca. 700 bischöfliche Schweine, die die Carlowitze davontreiben ließen (daher der Name »Saufehde«). Kaiser Ferdinand stellte sich hinter Bischof Haugwitz. Der Kurfürst dagegen verteidigte die Carlowitze, weil er in anderen Angelegenheiten einige Händel mit dem Bischof austragen musste. Nach längerem Hin und Her wurde 1559 ein Kompromiss gefunden, der für Hans II. v. Carlowitz und den Kurfürsten sehr günstig war. Der Bischof Haugwitz musste sich auf dem Reichstag zu Augsburg entschuldigen und an Hans I. eine Entschädigung von 4.000 Gulden zahlen. Auch der Kurfürst erreichte, dass der Bischof ihm das umstrittene Stolpen abtreten musste. Nach der für den

Kurfürsten und Hans II. so vorteilhaft verlaufenen Saufehde machte Hans Karriere am Dresdener Hof, wurde 1563 Oberstallmeister. 1567 verlässt er den Hof, wohl im Zusammenhang mit der Enthauptung und Vierteilung seines Bruders Ewald, der wegen Verschwörung gegen den Kurfürsten und wegen Räubereien verurteilt worden war. Hans II. wurde einige Jahre später zum Amtshauptmann zu Schwarzenberg ernannt.

5. Hans Carl (1645–1714): Der Oberberghauptmann und Verfasser des Buches *Sylvicultura oeconomica* wird in dieser Publikation ausführlich gewürdigt.

6. Carl Wilhelm (1742–1806): Jurist, Präsident des Dresdener Appellationsgerichtes, Conferenzminister, Direktor der Gesetzeskommission, verheiratet mit Charlotte Erdmuthe v. Maxen, der Letzten ihres Geschlechtes. Ihr Sohn Maximilian Carl fügt deshalb für sich und seine Nachkommen mit königl. Genehmigung den Namen seiner Mutter dem seinigen hinzu (v. Carlowitz-Maxen) und ergänzt auch das Carlowitz'sche Wappen durch ein Mittelschild mit drei grünen Blättern. Die Nebenlinie v. Carlowitz-Maxen ist aber nach zwei Generationen wieder ausgestorben.

7. Carl Adolph (1771–1837): Bruder von 8. und 9. Der Älteste von insgesamt 15 Geschwistern hatte zunächst eine militärische Ausbildung begonnen, diese aber für ein Studium generale unterbrochen, um 1809 wieder in die sächsische Armee einzutreten, die damals auf der Seite von Napoleon gegen die Alliierten kämpfte. Er brachte es bis zum Obersten. Da er aber glühend die Befreiung Deutschlands vom napoleonischen Joch ersehnte, wechselte er in russische Dienste, wo er alsbald von Zar Alexander zum Generalmajor befördert wurde. Er wurde mit verschiedenen militärischen Verwendungen betraut und für Verwaltungsaufgaben eingesetzt, zuletzt war er Chef des Militärdepartement. Nach der katastrophalen Niederlage bei Jena und Auerstedt bildeten sich vielerorts Freiwilligenverbände (z. B. die berühmten Lützower Jäger). In Sachsen entstand das »Banner der freiwilligen Sachsen«, das von Carl Adolf v. Carlowitz und Dietrich v. Miltitz-Siebeneichen geführt wurde. Nach der endgültigen Niederlage Napoleons wurde Carl Adolf in verschiedenen militärischen und zivilen Funktionen eingesetzt. Unter anderem wurde er Kommandant der Festung Magdeburg und Gouverneur der Bundesfestung Mainz. Er nahm an der Seite des Frhrn v. Stein am Wiener Kongress teil und wechselte vom russischen in den preußischen Dienst über. Zum Schluss ernannte ihn der König v. Preußen zum Gouverneur von Breslau, wo nach ihm ein Kasernenvorort benannt wurde.

8. Hans Georg (1772–1840): Bruder von 7. und 9., Jurist und Dr. beider Rechte, Bundestagsabgeordneter in Frankfurt a. M., Motor und Förderer des mitteldeutschen Handelsvereins, durch welchen das Königreich Sachsen vor der übermächtigen Umklammerung Preußens bewahrt wurde, Ehrenbürger Frankfurts a. M. und Bremens, Königl. Sächs. Innen- und Kultusminister, Initiator und Verfasser zahlreicher Gesetze. Als Staatsminister ohne Portefeuille war er verantwortlich für den Entwurf der 1. Verfassung von 1830. Er war Förderer der Leipzig-Dresdener Eisenbahn und eng befreundet mit zahlreichen freiheitlich gesinnten Köpfen der Zeit, so zum Beispiel mit Novalis, dem Siebeneichener Kreis, Heinrich v. Kleist, dem Freiherrn vom Stein. Im Jahre 1837 setzte Hans Georg als Sächs. Innenminister ein Gesetz durch, mit dem den Juden in Sachsen Glaubensfreiheit, das Recht auf Ausbildung und auf den Bau von Synagogen garantiert wurde. (Siehe Abb. XIV, Seite 223.)

9. Christoph Anton Ferdinand (1785–1840): Bruder von 7. und 8. Sachsen-Coburg-Gothaer Staatsminister, erfolgreicher Finanzpolitiker und Jurist in Diensten Sachsens, Preußens und Sachsen-Coburg-Gothas. Zum Freiherrn ernannt. Er war daran beteiligt, dass vier Coburger Prinzen in England, in Portugal, in Bulgarien und in Belgien die Kronprinzessinnen heirateten oder dort Könige wurden. Prinz Leopold, ab 1830 König Leopold I. von Belgien, nahm Carlowitz für einige Jahre mit in sein neugeschaffenes Königreich, damit er dort bei dem Aufbau der Staatsstruktur, der Verwaltung und der Landesverfassung mithelfen sollte.

10. Richard Julius (1817–1886): Entgegen der Familientradition wählte er den Beruf eines Handelskaufmanns. Er arbeitete zunächst als Comptoir von Harkort in Leipzig und in der Verwaltung der Leipzig-Dresdner Eisenbahn, um schon bald die Führung einer von mehreren wichtigen Handelshäusern ausgerüsteten Expedition zur Eröffnung von Handelsverbindungen zwischen Sachsen, Ostindien und China zu übernehmen. Er gründete in Kanton das sehr erfolgreiche Handelshaus Carlowitz und Co. mit Niederlassungen in China, Japan, Nordamerika und Europa. In Kanton wurde er 1847 auch zum königl. Preuß. und königl. Sächsischen Handelskonsul ernannt. Er war der erste deutsche Chinakaufmann und schlug ein neues Kapitel deutscher Handelsbeziehungen in Ostasien auf.

Sein Zwillingsbruder **Alfred Aemilius**, der zum Polizeipräsidenten von Dresden avancierte, hatte Clementine v. Bose, Pflegetochter des Rittmeisters v. Hartitzsch geheiratet. Über diesen erbte die Familie das Rittergut Heyda bei Wurzen mit der Verpflichtung, dass ihre männlichen Nachkommen Namen und Wappen dem ihrigen hinzufügten (v. Carlowitz-Hartizsch).

11. Albert (1802–1874): Sohn von 8. Landtagspräsident, Sächs. Justizminister, liberaler und erfolgreicher Vermittler in den Revolutionswirren 1848. Einflussreicher Teilnehmer an den Verhandlungen um die Gründung des Norddeutschen Bundes und um die Reichsgründung. Begabter Dichter und berühmter und gefürchteter Redner.

12. Oswald Rudolf (1825–1903): General der Kavallerie und Generaladjutant des Königs, in zahlreichen diplomatischen Aufträgen eingesetzt.

13. Hans Carl Adolf (1858–1928): Wegen seiner Körperfülle allgemein der »Fettche Adolf« genannt. Generaladjutant des Sächsischen Königs, Sächs. Kriegsminister und Kommandierender General, Oberbefehlshaber der 2. Armee in den Schlachten um Cambrai und St. Quentin. Träger des Ordens Pour le Mérite mit Eichenlaub. Trat als überzeugter Christ, mutiger Soldat und unabhängiger Geist gegen den Preußischen Generalstab für die ihm anvertrauten, frisch rekrutierten und noch nicht ausgebildeten Soldaten ein. Er verweigerte in der Schlacht bei Ypern und Langemarck den Befehl, wurde seines Kommandos enthoben und sollte vor ein Kriegsgericht gestellt werden. Erst die Intervention des Sächsischen Königs rettete ihn vor der Verurteilung. Unter dem ihm nachfolgenden General v. Schubert wurde der Befehl des Preußischen Generalstabes ausgeführt, was den »Heldentod« von vielen hundert Angehörigen dieser sogenannten Studentenregimenter zur Folge hatte. (Siehe Abb. XV, Seite 223.)

14. Esther v. Kirchbach, geb. v. Carlowitz (1894–1946): Älteste Tochter des Kriegsministers Hans Carl Adolf (13.), Publizistin, Dichterin, Seelsorgerin, Kunstförderin. Engagiert in der Bekennenden Kirche Sachsens an der Seite ihres Mannes, des Freiberger Dompredigers Arndt v. Kirchbach. Ab 1933 kämpfte sie gegen die nationalsozialistische Gleichschaltungspolitik in der Kirche und übernahm die Betreuung der evangelischen Pfarrfrauen der Bekennenden Kirche in Dresden. Ihr Mut und ihre Glaubensstärke ließen sie trotz mehrfacher Verhaftungen ihres Mannes nie verzagen. Nach dem Zweiten Weltkrieg engagierte sie sich in der Flüchtlings- und Kriegsopferhilfe. Ihr Grab auf dem Freiberger Friedhof erinnert mit einem würdigen Stein an diese mutige Frau.

Wappen

Drei schwarze, sich in der Schildmitte mit den Stielen berührende dreiblättrige Kleeblätter auf silbernen Schild (Abb. 11). Seit der von Kaiser Karl V. 1554 dem Geheimen Rath Christoph (2.) genehmigten Wappenverschmelzung mit dem Wappen der ausgestorbenen Familie Ziegelheim viergeteilt und im 1. und 3. Feld ergänzt durch jeweils einen roten Schrägrechtsbalken (Abb. 12). Außerdem ist das ursprüngliche, uralte Carlowitz'sche Kleeblatt bei dem Familienzweig Carlowitz-Hartitzsch durch das Hartitzsch-Wappen (Mittelschild mit zwei Fischen) ergänzt.

Das Wappen wird ergänzt durch den Wappenspruch und die Familiendevise »virtuti nulla in via est via«. Frei übersetzt bedeutet dies »dem Tapferen (Mannhaften) ist kein Weg unwegsam«. (Siehe Abb. XVI und XVII, Seite 223.)

Reinhard Schmidt

Würdigung meines Amtsvorgängers Hans Carl von Carlowitz, Oberberghauptmann Sachsens[1]

Abb. 1: Plakat zum Reformationstag 2011, mit dem in Chemnitz in die Rabensteiner Kirche St. Georg zur Würdigung von Hans Carl von Carlowitz eingeladen wurde.

Hans Carl von Carlowitz, der sächsische Oberberghauptmann und Schöpfer des Begriffs der Nachhaltigkeit, wurde am 14. Dezember 1645, also in einem der letzten Jahre des Dreißigjährigen Krieges, geboren. Im Taufregister der St.-Georg-Kirche Chemnitz-Rabenstein findet sich unter dem Jahre 1645 der Eintrag:

> »Der Woledle Georg Carl von Carlowitz Churfüstl. Oberaufseher zu Rabenstein, und seine liebste die auch woledle Frau Anna Maria eine geborne Römerin zeugten einen Jungen Sohn den 14 Xbris gleich zu Mittag umb 12 Uhr, welcher den 19. Ejusdem getaufft und Johann Carolus genannt.«

Es war das zweite von siebzehn Kindern, alle von einem Vater und einer Mutter! Sein Geburtsort war Oberrabenstein, das im Jahr 1950 nach Chemnitz eingemeindet worden ist, daher gedenkt auch die Stadt Chemnitz ihres großen Sohnes. Zu der heutigen reizvollen Ein-Zimmer-Burg gehörte damals noch eine Vorburg mit entsprechenden Wirtschaftsgebäuden. Vater war der kurfürstliche Oberforstmeister und Landjägermeister Georg Carl v. Carlowitz (1616–1680), der nach einer Karriere als Offizier, er war Rittmeister unter Piccolomini, seinen Dienst quittiert hat

---

1 Aus der Rede des Sächsischen Oberberghauptmannes in der Rabensteiner Kirche St. Georg am Reformationstag 2011.

Abb. 2:
Kirche und Schule in
Niederrabenstein,
Ende 18. Jahrhundert.

im großen Sterbejahr 1637. Neben seiner Tätigkeit als Oberforstmeister und Landjägermeister war er auch Oberaufseher des Floßwesens im Erzgebirge. Seine Mutter war Anna Maria, geb. v. Römer.

Der junge Hans Carl verlässt bereits mit sieben Jahren mit seiner Familie Rabenstein und zieht um nach Schönfels. 1659, mit dreizehn Jahren, verlässt er den Fami-
lienverband und besucht das Gymnasium in Halle, anschließend studiert er ab 1660
bis zirka 1665 Rechts- und Staatswissenschaften, Sprachen und Naturwissenschaften an der 1558 gegründeten Universität Jena.

1665 bis 1669 brach er auf nach dem Motto »Fremde Länder sind die besten
hohen Schulen kluger Aufführung« zur »grand tour«, der Kavalierstour, die in
diesen Kreisen selbst zu Kriegszeiten üblich war und der Allgemeinbildung sowie
der Übung fremder Sprachen diente. Diese Tour begann er mit knapp 20 Jahren,
sie führte ihn durch halb Europa: Deutschland, Niederlande, England, Dänemark,
Schweden, Frankreich und Italien. Inbegriffen war auch ein Studium an den Universitäten von Leiden und Utrecht (Niederlande).

Sicher hat Carlowitz auf dieser Tour einen großen Teil der Inspiration für sein
späteres Schaffen erworben; die Grundlage, nämlich die Kenntnisse der Forstwirtschaft und der Flößerei, dürfte ihm sein Vater vermittelt haben. Neben dieser
Zuständigkeit für die kurfürstlichen Forstbetriebe besaß die Familie v. Carlowitz
auch eigenes Land, das mit Wald bestanden war, dies war die übliche Ausstattung
des landsässigen Adels.

In ganz Europa herrschte damals Holzmangel. In seinem berühmten Buch *Sylvi-*
cultura oeconomica sollte Carlowitz später zum Ausdruck bringen: »Binnen weni-

ger Jahre ist in Europa mehr Holtz abgetrieben worden, als in etzlicher Seculis erwachsen«. Auch andere große Gelehrte hatten das Problem erkannt, Melanchthon prophezeite, »das nehmlich am Ende der Welt man an Holtze große Not leiden werde«.

Bereits am Ende des hohen Mittelalters haben wir einen Niedergang des Bergbaus nicht nur im Erzgebirge, sondern auch in anderen Revieren, wie dem Oberharz, dem Schwarzwald, dem Rheinischen Schiefergebirge und Böhmen, festzustellen. Eine Vielzahl von Gründen und deren Zusammenwirken sind dafür verantwortlich: die größere Teufe, die Verarmung der Silbergehalte beim Gangerzbergbau mit zunehmender Teufe; der größere Aufwand zur Wasserhebung; die Pest, die im 14. Jahrhundert ganz Europa überzog und ein Drittel der Bevölkerung dahinraffte; eine Klimaverschlechterung im 14. Jahrhundert, der Beginn der sogenannten kleinen Eiszeit, die zu Missernten und Hungersnöten führte und nicht zuletzt die Holzarmut. Holz wurde nicht nur für den Ausbau von Schächten und anderen Grubenbauen verwendet, sondern vor allen Dingen zur Verhüttung der Metallerze. Diese wurden seinerzeit zunächst mit Holzkohle geröstet, um sie von sulfidischer in oxidische Form zu überführen, anschließend erfolgte der Verhüttungsprozess, also die chemische Reduktion ebenfalls mit Holzkohle. Das Holz wurde zu diesem Zweck von Köhlern zu Holzkohle verarbeitet, die in den Hütten eingesetzt wurde.

Abb. 3:
Dürrholzsammler
im ausgehenden Mittelalter.
Holzschnitt.

Bei seiner Reise verglich Carlowitz die Forstpolitik Englands mit der Venedigs, er widmete sich sogar der spanischen Kolonie Potosi im damaligen Peru, dem heutigen Bolivien. Potosi war im 17. Jahrhundert eine der größten und reichsten Städte der Welt mit einem Silbervorkommen, das der ganzen alten Welt Konkurrenz machte.

Eine besondere Rolle spielte bei seinen Betrachtungen Frankreich. Dort begründete der bekannte Minister Ludwigs des XIV., Jean Baptiste Colbert, eine »grande réformation des Forêts«. Ausgangspunkt war die Flottenpolitik des Sonnenkönigs. Die Arsenale von Brest und Cherbourg schluckten riesige Mengen Holz. Colbert begann mit einer Inventur der desolaten Wälder, deren Abschluss eine »grand ordennance« im Jahr 1669 war. Ergebnis war die Entscheidung zu reduziertem Holzeinschlag und Wiederherstellung des Hochwaldes. Carlowitz schrieb später: »in den Edikten Ludwigs des XIV. sei schon das ganze Summarium seines eigenen Vorhabens zu finden!«.

· Im Jahr 1669 wurde Carlowitz Kammerjunker und hatte damit die erste Stellung bei Hofe inne. 1672 wurde er als Adjunkt seiner Vaters Amtshauptmann zu Wolkenstein und Lauterstein und hatte damit bereits ein öffentliches Leitungsamt inne. Er heiratete während dieser Zeit Ursula v. Bose, die ihm im Laufe der Zeit drei Töchter, aber keinen Sohn schenkte. Dies bedeutet, dass sein Stamm nach damaliger Diktion »im Mannesstamme erloschen« war, das heißt im Sinne des Lehns-Erb- und Familienrechts. Die jüngste Tochter heiratete aber einen Carlowitz-Vetter. 1678 wurde Hans Carl zum Vizeberghauptmann in Freiberg mit 33 Jahren ernannt.

1709 erfolgte die Ernennung zum Kammer- und Bergrat, 1711 zum Oberberghauptmann zu Freiberg als Nachfolger des berühmten Abraham von Schönberg. In den Genuss dieses herausgehobenen Postens sollte er nur vier Jahre kommen, er starb am 3. März 1714 in Freiberg.

1690 kaufe er ein Haus am Freiberger Obermarkt. Das 1542 errichtete Gebäude in Görlitzer Renaissance mit Schweifgiebeln steht noch heute. Daneben besaß Carlowitz noch das Rittergut Arnsdorf bei Hainichen, eine Glashütte bei Voigtsdorf und ein Waldrevier im Vogtland.

Der Dreißigjährige Krieg, der Deutschland am schrecklichsten von allen Ländern verwüstet hat, war gerade vorbei, die Aufbauphase noch nicht abgeschlossen. Im Jahre 1702 wurde durch seinen Amtsvorgänger, den Oberberghauptmann Abraham v. Schönberg, die Stipendienkasse gegründet. Damit war eine institutionalisierte Ausbildung für künftige Bergbeamte auf Staatskosten gewährleistet. Der Silberbergbau war die sicherste Basis für den Wiederaufbau und das wirtschaftliche Erstarken Kursachsens.

Das Silber gehörte aufgrund der Regalität dem Landesherren. Auch wenn nach sächsischem Bergrecht großzügige Bergbaufreiheiten erlassen wurden, die zahlreiche auch private Bergbauunternehmungen zur Folge hatten, stand dem Landesherrn der Zehnt zu, außerdem besaß er das Vorkaufsrecht auf Silber, das bis 1873 Münzmetall und bis dahin fast so wertvoll wie Gold war. Aus diesem Grunde wurden Maßnahmen zur Stützung des Bergbaus getroffen, wie die Auffahrung von Wasserlösestollen auf Kosten des Landesherren, die Entwicklung von Maschinenkünsten durch das Oberbergamt und die bei ihm beschäftigten Oberkunstmeister und Kunstmeister sowie effektivere Verhüttungsverfahren. Eine besondere Rolle spielte die Verfügbarkeit des Holzes, das immer teurer wurde und eine immer aufwendigere Flößerei bis in die Hochlagen der Gebirge erforderte.

Abb. 4: Stadtplan von Freiberg, 17. Jahrhundert.

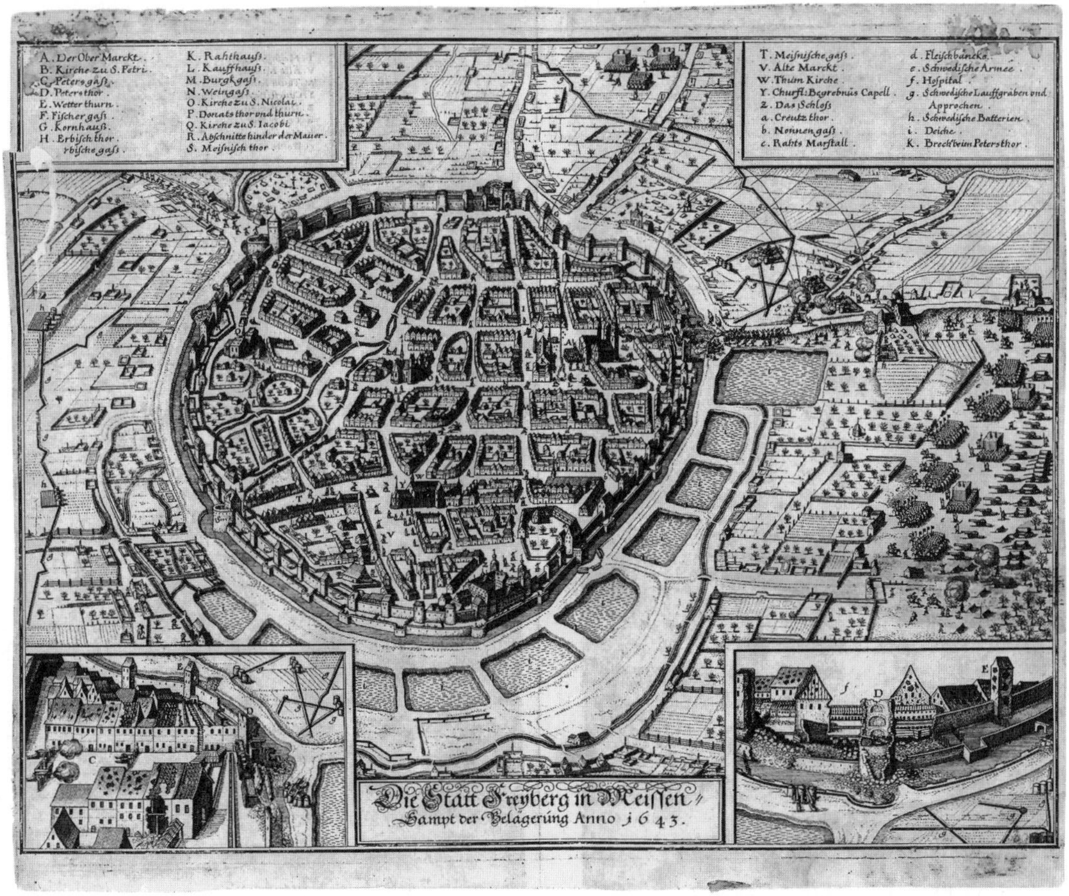

Carlowitz ist mit seinem Werk *Sylvicultura oeconomica* nicht nur als Begründer der systematischen Forstwirtschaft in die Geschichte eingegangen, auch für die Geologie ist das Werk von großer Bedeutung, denn es enthält praktische Hinweise für die Bodenkunde. Carlowitz gibt bereits eine eingehende Standortbeurteilung mit Berücksichtigung des Klimas, der Standortlage, Hangneigung und Hangrichtung. Er unterscheidet die Humusauflage (Holzerde) vom Mineralboden, den er in tonigen, lehmigen, mergeligen, sandigen, kiesigen, steinigen und felsigen einteilt. Für die Bodenbeurteilung verwendet er außer dem Augenschein das Gefühl, den Geschmack und Geruch sowie die Berücksichtigung der Bodenflora. Der Feuchtigkeitsgehalt des Bodens und sein Einfluss auf das Pflanzenwachstum, die Möglichkeiten künstlicher Be- und Entwässerung sowie einer Bodenverbesserung durch Mischung verschiedener Bodenarten werden ebenso berücksichtigt wie die Bedeutung der Waldstreu für die Düngung des Waldbodens. Beachtung der früheren und Empfehlung der künstlichen Bestockung, Bodenvorbereitung für die Ansaat und Pflanzung, Samenbehandlung, Schutz gegen Wild und Viehhaltung, Vorbeugungsmaßnahmen gegen Wind- und Schneebruch sowie gegen Waldbrände, Einführung fremder Holzarten, besonders der Lärche, sind seine wichtigsten Vorschläge zur Behebung des Holzmangels. Soweit er nicht frühere Autoren zitiert, wie das ja in allen gelehrten Büchern damals unerlässlich war, um diese als »wissenschaftlich« zur Geltung zu bringen, ist das Werk von einer bewundernswerten Klarheit und zeugt von hervorragender Beobachtungsgabe des Verfassers. Schließlich weist er auch auf die Ausbeutung der sächsischen Torflager hin, die er erstmalig zusammenfassend behandelt, dabei die Abbaumethoden ausführlich erörternd.

Abb. 5:
Zeichnung des
Oberbergamtsgebäudes
in Freiberg von G. Täubert.

Hans Carl v. Carlowitz war ein getreuer Knecht seines Landesherrn, aber wie es nach seinem Tode in einem Nachruf zu lesen stand »nicht auf heuchlerische Weise«. Insbesondere »bethete er das Idolum nicht an, ihm ging es vielmehr um das Aufnehmen des Landes und des Unterthanen, die Hebung von Handel und Wandel, die florierenden Commercia müssten zum Besten des gemeinen Wesens« dienen. Die »armen Untertanen« hätten ein Recht auf »sattsam Nahrunge und Unterhalt«. Aber dasselbe Recht steht »der lieben Posterität« (d. h. den Nachkommen) zu. In klaren Umrissen wird schon das Dreieck der Nachhaltigkeit sichtbar. Die Ökonomie hat der Wohlfahrt des Gemeinwesens zu dienen. Sie ist zu einem schonenden Umgang mit der gütigen Natur verpflichtet und an die Verantwortung für künftige Generationen gebunden.

Carlowitz kritisiert das auf kurzfristigen Gewinn, auf Geld lösen, ausgerichtete Denken seiner Zeit. Ein Kornfeld bringe jährlich Nutzen, auf das Holz des Waldes dagegen müsse man Jahrzehnte warten. Trotzdem sei die fortschreitende Umwandlung von Waldflächen zu Äckern und Wiesen ein Irrweg. Der gemeine Mann würde die jungen Bäume nicht schonen, weil er spüre, dass er deren Holz nicht mehr selbst genießen könnte. Er gehe verschwenderisch damit um, weil er meine, es werde nicht alle. Zwar könne man aus dem Verzehr von Holz in kurzer Zeit »ziemlich viel Geld heben«. Aber wenn die Wälder erst einmal ruiniert seien, »so bleiben auch die Einkünfte daraus auf unendliche Jahre zurück … sodaß unter dem scheinbaren Profit ein unersetzlicher Schade liegt«. Gegen den Raubbau am Wald setzt Carlowitz die eiserne Regel: »Daß man mit dem Holtz pfleglich umgehe«.

Dabei ist für den frommen Lutheraner die Natur kein bloßes Ressourcenlager, sondern zunächst das Werk göttlicher Allmacht: »Daß in dem blossen und unansehnlichen Erdreich so ein wunderwürdiger ernehrender Lebens Geist« wirkt, ist für ihn ebenso ein Grund zu demütigem Staunen wie die »Lebendig machende Kraft der Sonne«. Der Mensch müsse in dem »Grossen Welt-Buche der Natur studiren«. Er müsse erforschen, wie »die Natur spielt«, und dann »mit ihr agiren« und nicht wider sie.

Der Begriff »pfleglich« ist laut Carlowitz ein »uralt Holtz-Terminus«, der »in hiesigen Landen gebräuchlich« sei. Holz sei so wichtig wie das tägliche Brot. Man müsse es »mit Behutsamkeit« nutzen, sodass »eine Gleichheit zwischen An- und Zuwachs und dem Abtrieb des Holtzes erfolget« und die Nutzung »immerwährend«, »continuirlich« und »perpetuierlich« stattfinden könne. »Daßwegen sollten wir unsere Oeconomie also und dahin einrichten, dass wir keinen Mangel daran leiden, und wo es abgetrieben ist, dahin trachten, wie an dessen Stelle junges wieder wachsen möge.« Oder in einem volkstümlichen Vergleich: »Man soll keine alten Kleider wegwerfen, bis man neue hat.«

In seinem Buch plädiert Carlowitz für ein ganzes Bündel von Maßnahmen: Eine (modern ausgedrückt) Effizienzrevolution, zum Beispiel durch die Verbesserung der Wärmedämmung beim Hausbau und die Verwendung von energiesparenden Schmelzöfen und Küchenherden, die planmäßige Aufforstung durch Samen und Pflanzen und nicht zuletzt die Suche nach »Surrogata« für das Holz. Carlowitz empfiehlt die Nutzung von Torf, zwanzig Jahre später wird Johann Gottfried Borlach beim Aufbau des sächsischen Salinenwesens an Saale und Unstrut zum ersten Mal Steinkohle für das Salzsieden verwenden und den Einstieg in das Zeitalter der fossilen Brennstoffe einleiten.

Das traditionelle Wort »pfleglich« scheint Carlowitz jedoch nicht ausreichend, die langfristige zeitliche Kontinuität von Naturnutzung und den Gedanken des Einteilens und Sparens von Ressourcen zum Ausdruck zu bringen. Bei der Erörterung, »wie eine sothane Conservation und Anbau des Holtzes anzustellen, dass es eine continuierliche, beständige und nachhaltende Nutzung gebe«, taucht zum ersten Mal der neue Begriff auf.

1732 erschien eine zweite Auflage. Für die Kameralisten der deutschen Kleinstaaten war das Buch Pflichtlektüre. Der Württemberger Wilhelm Gottfried Moser, der in den Harzforsten der Grafen Stolberg-Wernigerode am Fuße des Brockens das Forstwesen kennengelernt hatte, griff den Carlowitzschen Begriff auf. Er forderte 1757 in seinen Grundsätzen der Forst-Oeconomie eine »nachhaltige Wirtschaft mit unseren Wäldern«.

Es waren die Forstleute der Goethezeit (viele von ihnen pflegten übrigens mit Goethe persönlichen Austausch), die den Gedanken der Nachhaltigkeit zur Basis ihrer neuen Wissenschaft machten. Deren Denkfabriken, die 1816 von Heinrich Cotta gegründete Forstakademie von Tharandt, Eberswalde in Preußen, später auch Clausthal bzw. Hannoversch Münden haben das Konzept weiter ausgearbeitet: streng rationalistisch, auf der Grundlage der Geometrie und des Vermessungswesens.

Die Entwaldung wurde rückgängig gemacht. Das Problem des Holzmangels war gelöst.

Literaturhinweise

Carlowitz, H. C. von: Sylvicultura oeconomica oder Haußwirthliche Nachricht und Naturmäßige Anweisung zur Wilden Baum-Zucht. – Johann Friedrich Braun, Leipzig 1713. Nachdruck in den Veröffentlichungen der Bibliothek »Georgius Agricola« der TU Bergakademie Freiberg, Nr. 135, 2000.

Cotta, H.: Anweisung zum Waldbau. Dresden 1817.

Fischer, W.: 400 Jahre Sächsisches Oberbergamt Freiberg (1542 bis 1942). Die Bedeutung dieser Dienststelle für die Entwicklung der Geologie und Lagerstättenkunde. Z. Deu. Geol. Ges. 95 1943.

ZEIT-Geschichte: Vordenker, Vorbilder, Visionäre. 50 Deutsche von gestern für die Welt von morgen. DIE ZEIT 12. 11. 2009.

Grober, U.: Der Erfinder der Nachhaltigkeit. DIE ZEIT Nr. 48 v. 25. 11. 1999, ders.: Die Entdeckung der Nachhaltigkeit, München 2010.

Hirsch, C. O.: Das Bergamt zu Freiberg. Jahresbuch für das Berg- und Hüttenwesen in Sachsen Jg. 1919, Seiten 13 bis 116, Mitt. des Freiberger Altertumsvereins 84. Heft, Berühmte Freiberger, Freiberg 2000.

Schmidt, R.: 300 Jahre Stipendienkasse Freiberg. Das Sächsische Oberbergamt und die bergmännische Ausbildung. GLÜCKAUF 138 (2002) Nr. 12, ders.: Vortrag Hans Carl von Carlowitz am 31. 10. 2011 in der St. Georgs-Kirche Chemnitz-Rabenstein.

Dieter Füsslein

Zum großen Atem der Nachhaltigkeit – Ein persönlicher Erfahrungsbericht aus Sachsen

Nachhaltigkeit ist ein Transformationsprozess, bei dem nicht nur die Erkenntnis, sondern auch das reale gesellschaftliche Leben regional wie global umzugestalten ist. Dieser Prozess bedarf fortwährender Impulse; das Thema hat einen großen Atem und die Akteure brauchen einen langen Atem.

Abb. I : Hans Carl von Carlowitz.
Plakette, gestaltet von Volker Beier.

Mit Normen, Formeln und Regeln gestalten

Die griechische Entsprechung unseres Wortes Norm war der Zeiger an der Sonnenuhr. Als vertikaler Stift ergab er eine Schattenlänge, die des Tages Zeit anzeigte. Wer nicht blindlings in den Tag hinein leben will, muss wissen, wie spät es ist. Im Lateinischen heißt Norm (norma): Winkelmaß. Wer sich nicht bloß auf das Augenmaß verlassen und ins Ungefähre bauen will, muss dafür Sorge tragen, dass Mauern, Pfeiler und Fugen im richtigen Winkel stehen.

Auch unser Wort Regel bedeutet im Lateinischen (regula): das gerade Stück Holz oder die Latte, die als Richtholz verwendbar ist. Der Kanon (griechisch) war zunächst die Richtschnur, das Lot, also die Senkrechte am Bau. Offenbar haben nicht umsonst die Regeln und Normen mit der Technik des Bauens zu tun. Erst vom Bauen her wurden sie ins Allgemeinmenschliche übertragen. Sogar unsere heute so viel beschworene mitmenschliche Toleranz ist zunächst jene technische Größe, die das zulässige Maß der Abweichung angibt.

Das Bauen ist – wie die Forstwirtschaft – in eine lange Tradition eingebunden. Ein Haus soll nicht nur für den fiskalischen Abschreibungszeitraum von 30 bis 50 Jahren halten, sondern 75 bis 100 Jahre und darüber hinaus, es steht im Kontext und in Nachbarschaft von Häusern aus dem 18., 19. und frühen 20. Jahrhundert. Das Haus ist wie der Baum, die Stadt wie der Wald, kein Wegwerfprodukt, sondern wertvolles Kulturgut. Bei beiden wirkt nicht nur das Einzelne, sondern auch der Verband (Kollhoff 2010). In Martin Luthers Worten klingt das so: »Ein Baum, da man Schatten von hat, soll man sich vor neigen.« (Dithmar 2010).

Beim Bauen – während der vergangenen zwei Jahrzehnte – lernte ich zu unterscheiden zwischen dem, was wirklich trägt (auch bei Sturm und Brand), und dem, was nicht trägt, aber oft umso mehr werbetechnisch aufgebauscht wird.

Für das Planen von Bauwerken gilt: Das Letzte in der Ausführung muss in der Planung zuerst bedacht werden oder mit den Worten unserer Vorväter: »primum in intentione – ultimum in executione«. Man muss sich zum Beispiel entscheiden, ob eine 20 Zentimeter dicke Styroporplatte, die auf die Betonaußenhaut eines Gebäudes draufgebastelt und geklebt werden soll, oder in Fortentwicklung guter Bautradition eine 20 Prozent teurere Terrakottafassade die energetischen Anforderungen erfüllt. Eine solche Fassade, wie beispielsweise auch eine stahlsparende Bauweise, erfordert Fachleute und keine Hilfskräfte, enge Toleranzen, die keine Schludrigkeit gestatten, und hohe bautechnologische Präzision (Kollhoff 2010). Marktvorteile bringt der Einsatz für Langlebigkeit kaum oder noch nicht. Die Bedingungen des Kapitalmarktes sind auf kurzfristige Refinanzierung fokussiert. Bereits Carlowitz kritisierte das auf »Geld lösen«, also das auf kurzfristige Gewinne ausgerichtete Denken seiner Zeit (Carlowitz 1713).

Es zeigt sich, die Freiheit der Wahl – die wir seit mehr als zwei Jahrzehnten jetzt auch in Sachsen haben – besteht für alle der Nachhaltigkeit verpflichtenden Entscheidungen meist im »Entweder-oder« und nicht im »Sowohl-als-auch«.

Erste ökologische Erfahrungen

Kein Mensch kann an dem rasanten Wissenszuwachs der Naturwissenschaft (zum Beispiel der Nano-, Bio- und Informationstechnologie) und dem ebenso rasanten Wachstum der technischen Möglichkeiten vorbeisehen; es ist in vielen Ingenieurdisziplinen überwältigend, fast möchte ich sagen bedrückend, wenn man daran denkt, was von dem heute Gewussten und Gekannten noch unbekannt war oder unmöglich schien, als ich zum Beispiel die Universität verließ.

In meiner in den 1970er Jahren angefertigten Diplomarbeit zu den »Lebenszyklen von Erzeugnissen« nutzte ich eine mathematische Funktion aus der Biologischen Statik und nannte sie Ökologische Funktion. Damals ein Novum, aber keine Provokation. Denn die Ökologie befand sich damals noch im Status Nascendi.

Bei der Verteidigung meiner Arbeit hielt einer der Prüfenden dies für einen Schreibfehler, es müsse doch ökonomische Funktion heißen. So konnte ich meine ersten ökologischen Erkenntnisse über Gleichgewichte in der Natur und Analogien in Technik und Ökonomie präsentieren.

Während meiner Studienzeit fand an der Technischen Universität Dresden eine wissenschaftliche Konferenz zur Umweltgestaltung statt, an der auch Studenten teilnahmen. Die Konferenz begann mit folgender Analyse, die nichts beschönigte:

- »Rund zwei Drittel der Wasserläufe der DDR sind durch Einleitung ungenügend gereinigter Abwässer so stark verschmutzt, dass sie für die Trinkwasserversorgung, die Erholung und die Fischzucht kaum noch zur Verfügung stehen und ihre notwendige Nutzung in der Industrie erhebliche Mehrkosten für die Wasseraufbereitung erfordert.« (…)
- »Vornehmlich durch die Grundstoffindustrie, die chemische Industrie, die Metallurgie und die Baustoffindustrie gelangen immerhin jährlich Millionen Tonnen Flugasche und Staub sowie Schwefeldioxid in die Atmosphäre. In einigen Gebieten der DDR hat dadurch die Luftverschmutzung bereits einen unvertretbar hohen Grad angenommen, sodass dort Beeinträchtigungen des Wohlbefindens der Bürger und erhebliche volkswirtschaftliche Schäden auftreten.« (…)
- »Für die Zukunft werden auch die Beseitigung der radioaktiven Abprodukte unserer Atomkraftwerke, die Erforschung und Minderung der toxischen Gefahren einer Reihe chemischer Erzeugnisse, wie insbesondere der Pflanzenschutzmittel bedeutungsvoll sein. Die Minderung des Produktions- und Verkehrslärms und der schädlichen Auspuffgase der Kraftfahrzeuge sind ebenfalls wichtige Aufgaben, um die Arbeits- und Lebensbedingungen zu verbessern.« (TU Dresden 1969).

Unter den etwa 400 Teilnehmern dieser Konferenz gab es eine für mich aufschlussreiche Diskussion.

So war zu jener Zeit die Siedlungsabfallbeseitigung noch weitgehend ungeregelt (Müllverkippung), der Umgang mit dem Müll aus hochpolymeren Werkstoffen Forschungsaufgabe.

Die Übereinstimmung landwirtschaftlicher Maschinensysteme mit der Flächen- und Landesstruktur, also Maschinen, die sich an Kleinstrukturen anpassen, damit nicht die Landschaften an große Maschinensysteme angepasst werden müssen, wurde gefordert und dies angesichts immer größerer Agrar-Komplexe (Landwirtschaftliche Produktions-Genossenschaften, LPG). Die Messbarkeit unterschwelliger Reize (Lärm, Abgase, Staub) war noch unzureichend erforscht.

Die Zerstörung an Bauwerken und die Gesundheitsschäden für Mensch und Tier durch Abgasverunreinigung der Luft wurden diskutiert. Das System »Meteorologische Umwelt« mit seiner Wirkung auf Mensch und Gesellschaft war Beratungsgegenstand.

Die Konferenz fand in einer Zeit statt, als die USA in Vietnam mit Agent Orange unter anderem chemische und biologische Kampfmittel einsetzten. Aber auch im Westen wurden Themen diskutiert, wie mit Chemikalien die Umwelt zerstört wird. Das Buch »Der stumme Frühling« aus dem Jahr 1962 von Rachel Carson steht exemplarisch dafür (Carson 2007).

Das Landeskulturgesetz der DDR (1970) gab dem Umweltschutz einen Schub. Beispielsweise wurde eine wirkungsvolle Sekundärrohstoffsammlung und -verwertung in Gang gesetzt. Als Recycling ist das einer der Kernbereiche nachhaltigen Handelns. Dieses Gesetz regelte, dass die Betriebe, welche Naturressourcen in Anspruch nehmen, voll für ihre schadlose Nutzung verantwortlich waren und legte Grenzwerte für die Reinhaltung der Gewässer, der Luft sowie den Lärmschutz fest. Der Nestor der deutschen Ökologie Wolfgang Haber hält dieses Gesetz formaljuristisch für das Muster eines umfassenden Umweltgesetzes, allerdings ohne politische Wirkung (Haber 1999).

Trotzdem: Wenn Umweltinitiativen, zum Beispiel der Ökumene, sich in Bedrängnis befanden oder gegen Windmühlenflügel der staatlichen Bürokratie kämpften, konnten sie sich auf dieses Gesetz und den »Verfassungsrang« des Umweltschutzes berufen und sie taten es auch.

Die Stadt Leipzig, die am stärksten durch Umweltverschmutzung belastete Großstadt im Osten (Braunkohleabbau bis an die Stadtgrenze) wurde wahrscheinlich nicht zufällig zum Ausgangspunkt der politischen Wende in Sachsen.

Betriebliche Erfahrungen –
von der Induktion zur Deduktion

In leitender Position eines großen Industrieunternehmens lernte ich die Tücken und Unbilanziertheit des Gesetzes kennen. Grundsätzlich sah es vor, notwendige Umweltmaßnahmen der Unternehmen mit den »planmäßig« verfügbaren Fonds, also dem finanziell und vor allem materiell verfügbaren Budget vorzunehmen, was oft die Quadratur des Kreises verlangte. So sah der »Planteil« Umweltschutz die Behandlung zum Beispiel von Abwasser und Abprodukten aus Farbgebungsanlagen zwingend vor, die dafür benötigte Technik war aber oft ein »Engpass«. Teilweise half man sich durch »Eigenbau«, was aber eher als Alibi gelten konnte. Das Primat der Ökonomie vor der Ökologie wirkte also fort und die Kluft zwischen Theorie und Praxis war augenscheinlich.

In meiner Industrietätigkeit lernte ich auch die statistische Faustregel schätzen, dass ein anfänglicher Mehraufwand von acht Prozent die Lebensdauer von elektronischen und Maschinenbau-Erzeugnissen auf das Doppelte zu steigern vermag. Wegwerfprodukte, eine kurze Lebensdauer als Stimulus für die Absatz- und Verkaufszahlen und »Abwrackprämien« sind mir seitdem ein Gräuel.

Ebenso lernte ich bei der Planung dieses Industrieunternehmens die dogmatische Tradition von Bruttokennziffern kennen (damals Industrielle Warenproduktion, IWP, heute Bruttoinlandsprodukt, BIP). Bildhaft gesprochen sind Bruttokennziffern mit einem »Allesfresser« vergleichbar, der immer mehr Futter zur Aufrechterhaltung des erreichten Gewichtes (Volumens) und zur Erreichung einer Gewichtszunahme benötigt. Deshalb »frisst« die Bruttokennziffer alles Mögliche. Ihr Lieblingsfutter aber sind vergegenständlichte Ressourcen aller Art und lange Transportwege. Für sie sind unangemessen überhöhte Profite, also Superprofite, die »kalorienreichste« Nahrung.

Nach der Ironie des Schicksals verbindet sich die Bruttokennziffer gern mit der Planung »vom erreichten Stand«, der »objektiven« Notwendigkeit der Erhöhung des erreichten Standes. Bei weitem nicht jeder Wirtschaftspraktiker entscheidet sich für ein »Verlustgeschäft« und gegen die »Luftökonomie« im Namen der Nachhaltigkeit. Wenige von ihnen sägen an dem Ast, auf dem sie sitzen. Eine unzuverlässige Messgröße kann aber wie ein unbrauchbarer Kompass den Prozess nachhaltiger Entwicklungen nicht richtig orientieren.

Gegen eine vergleichbare dogmatische Tradition schrieb schon John Diebold in »Die automatische Fabrik« 1957: »Die rotierende Maschine des 17. und 18. Jahrhunderts gebot das Rundbearbeiten, dies aber gebot wiederum das erneuerte Rundkonstruieren, dies seinerseits das erneute Rundbearbeiten und so gibt es bis zu dem heutigen Tag die Herrschaft des mechanischen Rundbearbeitens mit vielen technischen Mängeln, wie den Verlust an Kerbfestigkeit und Material.« (Diebold, 1957)

Der erste Bericht des »Club of Rome«, den ich in den 1970er Jahren in Auszügen in die Hand bekam, war mir zu zukunftspessimistisch. Auch der Gesellschaft im Osten – so meine Einschätzung – schien er übertrieben und man meinte, den Osten würden diese Befürchtungen nicht betreffen. Ich hielt mich an Friedrich Engels, der meint, dass mit Wissen und Erkenntnis viele Probleme lösbar sind.

Friedrich Engels setzte sich 1844 mit der Malthus'schen Theorie auseinander, die in geometrischer Progression wachsende Bevölkerung könne unmöglich von der Erde ernährt werden, und schreibt dazu: »Die Wissenschaft aber vermehrt sich mindestens wie die Bevölkerung, diese vermehrt sich im Verhältnis zur Anzahl der letzten Generation, die Wissenschaft schreitet fort im Verhältnis zu der Masse der Erkenntnis, die ihr von der vorhergehenden Generation hinterlassen wurde, also unter den allergewöhnlichsten Verhältnissen auch in geometrischer Progression – und was ist der Wissenschaft unmöglich.« (Engels 1952)

Heute werden die Gegensätze komplementär gedacht: Wissenschaftsentwicklung (ohne Erkenntnisgrenzen) einerseits und räumliche und Ressourcen-Grenzen des »blauen Planeten« (siehe Abb. XVIII, Seite 224) andererseits. Mit der Metapher »Raumschiff Erde« wird die Begrenztheit unseres Planeten in zwei Silben deutlich. Erst die erwähnte Komplementarität führt zur begründeten Zuversicht für die Lösungskompetenz der Menschheit und zur Maxime: »Global denken – Lokal handeln«.

Kommunalpolitische Erfahrungen

Durch meine kommunalpolitische Tätigkeit kamen neue Themen einer nachhaltigen Stadtentwicklung in mein Gesichtsfeld: Soziales Wohlbefinden als komplexes Ziel der Stadtentwicklung, Bevölkerungsrückgang und Unterjüngung der Bevölkerungsstruktur, Havariesicherheit technischer Infrastruktur, zunehmender Flächenverbrauch und steigende Infrastrukturkosten, Bestandserhaltung und energieeffizientes Sanieren ins Gewicht fallender Bestandsgebäude, Siedlungs- und Verkehrsentwicklung und erneuerbare Energien gehörten und gehören dazu.

Chemnitz mit rund 240.000 Einwohnern hat eine urbane Stadtfläche von 221 Quadratkilometer (1.100 Einwohner je km^2). Dem gegenüber hat Stuttgart mit 613.000 Einwohnern lediglich 207 Quadratkilometer Stadtfläche (2.960 Einwohner je km^2). Für die Stadtentwicklung von Chemnitz ist das eine strukturelle Herausforderung.

Infolge dieses hohen Anteils urbaner Fläche pro Kopf der Bevölkerung drohen die Gebühren zum Beispiel für Abwasser, Verkehrsleistungen etc. hyperbolisch anzusteigen (Hyperbel aus dem Griechischen: »über das Ziel hinaus werfend«), obwohl sie gemäß der Dichtefunktion der Gauß'schen Normalverteilung einem Grenzwert folgen sollten (Hoffmann-Axthelm 2010).

Für die Erhaltung von neun Millionen Quadratmetern Straßenfläche, 290 Brücken und 220 Ampelanlagen wächst in Chemnitz der Erhaltungsbedarf. So wären zur Erhaltung der Straßen bei einem Normativ von jährlich einem Euro pro Quadratmeter Straßenfläche neun Millionen Euro erforderlich, aber es stehen gegenwärtig nur zirka drei Millionen Euro zur Verfügung.

Zur nachhaltigen Stärkung der Stadtstruktur und ihrer Komprimierung (Stärkung der Zentren, Reduzierung des Flächenverbrauchs) sind Strukturanalysen (Stadt/Umland; Stadtteilentwicklung/Gesamtstadt; usw.) angezeigt. Wie hoch die Strukturanalyse einzuschätzen ist, erkennt man zum Beispiel an Werner Heisenbergs Selbstbiografie mit dem Titel »Der Teil und das Ganze« (Heisenberg 2001).

Interessant ist auch Folgendes:

Im Zeitraum 1990 bis 2007 reduzierte sich die Kohlendioxidemission der Stadt Chemnitz um 50 Prozent, darunter zwischen 1990 bis 1992 sprunghaft um 40 Prozent. Infolge dessen sei die Senkung der Kohlendioxidemission, so meinen Kritiker, kein Ergebnis einer systematischen Klimaschutzpolitik, sondern »lediglich« die Auswirkung einer Deindustrialisierung infolge der politischen Wende und der Wiedervereinigung.

Diese Kritik wird oft auch auf die Kohlendioxidbilanz der Bundesrepublik Deutschland ausgeweitet, weil auch diesbezüglich der Wegfall der Kohlendioxidemission im Osten die gesamtdeutsche Kohlendioxidbilanz deutlich verbesserte. Dagegen lässt sich einwenden, dass mit Milliarden Transferleistungen von West nach Ost die Wirtschaft auch in Sachsen um- und ausgebaut und damit gleichzeitig die Kohlendioxidemission auf ein niedrigeres Niveau eingestellt wurde. Dieser Umstand lässt aber deutlich erahnen, welche Anstrengungen und Aufwendungen aus dem Umbau der Wirtschaft in Richtung Nachhaltigkeit auf Regionen, Länder und die Welt zukommen werden (Meyer 2008).

Überhaupt ist die Stadt, das Territorium nicht nur Kristallisationspunkt des wissenschaftlichen und technischen Fortschritts, sondern gleichzeitig der Spiegel, der kristallklar widergibt, wie sich Ökonomie, ökologische Tragfähigkeit und soziale Stabilität und Gerechtigkeit im Zusammenhalt entwickeln.

Die zentrale Frage einer nachhaltigen Stadtentwicklung lautet: Wie erreichen wir innerhalb der Stadtgesellschaft Konsens über Tragweite, Tiefe und Priorität der Problemfelder.

Dies ist deshalb so, weil durch das Agieren und Reagieren der Bürgerinnen und Bürger (auch auf kleine Veränderungen) Bürgernähe unabdingbar ist. Als »Kommunaler« ist man nahe dran an der Kompliziertheit und Komplexität der Nachhaltigkeit, auch wenn einzuräumen bleibt: Selbst Kommunalpolitik ist nur die Kunst des Möglichen.

All dieses lernende Erleben und gestaltende Verändern führte bei mir zu einer Sensibilisierung für ökologische Themen und einem Interesse an »nachhaltigen« Entwicklungskonzeptionen.

Zur Bedeutung von Carlowitz' Werk

Der Artikel von Ulrich Grober in *Die Zeit* vom 25.11.1999 und sein gelungenes Buch über die sächsischen Wurzeln der Nachhaltigkeit inspirierten mich, zum einen wegen des sehr tief gehend recherchierten Inhalts, der gegebenen Einheit von Verstand und Gefühl, und zum anderen wegen der persönlichen Leistung des Hans Carl von Carlowitz. Dass dieser Vordenker sogar noch in meiner räumlichen Nähe geboren wurde und aufgewachsen war, faszinierte mich besonders (Grober 2010).

In seinem Buch zitiert Grober – ganz im Carlowitz'schen Sinne – den Lehrer von Alexander und Wilhelm von Humboldt, Joachim Heinrich Campe, der 1809 im Wörterbuch der deutschen Sprache schreibt: »Nachhalt ist das, woran man sich hält, wenn alles andere nicht mehr hält.«

Die *Sylviculutra oeconomica – Anweisung zur wilden Baumzucht* (1713) war eine Sternstunde. Sie war der Vorläufer einer konzeptionellen Analyse einerseits und einer analytischen Konzeption für eine nachhaltige Entwicklung andererseits, nicht nur für Sachsen, für Deutschland, sondern für Europa. Das Werk des Hans Carl von Carlowitz ist wie eine beeindruckende Partitur, quasi für ein weltweites Orchester, dass das Tonale, Rhythmische und Melodische einer nachhaltigen Entwicklung konzipiert und ausdrückt.

Bereits vor 300 Jahren stellte Carlowitz die Frage, wie mit Ressourcen umzugehen ist, »daß es eine continuirliche beständige und *nachhaltende* Nutzung gebe«. Er warnte dringend davor, mehr Holz zu konsumieren »als der Waldraum zu zeugen und tragen vermag«. Er wusste noch, dass der Mensch »mit ihr (der Natur) agieren« und nicht »wider die Natur handeln« solle. Dieser sächsische Edelmann ruft in seiner barocken Sprache zur Verantwortung für die »armen Unterthanen und die liebe Posterität«, also für die Mitwelt und die nachfolgenden Generationen auf. Mit Carlowitz gelangen wir zu den tiefen Wurzeln und in die Tiefendimensionen des Leitbilds Nachhaltigkeit. Das macht ihn heute so wichtig.

Man mag das 300 Jahre alte Buch als antiquiert abtun. Doch aus meiner Sicht wäre das ein großer Fehler. Denn diese historische Quelle kann uns einen Zugang zu einer Tiefe und Weite des Denkens und Redens über sowie des Handelns für Nachhaltigkeit verschaffen, die wir heute dringend wieder brauchen können. Diesen Schatz sollten wir nutzen.

Außerdem würde im Falle der Information nur über das Neue die beweisende Darstellung nicht erreicht und die Folgerungen blieben im leeren Raum hängen. Darüber hinaus vermeidet ein Rückgriff auf den barocken Klassiker eine mechanistische und routinemäßige Behandlung der Nachhaltigkeit. Dieser Rückgriff fördert vielmehr das gemeinsame Durchdenken und Durchdringen und damit die Integration der speziellen Wissensgebiete zum systemgerechten Ansatz der Nachhaltigkeit.

Deshalb ist das Erschließen, das Bewahren und die Weitergabe sowie die Verbreitung des umfassenden Erbes von Hans Carl von Carlowitz – wie in der *Sylvicultura oeconomica* niedergelegt und seit dem Weltgipfel von Rio zu Umwelt und Entwicklung 1992 ins Gedächtnis der Menschheit aufgenommen – wichtiges Ziel der Car-lowitz-Gesellschaft.[1] Für Carlowitz ist die Natur das Fundament, auf das Wirt-schaft und Gesellschaft aufbauen (heute: starke Nachhaltigkeit), und dafür setzt er überzeugende ethische Argumente ein.

Carlowitz summiert nicht ökonomische, ökologische und soziale Ressourcen und erst recht stellt er keine drei Säulen nebeneinander, sondern er schildert die Reaktionen und Korrelationen, ihre tem-poral, lokal und funktional verknüpften Verbindungen untereinander.[2]

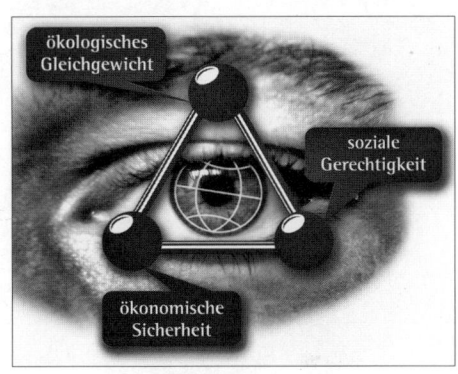

So bringt er die naturgesetzlichen Ba-sen, die sozialen Erkenntnisse und die Anforderungen an die Politik seiner Zeit zu einem Leitbild zusammen. Die Ganz-heit des Carlowitz'schen Leitbildes, heute oft Nachhaltigkeitsdreieck genannt – also

Abb. 2: Das Dreieck der Nachhaltigkeit.

Sozial-Ethik (E), Wirtschaft (W) und Öko-logie (Ö) – kann man abstrakt und formal – also zunächst nicht rechenbar – als Potenzprodukt der Nachhaltigkeit P_N (auch vektoriell im dreidimensionalen Raum) denken:

$$P_N = E^{m_E} \cdot W^{m_W} \cdot Ö^{m_Ö}$$

Die multiplikative Verknüpfung der Faktoren schützt das Denken vor subjektiver Schwerpunktwahl und misst den Einfluss auch nicht messbarer Komponenten am korrelierenden Ergebnis. Kein Faktor darf gegen null beziehungsweise gegen Minus tendieren – die Abschätzung der Exponenten (m = Mächtigkeiten) führt zu einer Rangliste des praktischen Handelns.

Sächsische Carlowitz-Gesellschaft

Im Besitz des Reprints zur *Sylvicultura oeconomica* der TU Bergakademie Freiberg (2005) unternahm ich vieles zur Verankerung des Carlowitz'schen Erbes und zur Würdigung dieses großen Sohnes Sachsens in meinem gesellschaftlichen Umfeld,

---

1 Satzung der Sächsischen Hans-Carl-von-Carlowitz-Gesellschaft, S. 2.

2 Vgl. auch Indikatorenbericht im Fortschrittsbericht 2012 zur nationalen Nachhaltigkeitsstrategie des Rates für nachhaltige Entwicklung.

Abb. 3:
Burg Rabenstein-Chemnitz,
hier wurde
Hans Carl v. Carlowitz
am 14.12.1645 geboren.

ganz so wie Goethe seinen Faust sagen lässt: »Was Du ererbt von deinen Vätern, erwirb es um es zu besitzen« und gib es weiter. Zunehmend gewann ich Mitstreiter und Gleichgesinnte. Zunächst trafen wir uns als Initiativgruppe 300 (300-jähriges Jubiläum). Rasch formten sich ein Programm (Meilensteine), später eine Satzung und schließlich der Wunsch, eine Gesellschaft zu gründen (2011). Die wachsende Komplexität der Nachhaltigkeit, wissenschaftlich eine große Schwierigkeit, ist für die Carlowitz-Gesellschaft insofern von Vorteil, weil sich durch diese Vielgestaltigkeit viele Interessen, Ansatzpunkte und wissenschaftliche und berufliche Befähigungen unter der »Carlowitz'schen Partitur« vereinigen und damit gesellschaftlich wirken können. Dem dient die Förderung und Verankerung des Carlowitz'schen Leitbildes der Nachhaltigkeit im gesellschaftlichen Bewusstsein.

Die Gesellschaft versteht den Geburtsort Chemnitz und den Schaffensort Freiberg des Schöpfers des Nachhaltigkeitsbegriffs als Verpflichtung, zur zukunftsfähigen Identität des Freistaates Sachsen beizutragen und gleichzeitig dieses Erbe in den nationalen und internationalen Nachhaltigkeitsdiskurs und in das nationale und internationale Nachhaltigkeitsstreben einzubringen:

♦ Die Gesellschaft veranstaltet dazu öffentliche Vorträge, Kolloquien und organisiert Veranstaltungen sowie Ausstellungen zum Carlowitz'schen Erbe und dem Leitbild der Nachhaltigkeit sowie seinen Komponenten und gibt Veröffentlichungen dazu heraus.

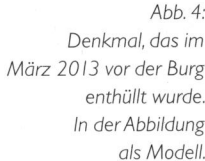

Abb. 4:
Denkmal, das im
März 2013 vor der Burg
enthüllt wurde.
In der Abbildung
als Modell.

◆ Die Gesellschaft unterstützt die Bildung, die Wissensvermittlung und das bürgerschaftliche Engagement zur Nachhaltigkeit und arbeitet dafür mit vielen Akteuren zusammen.

◆ Die Gesellschaft betreibt Öffentlichkeitsarbeit und vernetzt sich zum Wissenstransfer zum Thema Nachhaltigkeit national und international.

Die Carlowitz-Gesellschaft versteht das Carlowitz'sche Leitbild Nachhaltigkeit als rigorose Verantwortung des Einzelnen gegenüber seiner Mitwelt und gegenüber künftigen Generationen, aber auch als Schutzschild gegen Hohlheit und Phrasenhaftigkeit im Umgang mit dem Begriff Nachhaltigkeit (vgl. Johannes der Täufer – Lukas 3, Vers 10–14).

Unser Ziel ist es also nicht, einen Personenkult zu betreiben, sondern wir wollen die Ideale des Hans Carl von Carlowitz verbreiten und dabei natürlich auch die Person beleuchten. Wir ehren also Carlowitz, indem wir die Nachhaltigkeit fördern und so uns selbst und unserer Mit- und Nachwelt nutzen.

Zukunft gestalten: Mit Wissen und Gewissen

Für die Auswahl dessen, was man tut, ist die Antwort auf zwei Fragen entscheidend: »Wie mache ich das?« und »Wozu mache ich das?«.

Die Wissenschaft erleichtert überall in der Welt nur die Antwort auf das »Wie?«, umso wichtiger wird es, wie wir uns die Frage nach dem »Wozu?« stellen. Die Frage ist identisch mit der Frage: zu wessen Nutzen, also wünschbar für wen?

In Synthese wie Technologie macht es keinen großen Unterschied für das »Wie«, ob eine Anlage Heilmittel oder tödliche Kampfstoffe herstellt, aber das »Wozu« ist so unterschiedlich wie nur denkbar.

Wissen allein ohne Gewissen reicht also nicht. Bildung für Nachhaltigkeit hat deshalb immer auch einen moralischen Aspekt, aber sie erfordert auch Sachkenntnis und nicht emotionalen Großmut. Eine Nachhaltigkeitsdebatte ohne Wissen oder ganz auf den Betreffenden selbst orientierte »Nachhaltigkeit« ist vom Carlowitz'schen Leitbild ebenso weit entfernt wie Alchemie von Chemie. Bereits der Untertitel des Carlowitz'schen Buches »Anweisung zur wilden Baumzucht« hebt den Bildungsaspekt stark hervor.

Die einfache Einsicht, dass neues und verbreitetes Wissen zur Nachhaltigkeit neue Fähigkeiten in eben diesem Sinne erzeugt, neue Fähigkeiten bei entsprechender Einsicht nachhaltige Leistungen ermöglichen und nachhaltige Leistungen die erweiterte Basis einer nachhaltig sich fortentwickelnden Welt schaffen, was seinerseits wieder nachhaltigeren Fortschritt garantiert, ist der eigentliche Grund für die Aussage, dass sowohl das Wissen über eine nachhaltige Entwicklung als auch die erzielten Wirkungen progressiv wachsen müssen.

Angesichts der Kompliziertheit und Komplexität des Transformationsprozesses bemerkt Mendelejew zu recht: »Die Wissenschaft ist Allgemeingut. Deshalb fordert die Gerechtigkeit, nicht dem den größten wissenschaftlichen Ruhm zuzusprechen, dem es zuerst gelang, eine bekannte Wahrheit zu formulieren, sondern dem, der es verstand, andere von ihr zu überzeugen, die Richtigkeit zu beweisen und ihre wissenschaftliche Anwendung zu ermöglichen (…) Erst die Zeit bringt den wirklichen Schöpfer hervor, der über alle Mittel verfügt, die Wahrheit als allgemeine Erkenntnis durchzusetzen. Man darf jedoch nicht vergessen, dass er nur dank der Arbeiten vieler und der gesammelten Fakten zum eigentlichen Schöpfer werden kann.« (Kederow 1961).

Aggiornamento

Carlowitz' Buch ist 300 Jahre alt. Aber sein Denken ist hochmodern. Die Carlowitz-Gesellschaft möchte sein barockes Wissen auf den heutigen Stand bringen und an heutige Verhältnisse anpassen. Dazu ist Bildung, Wissenschaft und Information notwendig. Der vorliegende Band ist Teil unseres Konzeptes der Verheutigung, eines Aggiornamento, dieses wertvollen Menschheitswissens.

Zur Partitur einer nachhaltigen Entwicklung zählt die Bildung, um aus dem für die nachhaltige Entwicklung geschaffenen Wissen (W) wachsende Fähigkeiten (F) der Menschen herauszubilden. Damit die so befähigten Menschen sich bewusst für eine nachhaltige Entwicklung einsetzen, bedarf es der Motivation. Der Umschlag der so erreichten Nachhaltigkeits-Leistung (L) in eine stetige Anhebung des Nachhaltigkeits-Potenzials (P) erfordert eine kontinuierliche Niveauerhöhung der Organisation der Akteure.

In mathematischer Symbolik stellt sich dieser *Arbeitsrhythmus für Nachhaltigkeit* wie folgt dar:

$$
\underbrace{\text{Studieren}}_{} \qquad\qquad \underbrace{\text{Motivieren}}_{} \qquad\qquad \underbrace{\text{Organisieren}}_{}
$$

$$
\frac{d\,\dfrac{W(t)}{W(t_0)}}{dt} \;\overset{\downarrow}{\underset{=}{>}}\; \frac{d\,\dfrac{F(t)}{F(t_0)}}{dt} \;\overset{\downarrow}{\underset{=}{>}}\; \frac{d\,\dfrac{L(t)}{L(t_0)}}{dt} \;\overset{\downarrow}{\underset{=}{>}}\; \frac{d\,\dfrac{P(t)}{P(t_0)}}{dt}
$$

Die differenzielle Darstellung ist kein Selbstzweck, sie wird gewählt, um zu zeigen, welch großer Anstrengungen der Transformationsprozess zur Nachhaltigkeit sowohl regional als auch global bedarf. Dieser Transformationsprozess umfasst nicht nur die Erkenntnis, sondern die gesamte reale Welt des 21. Jahrhunderts.

Die Kette, von Wissen durch *Studieren* zu Fähigkeiten, von Fähigkeiten durch *Motivieren* zu Leistungen und von Leistungen durch *Organisieren* zur Erhöhung des Nachhaltigkeitspotenzials kann man als den Arbeitsrhythmus für eine nachhaltige Entwicklung bezeichnen und dieser Rhythmus bestimmt die Tätigkeit der Carlowitz-Gesellschaft und er prägt ihren Geist.

Das Bewahren, Erschließen und die Nutzung sowie die Weitergabe des Carlowitz'schen Erbes der nachhaltenden Nutzung hat ein großes, noch nicht erschlossenes Potenzial und ist deshalb aller Mühe und bürgerschaftlichen Engagements wert.

»Auch wenn die Welt morgen unterginge, so würde ich noch heute ein Bäumlein pflanzen.« Dieser Satz wird Luther zugeschrieben. Auch wenn er es nicht gesagt hat, es passt in jene Zeit. Die Welt schien oft voller Teufel. So ganz neu sind unsere

Zukunftsängste also auch wieder nicht. Wir sind Nutznießer derer, die damals den Mut zum Bäumepflanzen hatten. Sollten wir nicht den gleichen Mut haben, uns heute für eine nachhaltige Entwicklung unserer Stadt, unseres Landes und unserer Welt stark zu machen?

Literaturhinweise

Carson, Rachel: Der stumme Frühling. C.H. Beck Verlag, München 2007.

Carlowitz, H. C. von: Sylvicultura oeconomica oder Haußwirthliche Nachricht und Naturmäßige Anweisung zur Wilden Baum-Zucht. – Johann Friedrich Braun, Leipzig 1713. Nachdruck in den Veröffentlichungen der Bibliothek »Georgius Agricola« der TU Bergakademie Freiberg, Nr. 135, 2000.

Diebold, John: Die automatische Fabrik (übersetzt aus dem Amerikanischem). Neit Verlag GmbH, Frankfurt am Main 1957, S. 51–92.

Dithmar, Reinhardt (Hrsg.): Aus »Luthers Tischreden« Wartburg Verlag, 1. Auflage, März 2010, S. 206.

Engels, Friedrich: Umrisse zu einer Kritik der Nationalökonomie MEW Bd. 1, Dietz Verlag, Berlin 1956, S. 521.

Grober, Ulrich: Die Entdeckung der Nachhaltigkeit – Kulturgeschichte eines Begriffs. Verlag Antje Kunstmann, München 2010. Artikel in »Die Zeit« vom 25. 11. 1999, Fortschrittsbericht 2012 zur nationalen Nachhaltigkeitsstrategie der Bundesregierung, Entwurf vom 1. Mai 2011.

Haber, Wolfgang: »Zur theoretischen Fundierung der Umweltplanung unter dem Leitbild einer dauerhaft-umweltgerechten Entwicklung« aus »Perspektiven der Raum- und Umweltplanung angesichts Globalisierung, Europäischer Integration und Nachhaltiger Entwicklung«. Festschrift für Karl-Hermann Hübler & Ulrike Weiland (Hrsg.). VWF Verlag für Wissenschaft und Forschung GmbH, Berlin 1. Auflage 1999.

Heisenberg, Werner: Der Teil und das Ganze – Gespräche im Umkreis der Atomphysik. Piper Taschenbuch; 9. Auflage 2001.

Hoffmann-Axthelm, Dieter: Flächenkosten & kommunale Finanzautonomie – Für eine Theorie der Stadtwirtschaft. Verlag Dorothea Rohn, Detmold 2010.

Kollhoff, Hans: Der grüne Wahnsinn. Artikel aus der Zeitschrift Baumeister, Jg. 107, Nr. 6, 2010.

Mendelejew zitiert in Kederow, B. M.: Spektralanalyse zur wissenschaftlichen Bedeutung einer großen Entdeckung, VEB Deutscher Verlag der Wissenschaften, Berlin 1961, S. 10.

Meyer, Bernd: Wie muss die Wirtschaft umgebaut werden? Perspektiven einer nachhaltigeren Entwicklung. Fischer Taschenbuch Verlag, Frankfurt am Main 2. Auflage 2008.

TU Dresden (Hrsg.): Universitätsreden, Heft 22, Wissenschaftliche Konferenz der Fakultät für Bau-, Wasser- und Forstwesen des Wissenschaftsrates der TU Dresden »Sozialistische Umweltgestaltung« am 4. Dezember 1969, S. 12 ff.

Bernd Meyer

»Es ist fünf vor zwölf« – Das FreibergerWeltforum zur nachhaltigen Nutzung der Rohstoffressourcen der Erde – ein Carlowitz'sches Erbe

Zusammen mit der St. Petersburger Bergbauuniversität hat die TU Bergakademie Freiberg im Juni 2012 das Weltforum der Ressourcenuniversitäten für Nachhaltigkeit in Freiberg gegründet.[1] Als älteste montanwissenschaftliche Universität der Welt und nationale Ressourcenuniversität in Deutschland sieht sich die TU Bergakademie Freiberg in der besonderen Verantwortung, die Leitidee der nachhaltigen Entwicklung im Rohstoffbereich zu verankern. Die Gründung eines Weltforums ist ein erster Schritt der Ressourcenuniversitäten, um zusammen Verantwortung für die dringend anstehende globale Rohstoffwende mit einem gemeinsam zu erarbeitenden Bildungsverständnis zu übernehmen, denn »Nachhaltigkeit beginnt im Kopf«.

Die Rohstoffwende soll die (bisher noch nicht vorhandene) Gleichrangigkeit der Nachhaltigkeitskriterien Vermeidung, Effizienz, Substitution und Recycling gegenüber dem Kriterium Ökonomie zur Grundlage haben und auch die erneuerbaren Energien in den zu bilanzierenden Prozesskreis einbeziehen. Neue, transdisziplinäre und international vernetzte Ansätze in Wissenschaft und Ausbildung sind gefordert, um die dringend erforderliche Rohstoffwende einzuleiten. Im Vordergrund steht die Rohstoffeffizienz entlang der gesamten Wertschöpfungskette: von der Lagerstätte über die Gewinnung bis zum Recycling; die Substitution seltener durch besser verfügbare oder nachwachsende Stoffe; die Bereitstellung virtueller

---

1   Die Gründung des Weltforums im Juni 2012 stand im Zeichen des 20. Jahrestages der »Konferenz der Vereinten Nationen über Umwelt und Entwicklung« in Rio de Janeiro (Rio-Konferenz). Die hochrangige Bedeutung dieser Initiative derTU Bergakademie Freiberg kommt auch in der Übernahme der Schirmherrschaft für die Gründungsveranstaltung durch die Bundesministerin für Bildung und Forschung, Prof. Annette Schavan, zum Ausdruck. Das Weltforum reiht sich somit prominent in das Wissenschaftsjahr 2012 des BMBF unter dem Motto »Zukunftsprojekt Erde« ein. Zu den Initiatoren des Weltforums der Ressourcenuniversitäten zählen auch die Mitglieder der 2006 gegründeten International University of Resources: die AGH Krakow, die Montanuniversität Leoben und die Bergbauuniversität Dnipropetrowsk/ Ukraine. Bei der Gründungsveranstaltung in Freiberg waren Vertreter aus insgesamt 58 Ressourcenuniversitäten aus 39 Ländern anwesend. Sie diskutierten darüber, wie soziale, ökonomische und ökologische Aspekte unter der Leitidee der Nachhaltigkeit in die Ausbildung von Rohstoffexperten integriert werden können, und erarbeiteten eine Deklaration, die von allen Konferenzteilnehmern unterzeichnet wurde.

statt realer Produkte und die Einspeisung regenerativer Energien in den Stoffkreislauf. Im Zuge der Energiewende – mit der Abkehr von den fossilen und nuklearen Energien hin zu den regenerativen Energiequellen wie Sonnen- und Windenergie – zeichnet sich am Horizont die emissionsneutrale Schließung von Stoffkreisläufen ab. Ziel muss es sein, breit verteilte Wertstoffe zu konzentrieren und theoretisch einer vollständigen Wiedernutzung zuzuführen. Die Wissenschaft steht in diesem Feld vor neuen, großen Herausforderungen. Mit dem Weltforum der Ressourcenuniversitäten wird eine Plattform geschaffen, diese zu meistern und neue internationale Wege in Lehre und Forschung zu beschreiten.

Das Erbe Carlowitz' von Freiberg aus weiterentwickeln

Mit Freiberg fand das Weltforum an dem Ort statt, zu dem der Begriff Nachhaltigkeit seit jeher engste Verbindungen hat. Der Freiberger Oberhauptmann Hans Carl von Carlowitz formulierte 1713 das Prinzip eines »nachhaltigen« Umgangs mit dem Rohstoff Holz verbindlich in seinem Werk *Sylvicultura oeconomica oder haußwirthliche Nachricht und Naturmäßige Anweisung zur wilden Baum-Zucht.* Von einer auf Nachhaltigkeit angelegten Bewirtschaftung des Waldes hing das Berg- und Hüttenwesen und damit das Wohl des ganzen Landes ab. Das Prinzip des Ressourcenerhalts geht zurück auf die Vision des in Freiberg fast vier Jahrzehnte wirkenden Hans Carl von Carlowitz.

Ein Blick zurück in die Geschichte der Bergakademie zeigt, dass die heute aktuellen Pfeiler des Nachhaltigkeitskonzepts – Vermeidung, Effizienz, Substitution und Recycling – in Lehre und Forschung hier in Freiberg schon frühzeitig eine wichtige Rolle gespielt haben. Alexander von Humboldt, berühmtester Student der Bergakademie, kann als ein Wegbereiter der Nachhaltigkeit gelten.

Zu jener Zeit, als Clemens Winkler, der Entdecker des chemischen Elements Germanium, hier forschte und lehrte, war zwar der Schutz der Umwelt noch kein generelles gesellschaftliches Thema, aber Winkler beschäftigte sich schon mit den Auswirkungen der Industrialisierung, die im 19. Jahrhundert die hinzugewonnene Lebensqualität wieder zunichtezumachen drohten. Zu seinen Forschungsgegenständen gehörte insbesondere die Rauchgasentschwefelung mit dem Ziel der Schaffung eines geschlossenen Stoffkreislaufs für die Schwefelsäureproduktion. Ein Beispiel für die enge Verbindung zwischen Forschung und Nachhaltigkeit im 20. Jahrhundert ist die Etablierung des Lehr- und Forschungsgebietes Recycling, das in der zweiten Hälfte der 1960er Jahre von der Bergakademie als erster Hochschule in Deutschland eingeführt wurde.

Nachhaltigkeit – der zentrale Wert von Forschung und Lehre an der TU Bergakademie Freiberg

Bis heute ist an der TU Bergakademie Freiberg die Idee der Nachhaltigkeit intensiv in Lehre und Forschung integriert, wie ihre Verankerung im Leitbild der Universität zeigt. Die Bergakademie forscht für die umweltverträgliche Versorgung der Gesellschaft mit Ressourcen, die für ein globales Wirtschaftswachstum notwendig sind. So wirkt die Universität mit am Ausbau der Grundlagen für soziale Gerechtigkeit in der Gesellschaft – in der heutigen Generation wie auch in den kommenden. Die Professoren und Mitarbeiter aller Fachbereiche fühlen sich dem Prinzip der Nachhaltigkeit verpflichtet. So versteht die Professur Bergbau-Tagebau unter Prof. Carsten Drebenstedt unter Nachhaltigkeit im Bergbau in allererster Linie verantwortungsbewusstes Handeln der Unternehmen, welches die Aspekte der Nachhaltigkeit berücksichtigt. Sie setzt deshalb auf:

- maximale Nutzung der Wertkomponenten einer Lagerstätte (Haupt-, Neben- und Begleitrohstoffe),
- Nutzung der Wertstoffe in den Rückständen der Rohstoffaufbereitung und -verarbeitung,
- umweltschonende Abbautechnologien,
- schnelle und werterhaltende Wiedernutzbarmachung der in Anspruch genommenen Flächen,
- Gewährleistung der öffentlichen und betrieblichen Sicherheit in allen Prozessstufen des Bergbaus.

Für dieses Bergbaukonzept wurden methodische Grundlagen geschaffen, die international in Büchern und auf Konferenzen Eingang gefunden haben. Zur Umsetzung der Forschungsschwerpunkte wurden und werden an der Professur Bergbau-Tagebau vielfältige Themen in interdisziplinär und international aufgestellten Forschergruppen bearbeitet. Mit den gewählten Forschungsschwerpunkten und Themen trägt die Professur Bergbau-Tagebau zu einem verantwortungsbewussten Bergbau bei, der wirtschaftliche, ökologische, soziale und Sicherheitsaspekte ebenso berücksichtigt wie die Verantwortung, auch kommenden Generationen die Nutzung der Geo-Wertstoffe zu ermöglichen. In der Lehre wird dieser ganzheitliche Ansatz ebenfalls vermittelt. Dazu dienen zum Beispiel die Lehrveranstaltungen Bergbauplanung, Auslandsbergbau und Bergwirtschaftslehre. In speziellen Lehrveranstaltungen wird den Schutzgütern bergbauliche Wasserwirtschaft, Rekultivierung, Wettertechnik oder Sicherheitstechnik Rechnung getragen. Des Weiteren sind die Aspekte der Nachhaltigkeit integraler Bestandteil der technisch-technologischen Vorlesungen.

Auch an der Fakultät Maschinenbau, Verfahrens- und Energietechnik der TU Bergakademie Freiberg durchzieht die Leitidee der Nachhaltigkeit die Lehr- und Forschungsaktivitäten. So wird am Institut für Energieverfahrenstechnik und Chemieingenieurwesen die Schaffung und Optimierung komplexer Kohlenstoffkreisläufe erforscht, schließlich erfordern der Ausstieg aus der Kernenergie und die Reduzierung von CO_2-Emissionen neue Lösungen bei der Nutzung fossiler und nachwachsender Kohlenstoffträger in der Stoff- und Energiewirtschaft. Dabei geht es um die Substitution fossiler Kohlenstoffträger, um die Schaffung geschlossener Kohlenstoffkreisläufe, den Einsatz nachwachsender Rohstoffe und schließlich um die Nutzung und Speicherung von Überschussstrom aus Windkraft- und Photovoltaikanlagen. Für natürliche kohlenstoffhaltige Rohstoffe setzt dies eine ganzheitliche Betrachtung der Wertschöpfungskette – Erkundung, Gewinnung, Aufbereitung und Veredelung bis hin zum Produkt, inklusive Rückführung der kohlenstoffhaltigen Produkte oder Abfälle – voraus. Durch die Bereitstellung neuer Kohlenstoffprodukte und Kohlenstoffsubstitute soll eine ausgeglichene Kohlenstoffbilanz erreicht werden. Zu den Schwerpunktfeldern für Innovationen zählen der Einsatz von biogenen Rohstoffen als alternative Kohlenstoffquelle und die Etablierung einer neuen CO_2-emissionsarmen Kohlechemie zur Gewinnung von Roh- und Feinchemikalien über neue synthesegasbasierte Prozesse. Das Erreichen dieser Ziele setzt interdisziplinäre Kooperationen zwischen Wissenschaft, Wirtschaft und Politik voraus.

Die genannten Beispiele sind nur ein kleiner Ausschnitt der nachhaltigkeitsbezogenen Lehre und Forschung, die das inhaltliche Fundament für ein Weltforum der Ressourcenuniversitäten für Nachhaltigkeit darstellen.

Die Verantwortung der Ressourcenuniversitäten für die Rohstoffversorgung

Mineralische und fossile Rohstoffe ermöglichen die Annehmlichkeiten des täglichen Lebens und die Erfüllung unserer Grundbedürfnisse wie Wohnen (Bau- und Energierohstoffe), Ernährung (Düngemittelrohstoffe), Mobilität (Basismetalle) und Kommunikation (Elektronikmetalle). Hinzu kommen die bisher nicht nachhaltig betriebene Erschließung der Ressource Wasser aus dem Untergrund (Übernutzung), die mangelhafte Aufbereitung von Brauchwasser, die Bedrohung von Biodiversität, Landschaften, ozeanischen Gewässern sowie eine unsachgemäße Be-

Abb. 1: Gründung des Weltforums der Ressourcenuniversitäten für Nachhaltigkeit im Juni 2012 in Freiberg.

wirtschaftung der Böden. Ergänzend zur Nutzung der Primärrohstoffe muss die Wiedernutzung von Sekundärrohstoffen (Recycling) stärker in den Blick genommen werden. Recyclingprozesse können die noch unvollständigen Stoffkreisläufe in nachhaltiger Weise schließen und somit helfen, die Gewinnung von Rohstoffen aus der Erdkruste auf die jeweils notwendigen minimalen Mengen zu beschränken.

Die Ressourcenuniversitäten in aller Welt stehen in der besonderen Verantwortung dafür, die Leitidee der nachhaltigen Entwicklung in den Rohstoffbereich zu implementieren und mit ihrem Wissensschatz und ihren Kompetenzen zur Sicherung der Versorgung der Menschheit mit Rohstoffen beizutragen.

Der Rohstoffmarkt ist durch eine stetig steigende Nachfrage gekennzeichnet, die aus dem Wachsen der Weltbevölkerung, der Globalisierung und Industrialisierung – in Verknüpfung mit einer Erhöhung des Lebensstandards – resultiert. Erfolgreiche Umsetzungen von Strategien zur Reduzierung des Rohstoffverbrauchs oder zur Verstärkung des Recyclingsektors werden zwar mittelfristig die primäre Rohstoffgewinnung nicht vollständig ersetzen, jedoch neue Ansätze zur Einschränkung der extensiven Ausbeutung der Erdkruste erbringen können. Aufgrund des global weiter steigenden Bedarfs müssen Rohstoffe aus zunehmend komplexeren und ärmeren Lagerstätten und unter immer extremeren Bedingungen abgebaut werden. Dabei sind Eingriffe in die Natur und in urbane Gebiete nicht auszuschließen, aber möglichst zu minimieren. Die Risiken und Gefährdungen für Umwelt und Gesellschaft könnten nichtsdestotrotz weiter zunehmen.

Die Montanwissenschaften stehen vor der großen Herausforderung, die – dem Wirtschaftswachstum entsprechend – komplizierter werdende Rohstoffversorgung auch künftig preiswert, umweltschonend, sozialverträglich und sicher zu gestalten.

Dies schließt auch die Beherrschung, Minimierung bzw. den Ausschluss negativer Folgen der Rohstoffwirtschaft für die Umwelt ein. Deshalb ist die Weiterentwicklung der Leitidee einer nachhaltigen und verantwortungsbewusst geführten Ressourcenwirtschaft eine aktuelle und dringende Aufgabe.

Die Ressourcenuniversitäten stellen fest, dass Rohstoffprozesse – trotz aller Bemühungen – mit weiterhin nachteiligen Eingriffen in bestehende naturräumliche, soziokulturelle, ökologische und ökonomische Systeme und Beziehungen verbunden sein können: negative Folgen für die Schutzgüter Wasser, Luft, Boden, Mensch und Natur sowie für Kultur- und Sachgüter eingeschlossen. Trotz wachsenden Bewusstseins im Sinne der Nachhaltigkeitsidee hat die Nichtbeherrschung der Rohstoffprozesse leider immer noch katastrophale Auswirkungen wie etwa Leckagen an Tiefseebohrungen, Dammbrüche an Rückstandshalden, Versauerung von Grund- und oberirdischen Gewässern, Geländerutschungen, Grubengasexplosionen, Gebirgsschläge. Das belegt eine Vielzahl aktueller Vorkommnisse. Solche Ereignisse senken drastisch das öffentliche Ansehen und die Attraktivität der Ressourcenbranche.

Die Ursachen für die negativen Folgen des Bergbaus sind komplex. Dazu gehören beispielsweise unzureichendes oder fehlerhaftes Wissen, fehlerhaftes Management und eine mangelhafte Kontrolle oder auch die billigende Inkaufnahme von Nebenwirkungen oder eine fehlgeleitete Motivation. Einige der größten Hemmnisse zur Vermeidung von negativen Bergbaufolgen sind unzureichende gesetzliche Grundlagen, eine mangelhafte Ausbildung sowie ein zu schwach ausgeprägtes Umweltbewusstsein.

Die Ressourcenuniversitäten stellen sich ihrer Verantwortung für die Beseitigung von Defiziten beim Erkennen, bei der Vermeidung und der Sanierung negativer Folgen von Rohstoffprozessen. Durch die Aus- und Weiterbildung qualifizierter Fach- und Führungskräfte und durch die Festlegung einer klaren Orientierung auf verantwortungsbewusst geführte und nachhaltige Rohstoffprozesse (dies gilt gleichermaßen für primäre und sekundäre Rohstoffe) haben die Ressourcenuniversitäten die Möglichkeit und Verpflichtung, Fehler mittel- und langfristig zu beheben oder erst gar nicht zuzulassen. Um dieser Verantwortung noch besser gerecht zu werden, wurde das Weltforum der Ressourcenuniversitäten für Nachhaltigkeit gegründet.

Ziele und Maßnahmen des Weltforums

Die knapp 60 Mitgliedsuniversitäten des Weltforums sehen es als internationale Aufgabe an, das Prinzip der nachhaltigen Entwicklung in Forschung und Ausbildung entlang der gesamten Rohstoffwertschöpfungskette zu implementieren:

1) Sie werden das Thema »Rohstoffprozesse« verstärkt in die Öffentlichkeit tragen, die Gesellschaft für dieses Thema und die tragende Rolle der Ressourcenuniversitäten sensibilisieren und für eine wissensbasierte, objektive Meinungsbildung eintreten. Sie setzen sich gemeinsam dafür ein, dass sich ein neues Rohstoffbewusstsein in Wissenschaft, Wirtschaft, Politik und Gesellschaft etabliert.

2) Sie werden die Ausbildung im Ressourcenbereich international auf einen einheitlichen Qualitätsstandard bringen und dabei das Prinzip der Nachhaltigkeit als zentralen Bestandteil der Ausbildungsinhalte etablieren. Bei den Studierenden soll ein hohes Verantwortungsbewusstsein gegenüber dem System Erde in ihrem zukünftigen Beruf geweckt werden. Die Ausbildungsstandards sollen nach Inhalt und Umfang festgelegt und von unabhängigen Gutachtern kontrolliert und bewertet werden. In der Ausbildung soll stets die enge Verbindung von Theorie und Praxis sichergestellt sein. Kernthemen sind Prozessverständnis und Modellierung, technische und Managementlösungen zum schonenden Umgang mit knappen Ressourcen wie Wasser, Böden, Luft, Energie und Werkstoffen, aber auch Natur, Landschaft und Landschaftsschutz sowie die menschliche Gesundheit. Dabei sollen Themenkreise wie die besten verfügbaren Technologien, Erfolgsmethoden (best practice), die Ökobilanzierung, Schlüsselindikatoren und die führenden Arbeits-, Umwelt- und Gesundheitsschutz-Standards sowie bewährte rechtliche Regelungen für nachhaltige Rohstoffprozesse integriert werden. Bei der Betrachtung einzelner Rohstoffprozesse ist stets deren Wechselwirkung mit der Gesamtprozesskette sowie mit der Umwelt zu beachten. Die mit den Rohstoffprozessen verbundene Nutzung von Schutzgütern muss transparent und unabhängig diskutiert werden. Es ist daher zu vermeiden, dass sich die jeweiligen Disziplinen quasi unabhängig voneinander entwickeln.

3) Die Nachhaltigkeit ist als Leitgedanke der Unternehmensführung zu etablieren; Fach- und Führungskräfte müssen für verantwortliches Handeln sensibilisiert werden. Das Verursacherprinzip muss für die Beseitigung negativer Folgen der Rohstoffprozesse gelten. In diesem Kontext ist es notwendig, das Wissen zu vermehren, international bereitzustellen, anzugleichen und zu vernetzen.

4) Die wissenschaftliche Forschung ist als Grundlage einer hohen Ausbildungsqualität voranzutreiben.

5) Die relevanten Lehrinhalte werden im Internet frei verfügbar gemacht.

6) Die Mobilität von Studierenden und Lehrenden ist zu fördern, um den Austausch von Wissen, Lehrinhalten und -methoden zu intensivieren.

7) Es ist ein dauerhaftes internationales Netzwerk aufzubauen.

Umsetzung

Zur Umsetzung dieser Ziele werden zunächst drei Arbeitsgruppen gebildet, die sich den Themenkreisen »Verantwortung der Universitäten«, »Lehre« und »Internationale Vernetzung« widmen. In der Arbeitsgruppe »Verantwortung der Universitäten« soll unter anderem über Möglichkeiten eines Paradigmenwechsels und über nicht nachhaltige Entwicklung diskutiert werden. Außerdem sollten Leitlinien für die grenzüberschreitende Ressourcennutzung erarbeitet werden. Weiterhin beschäftigt sich die Arbeitsgruppe mit der Entwicklung eines generellen Lehr- und Forschungsplans. Sie wird Vorschläge für Qualitätskontrollen in Lehre und Forschung machen sowie ein Konzept zur Stärkung des Rohstoffbewusstseins in der Gesellschaft erstellen.

Zu den Aufgaben der Arbeitsgruppe »Lehre« zählt zuvorderst die Entwicklung und Innovation von Lehrinhalten, Lehrmethoden und Lehrmaterial nach gemeinsamen Kriterien und Standards. Hierzu sollen in einem ersten Schritt die vorhandenen Studienprogramme zu den Rohstoffprozessen im Hinblick auf den Nachhaltigkeitsaspekt analysiert und Definitionen von Mindestanforderungen an die Lehrinhalte und an den Stoffumfang für ressourcenbezogene Studiengänge erstellt werden. Darauf aufbauend sollen dann Lehrmaterialien erarbeitet werden mit dem Ziel, bereits vorhandene Vorbild-Methoden der Nachhaltigkeitslehre in Aus- und Weiterbildungsprogrammen im Sinne der Best Practice zu integrieren. Darüber hinaus ist es Anspruch der Arbeitsgruppe »Lehre«, die Mobilität von Studenten (Exkursionen, Auslandsteilstudium etc.) und Dozenten zum Austausch und zur Ergänzung und Qualifizierung von Lerninhalten zu fördern sowie neue nationale und internationale Studienprogramme mit dem Schwerpunkt »nachhaltige Rohstoffprozesse« zu erarbeiten. Weitere Ziele sind die Kreierung von »Werkzeugen« zur Qualitätssicherung in der Lehre, zur Akkreditierung und Zertifizierung von

Lehrprogrammen, die Erarbeitung von Ausbildungsschwerpunkten für eine nachhaltige Entwicklung – nutzbar auch für das Fernstudium – sowie die Erarbeitung von interdisziplinären und transdisziplinären Lehrmethoden unter Einbeziehung von Sozial-, Ingenieur-, Wirtschafts- und Naturwissenschaften.

Die für die »internationale Vernetzung« zuständige Arbeitsgruppe wird zunächst Grundsatzdokumente für ein ständiges Weltforum der Ressourcenuniversitäten für Nachhaltigkeit (WFURS) erarbeiten. Weiterhin wird sie Standards für die Mitgliedschaft im WFURS erstellen sowie Ideen und Vorschläge zur Finanzierung dieses Weltforums diskutieren. Weitere Aufgaben sind die Erarbeitung eines Konzepts für den regelmäßigen Informationsaustausch und die Organisation von Fachtagungen, der Aufbau einer Internetplattform zur Bereitstellung der neuesten Informationen und von Lehrinhalten, die Erstellung eines Markenlogos und von Informations- und Werbematerialien.

Das Weltforum der Ressourcenuniversitäten wird durch ein Führungsgremium mit Mitgliedern aus allen Kontinenten (Executive Committee) geleitet. Das erste Treffen des Executive Committee fand am 25. Oktober 2012 im Bundesbildungsministerium in Berlin statt. Die nächste Konferenz wird im November 2013 an der Bergbauuniversität in St. Petersburg abgehalten.

Zu Beginn des Jahres 2013, dem 300. Jahr des Erscheinens der *Sylvicultura oeconomica*, haben sich die Rektoren der St. Petersburger Bergbauuniversität und der TU Bergbauakademie Freiberg zur Gründung einer Deutsch-Russischen Ressourcenuniversität mit Filialen zunächst in St. Petersburg und Freiberg verständigt. In der gemeinsamen Ausbildung deutscher und russischer Fach- und Führungskräfte für die Rohstoff- und Energiewirtschaft ist das Leitprinzip der Nachhaltigkeit – ganz im Sinne von Carlowitz – verankert.

Bilder einer Ausstellung:
»Nachhaltigkeit – ein Leitbild aus Sachsen«

Aus Anlass des Deutschen Aktionstages Nachhaltigkeit eröffnete am 1. Juni 2012 in der Kirche St. Georg in Chemnitz-Rabenstein die Ausstellung »Nachhaltigkeit – ein Leitbild aus Sachsen«. In diesem Gotteshaus wurde 1645 der Namensgeber der Ausstellung getauft. Initiator der Präsentation war die Sächsische Hans-Carl-von-Carlowitz-Gesellschaft e.V. zur Förderung der Nachhaltigkeit.

Die Ausstellung wurde durch den Vorstandsvorsitzenden der Sächsischen Hans-Carl-von-Carlowitz-Gesellschaft, Dr. oec. habil. Dieter Füsslein, in Anwesenheit der Chemnitzer Oberbürgermeisterin, Frau Barbara Ludwig, des Generalsekretärs für Nachhaltige Entwicklung, Dr. Günther Bachmann aus Berlin, einiger Prominenter aus Politik, Kultur und Wirtschaft, Vertreter aus gesellschaftlichen Bereichen der Stadt und vieler Chemnitzer Bürgerinnen und Bürger mit ihren Gästen eröffnet. Nach einhelliger Meinung der Anwesenden stellt die Ausstellung eine gelungene Präsentation des großen Sohnes ihrer Stadt dar.

Der Betrachter erfährt auf zwanzig reich bebilderten, modern gestalteten Tafeln nicht nur Interessantes und Wissenswertes über Leben und Werk des Hans Carl von Carlowitz, sondern vor allem auch über seinen Weitblick darüber, wie mit Ressourcen umzugehen ist. Seine vor 300 Jahren niedergelegte Erkenntnis »daß es eine continuirliche beständige und *nachhaltende* Nutzung gebe« ist die Grundlage der heute weltweit erhobenen Forderung nach ›Sustainable Development‹.

Die Ausstellung leistet einen Beitrag für die Umsetzung der von den Vereinten Nationen ins Leben gerufenen Weltdekade Bildung für nachhaltige Entwicklung (BNE), bei der Werte nachhaltiger Entwicklung in allen Bereichen des Lebens bei den Menschen angestoßen werden sollen, um mit Verstehen und Lernen Änderungen im individuellen Bewusstsein und alternatives Handeln zu erreichen.

Im Jahr 2012 hatte die Ausstellung in Chemnitz über zehntausend Gäste. Im gleichen Jahr war sie auch in Freising und Würzburg zu sehen, wo sie ebenfalls Tausende Besucher anlockte. Brüssel, Dresden, Freiberg, München und Wernigerode sind in der Planung. Konzipiert wurde die Ausstellung von der Sächsischen Hans-Carl-von-Carlowitz-Gesellschaft e.V. zur Förderung der Nachhaltigkeit mit freundlicher Unterstützung der Sparkasse Chemnitz, der Volksbank Chemnitz eG und des Schloßbergmuseums der Stadt Chemnitz. Die Gestaltung übernahm die Chemnitzer Werbeagentur Punkt 191 Marketing & Design. Für den Inhalt zeichnete der Historiker Torsten Pflittner verantwortlich.

Die folgend gezeigte Auswahl der 20 Tafeln (hier stark verkleinert abgebildet) möchte einen Einblick in die Ausstellung vermitteln. Jede Tafel hat die Maße 0,65 × 1,70 Metern (Breite × Höhe) und kann mit einer Hängevorrichtung an einem Standsystem befestigt werden. Die Ausstellung lässt sich in verschiedenen Varianten aufstellen. Eine Möglichkeit sind fünf 2,30 Meter hohe Säulen mit je einer Stellfläche von 0,7 × 0,7 Metern. Sie kann bei der Sächsischen Hans-Carl-von-Carlowitz-Gesellschaft e.V. zur Förderung der Nachhaltigkeit ausgeliehen werden. Kontakt unter: www.carlowitz-gesellschaft.de.

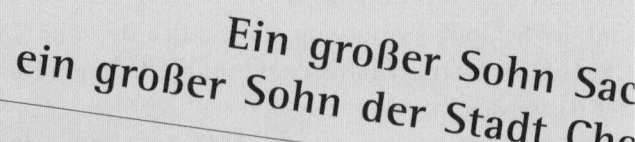

Ein großer Sohn Sac...
ein großer Sohn der Stadt Che...

Hans Carl von Carlowitz, 1645 - 1...

Hans Car...
von Carlowitz
1645 - 1714

...eute Hans Carl von Carlowitz?

...schon vor 300 Jahren mit seiner Frage, wie mit Ressour-
...ehen ist, „daß es eine continuirliche beständige und
...de Nutzung gebe" die Blaupause unseres modernen
...eitsbegriffs entworfen hat.

...gend davor warnte, mehr Holz zu konsumieren „als der
... zeugen und tragen vermag".

...wusste, dass der Mensch „mit ihr (der Natur) agieren"
...der die Natur handeln" solle.

...arlowitz uns zur Verantwort...
und die liebe P...

Entstehung des E
Sylvicultura Oecon

1713 wurde das Buch Sylviculatura Oec
oder Anweisung zur Wilden Baumzucht g
welches noch heute als das erste deutsch
wissenschaftliche Werk gilt. Vorläufer be.
ten neben dem Wald noch Landwirtschaf
und manch abergläubische Praktiken. Ca
schrieb unter dem Eindruck des Holzma
in ganz Europa, hatte er doch auf seiner
se wichtige Industrien, verwüstete Wälder,
auch Anstrengungen zu pfleglicherem Wal
kennengelernt.

Frontispiz
„Sylvicultura Oeconomica"
Bild: Bibliothek TU Freiberg / Schlossbergmuseum

Kurz vor Carlowitz Aufenthalt in London
dort das erste Buch der jungen Royal Soci
erschienen: „Ein Diskurs über Waldbäume" v
John Evelyn. In Frankreich erfuhr der junge Adlige von einem neu
Waldgesetz König Ludwig XIV., beide Texte beeindruckten ihn sehr.

erghauptmann in Freiberg wurde Carlowitz ständig mit den
Holzverbrauch im Bergbau konfrontiert: Stollnvortrieb, Was-
en und Erzverhüttung verschlangen Unmengen von Bäumen.
setzter, Abraham von Schönberg, führte wichtige Neuerungen
in Bergbau ein, publizierte diese und stieß seine engen Mitarbeiter zu
senschaftlichen Arbeiten und Publikationen an. Carlowitz'
Teil dieser Freiberger Schriften um 1700.

ciety

Gruppe junger englischer Gelehrter zusammen. Nach
rieg unter Cromwell wählten diese Männer die Na-
ls ein unpolitisches Thema für ihre Zusammenkünf-
neue, unkonventionelle Art zu denken. Regelmäßige
Wunsch, der Gemeinschaft einen repräsentativen
haltensnormen zu geben. Daher grü

II. 1663 mit einem Königlichen

Natural K

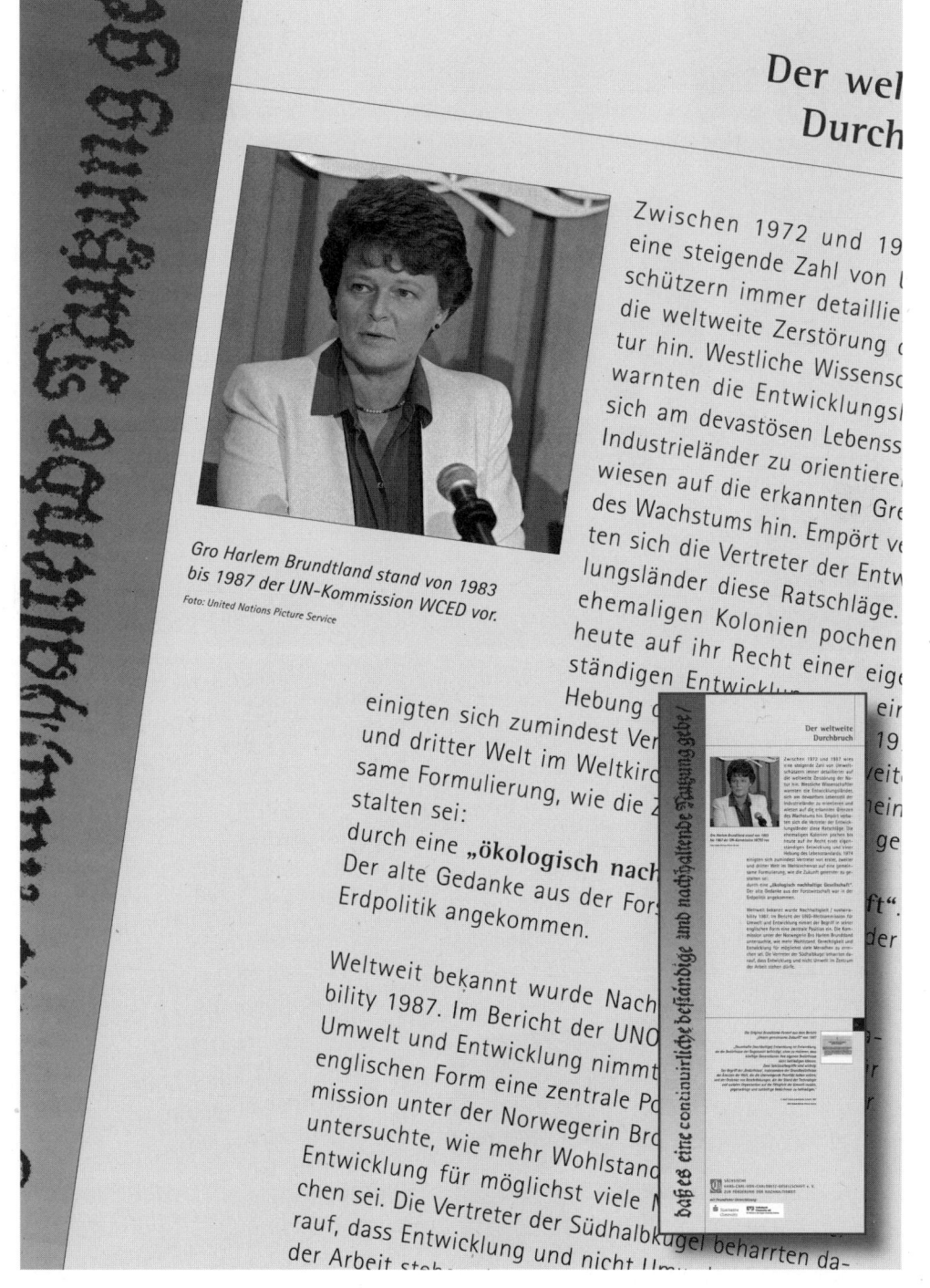

Der wel

Durch

Zwischen 1972 und 19
eine steigende Zahl von l
schützern immer detaillie
die weltweite Zerstörung d
tur hin. Westliche Wissensc
warnten die Entwicklungsl
sich am devastösen Lebenss
Industrieländer zu orientiere.
wiesen auf die erkannten Gre
des Wachstums hin. Empört ve
ten sich die Vertreter der Entw
lungsländer diese Ratschläge.
ehemaligen Kolonien pochen
heute auf ihr Recht einer eig
ständigen Entwicklu

Gro Harlem Brundtland stand von 1983
bis 1987 der UN–Kommission WCED vor.
Foto: United Nations Picture Service

Hebung d   eir
einigten sich zumindest Ver   19
und dritter Welt im Weltkirc   veit
same Formulierung, wie die Z   ein
stalten sei: ge
durch eine „ökologisch nach
Der alte Gedanke aus der For   ft".
Erdpolitik angekommen.   der

Weltweit bekannt wurde Nach
bility 1987. Im Bericht der UNO
Umwelt und Entwicklung nimmt
englischen Form eine zentrale Po
mission unter der Norwegerin Bro
untersuchte, wie mehr Wohlstand
Entwicklung für möglichst viele M
chen sei. Die Vertreter der Südhalbkugel beharrten darauf, dass Entwicklung und nicht Um
der Arbeit st

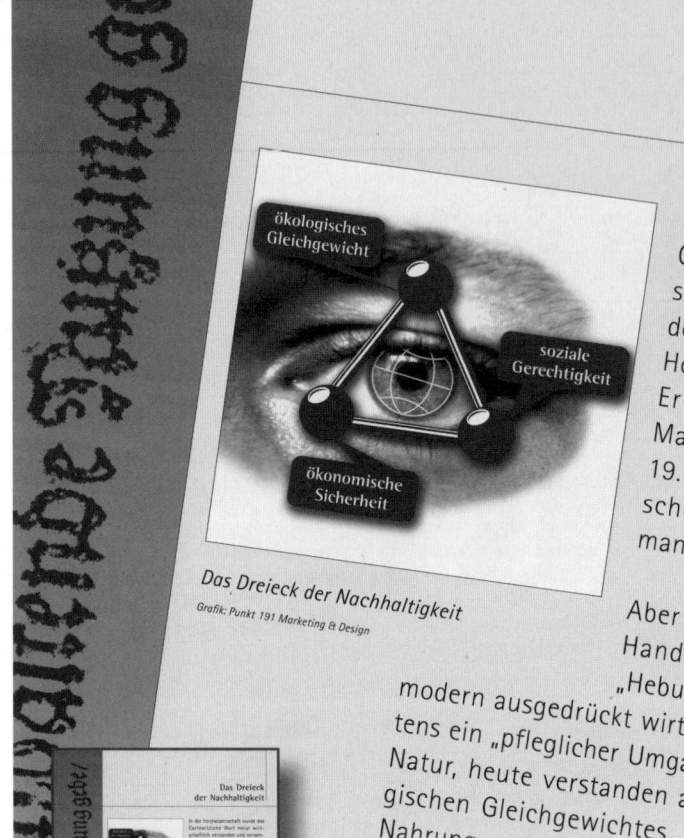

Das Dreieck der Nachhaltigkeit

Grafik: Punkt 191 Marketing & Design

Das D
der Nachhalt

In der Forstwissenschaft w
Carlowitzsche Wort mei
schaftlich verstanden und
det: es gab die Nachhaltig
Holzertrages, die des finar
Ertrages oder die der Öko
Manche Forstwissenschaftl
19. Jahrhunderts hatten die
schen Aussagen des Bergha
manns übersehen.

Aber für Carlowitz fußt richt
Handeln auf drei Bereichen:
„Hebung von Handel und Wand
modern ausgedrückt wirtschaftliche Sicherheit. Zw
tens ein „pfleglicher Umgang" mit den Ressourcen
Natur, heute verstanden als Bewahrung eines öko
gischen Gleichgewichtes. Zuletzt fordert er „sattsa
Nahrung und Unterhalt der armen Unterthanen", mo
dern formuliert: soziale Gerechtigkeit.

Diese drei Säulen wurden in Deutschland umgewan-
delt in das Dreieck der Nachhaltigkeit. Gleichlange
Schenkel verdeutlichen die gleichberechtigte Bedeutung der drei Prinzipien Ökonomie, Ökologie und Soziales. Als Waldbauexperte wusste Carlowitz um die
lange Zeit bis zur Hiebreife von
Bäumen, weshalb er selbst die soziale Komponente nicht nur auf
seine damals lebenden Zeitgenossen bezog, sondern ausdehnte auf
die „liebe Posterität", die nachfolgenden Generation

Anhang

Zu den Autoren

Dr. Günther Bachmann,

geboren in Berlin, Studium der Landschaftsplanung an der TU Berlin bis 1978, verschiedene Forschungsaufträge an der TU, Promotion 1985, Studien- und Forschungsaufenthalte am Europäischen Hochschulinstitut (Jean Monnet Stipendium) und in den USA (German Marshall Fund of the US). 1983 bis 2001 Mitarbeiter im Umweltbundesamt, seit 1992 als Fachgebietsleiter »Bodenschutz«, Fachliche Schwerpunkte: Ökologie und Bodenschutz, Bodenschutzgesetz; Auslandsarbeiten in Brasilien, Ungarn, Spanien, Geschäftsführung für den Wissenschaftlichen Beirat Bodenschutz beim BMU (1998 – 2001). Herausgeber von Loseblattwerken, Verfasser von Kommentaren zum Bodenschutzgesetz, div. Aufsätze und Vorträge. Seit April 2001 Leiter der Geschäftsstelle des Rates für Nachhaltige Entwicklung, seit Juni 2007 deren Generalsekretär.
Kontakt: guenther.bachmann@nachhaltigkeitsrat.de

Dr. rer. silv. habil. Bernd Bendix,

Jahrgang 1946, Schulabschluss 10. Klasse (1962), 1965 Forstfacharbeiter, 1965 – 68 Direktstudium an der Forstfachschule Schwarzburg/Thür. (Abschluss: Forstingenieur), danach Revierförster und Verwaltungsangestellter im Staatl. Forstwirtschaftsbetrieb Dübener Heide, 1973–76 Fernstudium zum Diplom-Forstingenieur an der TU Dresden, Sektion Forstwissenschaften Tharandt, ab 1979 wiss. Mitarbeiter im Institut für Forstwissenschaften Eberswalde, von 1980 bis 1991 dort wiss. Leiter der Abteilung Sortenvermehrung / Produktion (Zweigstelle für Forstpflanzenzüchtung Waldsieversdorf) und von 1992 bis 2005 Leiter des Staatlichen Forstamtes Tornau (Landesforstverwaltung Sachsen-Anhalt). Promotion 1984 und Habilitation 1990 mit einer forsthistorischen Arbeit zur Geschichte der Forstpflanzenanzucht in Deutschland an der Akademie der Landwirtschaftswissenschaften zu Berlin. Ab 2006 bis zu seiner Pensionierung 2011 Sachgebietsleiter Waldgenressourcen im Landeszentrum Wald Sachsen-Anhalt, Geschäftsbereich Bernburg. Er veröffentlichte zahlreiche forstgeschichtliche Abhandlungen, u. a. 2001 die Monographie »Geschichte des Staatlichen Forstamtes Tornau bis 1949«, 2011 in Ergänzung

»40 Jahre Verpflichtung für Wald und Wild – Staatlicher Forstwirtschaftsbetrieb Dübener Heide 1952–1991« und 2012 den Biografieband »Verdienstvolle Forstleute und Förderer des Waldes aus Sachsen-Anhalt«. Seit 2009 ist er Herausgeber der Reprintreihe »Forstlicher Klassiker« im Verlag Kessel Remagen-Oberwinter. In dieser Reihe erschienen bisher 12 Reprintausgaben, u. a. als Band 1 die zweite Auflage 1732 der *Sylvicultura oeconomica* des Hans Carl von Carlowitz (1645–1714). *Kontakt:bernd.bendix@yahoo.de*

Oberforstdirektor i.R. Georg Heinrich von Carlowitz,

geboren 1937 auf dem väterlichen Rittergut in Falkenhain/Sachsen. Schulzeit in Naumburg / Saale und auf dem humanistischen Internat in Dierdorf/Westerwald. Jurastudium in Bonn. Studium der Forstwissenschaften in Hann. Münden und München. Referendar- und Forstassessorenzeit in der Hess. Landesforstverwaltung. 18 Jahre Leitung des Hessischen Forstamtes Dillenburg: von 1989–2005 Leitung der Forstbetriebe des Fürsten Solms-Lich und des Grafen Solms-Laubach. In diese Zeit nach der Wiedervereinigung fällt die Gründung mehrerer reprivatisierter Tochter-Forstbetriebe in Brandenburg. Seit 2005 pensioniert. Seitdem als unabhängiger Forstsachverständiger tätig.
Kontakt: hcarlowitz@hotmail.com

Dr. Roderich von Detten,

Studium der Forstwissenschaften in Freiburg; Promotion (2001) mit einer Arbeit zur Bedeutung der Metaphorik in Waldbewirtschaftungskonzepten, wissenschaftlicher Mitarbeiter an der Forstlichen Versuchs- und Forschungsanstalt Baden-Württemberg (FVA; u. a. »waldwissen.net«) (2005 – 2007), danach am Institut für Forst- und Umweltpolitik der Universität Freiburg (Studie »Waldzukünfte 2100«) und am Institut für Forstökonomie der Universität Freiburg; seit Oktober 2012 Lehrstuhlvertretung der Professur für Forstökonomie und Forstplanung der Universität Freiburg. Forschungsprojekte: DFG-Projekt: »Und ewig sterben die Wälder – Das deutsche Waldsterben im Spannungsfeld von Wissenschaft und Politik« (2006–2013); »Klimawandel als Ausnahmezustand? – Zum Umgang mit Risiko, Unsicherheit und Komplexität im strategischen Management von Organisationen im Umweltbereich« (seit 2008). Forschungs- und Lehrgebiete: Organisationsforschung, Fragestellungen der Betriebsführung, Strategisches Management und Planung, Kommunikation und normatives Management, forstliche Ideengeschichte, forstliche Fachsprache.

Kontakt: r.v.detten@ife.uni-freiburg.de

Prof. Dr. Felix Ekardt, LL.M., M.A.,

ist Jurist, Soziologe, Rechtsphilosoph und Religionswissenschaftler, Leiter der Forschungsstelle Nachhaltigkeit und Klimapolitik in Leipzig sowie seit 2009 Professor für Öffentliches Recht und Rechtsphilosophie an der Universität Rostock (vorher seit 2002 an der Universität Bremen). Grundlagenforschung und Politikberatung zu Fragen von Nachhaltigkeit, Gerechtigkeit, Menschenrechten, Governance, Klimaschutz, Landnutzung und WTO; mit der von ihm gegründeten Forschungsstelle zahlreiche Projekte für öffentliche und gemeinnützige Auftraggeber auf EU-/ Bundes-/ Landesebene, u. a. für Bundestag, BMU, BMBF, UBA, BfN, div. Verbände, div. Stiftungen.

Regelmäßiger Autor einiger überregionaler Tageszeitungen (*SZ, FR, FTD, Capital, TAZ* u. a.); Mitglied verschiedener Sachverständigenkommissionen; Herausgeber dreier interdisziplinärer Nachhaltigkeits-Schriftenreihen bei Metropolis und LIT; Mitherausgeber des Jahrbuchs Nachhaltige Ökonomie; rund 60 internationale Vorträge seit 2007. Promotion und Habilitation 2000 und 2002 zu den Hemmnissen von Nachhaltigkeit und zur Nachhaltigkeitstheorie. Wichtigste Publikationen: *Theorie der Nachhaltigkeit: Rechtliche, ethische und politische Zugänge – am Beispiel von Klimawandel, Ressourcenknappheit und Welthandel* (2. Aufl. 2011); *Klimaschutz nach dem Atomausstieg – 50 Ideen für eine neue Welt* (2. Aufl. 2012); *Information, Partizipation, Rechtsschutz* (2. Aufl. 2010); (Hrsg.) *Klimagerechtigkeit* (2012); (mit Reimund Bleischwitz u. a.) *International Ressource Politics* (2012).

Kontakt: felix.ekardt@uni-rostock.de

Dr. oec. habil. Dieter Füsslein,

geboren in Chemnitz. Nach einer Lehre zum Elektromonteur und mehrjähriger beruflicher Praxis studierte er an der Technischen Universität Dresden Elektrotechnik/Elektronik. Er promovierte an der Verkehrshochschule »Friedrich List« Dresden zur Wirkungsweise ökonomischer Gesetzmäßigkeit auf der Ebene von Industrieunternehmen und habilitierte an der Technischen Universität Chemnitz (damals Karl-Marx-Stadt) zum Thema »Planung von Automatisierungsvorhaben«.

Er war u. a. als kaufmännischer Direktor eines großen Industrieunternehmens der Entwicklung und Produktion elektronischer Steuerungs- und Antriebstechnik und als Vize-Oberbürgermeister seiner Heimatstadt tätig. Seit dieser Zeit beschäftigt er sich auch mit den wissenschaftlichen Grundlagen der Territorialwirtschaft. Seit 1990 ist er selbstständiger Unternehmer auf dem Gebiet von Projektentwicklungen/ Projektrealisationen. Mit Projekten wie dem Coselpalais an der Frauenkirche in Dresden und der Galerie Roter Turm in Chemnitz gelangen ihm u. a. die Initialzündungen zum historischen Wiederaufbau des Neumarktquartiers der Landeshauptstadt und zur neuen Mitte von Chemnitz.
Er ist Stadtrat und Mitglied von Aufsichtsräten.
Dr. oec. habil. Dieter Füsslein ist Vorsitzender der Sächsischen Hans-Carl-von-Carlowitz-Gesellschaft e. V. zur Förderung der Nachhaltigkeit.
Kontakt: info@carlowitz-gesellschaft.de

Ulrich Grober,

Publizist und Buchautor. Geboren 1949 in Lippstadt/Westfalen. Studium der Germanistik und Anglistik in Frankfurt/Main und Bochum. Tätigkeit in der Erwachsenenbildung. Ab 1985 freiberufliche Arbeit als Autor für Radio und Printmedien auf den Themenfeldern Kulturgeschichte, Ökologie, Nachhaltigkeit, nachhaltige Lebensstile.
1998 erschien sein erstes Buch *(Ausstieg in die Zukunft)* über Projekte einer alternativen Ökonomie. Es folgte 2006 ein Buch über das Wandern als Übung zur Naturwahrnehmung und Entschleunigung *(Vom Wandern – neue Wege zu einer alten Kunst)*. Seit den frühen 1990er Jahren Recherchen und Studien über die Wurzeln des modernen Nachhaltigkeitsbegriffs im deutschen Forstwesen. 1997 sendete der Deutschlandfunk sein Radio-Feature »Die Natur im Rahmen ihrer Tragfähigkeit nutzen. Zur Genealogie des Nachhaltigkeitsbegriffs«. Im Anschluss daran archivarische Studien in Dresden und Freiberg zu Leben und Werk von Hans Carl von Carlowitz. Seinen Artikel »Der Erfinder der Nachhaltigkeit« publizierte *DIE ZEIT* am 25. 11. 1999. Der Artikel löste ein neues Interesse an Carlowitz aus und führte zum Reprint der *Sylvicultura oeconomica* durch die TU Bergakademie Freiberg im Jahre 2000. Nach umfangreichen Vorarbeiten veröffentlichte er 2010 *Die Entdeckung der Nachhaltigkeit – Kulturgeschichte eines Begriffs*. Im Oktober 2012 erschien eine englische Ausgabe des Buches unter dem Titel *Sustainability – a cultural history*.
Kontakt: ulrich.grober@t-online.de

Prof. em. Dr. Dr. h. c. Wolfgang Haber,

geboren 1925 in Datteln (Westfalen), Studium der Biologie, Chemie und Geografie an den Universitäten Münster, München, Basel, Hohenheim bis 1957 (Promotion). 1957–1966 Wiss. Assistent und Kustos am Westfälischen Museum für Naturkunde zu Münster, 1966–1994 Univ.-Professor und Lehrstuhlinhaber für Landschaftsökologie an der TU München in Freising-Weihenstephan. Forschungen und Betrachtungen, auch nach der Emeritierung fortgesetzt, über Anwendung der Ökologie (Ökosystem-Ansatz) in nachhaltiger Landnutzung, Landschaftsplanung und -entwicklung sowie im Naturschutz. 440 Publikationen über diese Themen. 1972 Mitgründer, 1979–1980 Präsident der Gesellschaft für Ökologie, 1990–1995 Präsident der International Association of Ecology; 1981–1990 Mitglied, ab 1985 Vorsitzender des Rates von Sachverständigen für Umweltfragen der Bundesregierung; seit 1981 Mitglied, 1991–2003 Sprecher des Deutschen Rates für Landespflege. Seit 1988 Ordentliches Mitglied der Akademie für Raumforschung und Landesplanung sowie der Kommission für Ökologie der Bayer. Akademie der Wissenschaften; 1991–2002 Vorsitzender des Kuratoriums der Allianz-Umweltstiftung, München; 1992 Leitung des Gründungskomitees für das Umweltforschungszentrum Leipzig/Halle, bis 1998 Vorsitzender seines wiss. Beirates. Gastprofessuren in Japan, China, Österreich, Spanien und der Schweiz. Auszeichnungen: Ehrendoktorwürde der Universität Hohenheim; Bayerischer Maximiliansorden für Wissenschaft und Kunst; Deutscher Umweltpreis der Deutschen Bundesstiftung Umwelt; Einstein-Professor der Chinesischen Akademie der Wissenschaften.
Kontakt: wethaber@aol.com

Dr. Joachim Hamberger,

geboren in Unterfranken, Studium der Forstwissenschaft an der LMU München, Promotion 2001 über satellitengestützte Navigation von Forstmaschinen zur Vermeidung von Bodenschäden. 2002–2007 Leitung des Redaktionteams an der Bayerischen Landesanstalt für Wald und Forstwirtschaft, berufsbegleitende Kurse in Journalismus an der Akademie der Bayerischen Presse. Aufbaustudium Wissenschaftsmanagement an der Hochschule für Verwaltungswissenschaft Speyer, 2007–2009 Geschäftsführer des Zentrums Wald Forst Holz Weihenstephan, Zusatzstudium Erwachsenenbildung an der Hochschule für Philosophie München. Seit 2009 Dozent an der Staatlichen Führungsakademie für Ernährung, Landwirtschaft und Forsten in Landshut. Lehraufträge in Forst- und Umweltgeschichte an

der TU München und an der Hochschule Weihenstephan-Triesdorf. Schriftleiter der Forstlichen Forschungsberichte München, Erster Vorsitzender des Vereins für Nachhaltigkeit e.V., Sprecher des Bündnisses Nachhaltigkeit Bayern. Initiator der gemeinsamen Ringvorlesung von zur Zeit fünfzehn Münchner Hochschulen mit dem Oberthema Leitbild Nachhaltigkeit: Hoffnung, Handlung, Wandlung.
Kontakt: joachim.hamberger@fueak.bayern.de

Prof. (em.) Dr. oec. publ. Dr. rer. silv. habil. Ernst Ulrich Köpf,

geb. 1937 in Stuttgart. Studium Forstwissenschaft in Freiburg und München, Wirtschaftswissenschaft in München und Syracuse (New York). Berufstätigkeit in Forstpraxis und -wissenschaft, bei der Welternährungsorganisation (FAO) in Rom, leitender Regionalplaner in Heilbronn und Bürgermeister in Baiersbronn (Schwarzwald). Lehrauftrag für Naturschutz an der FH Heilbronn (1975–1981). Ab 1990, zunächst im Auftrag des DAAD, Dozent an der TU Dresden in Tharandt/Sachsen. Berufung zum Professor für Forstpolitik (1992); Leitung des Tharandter Instituts für Forstökonomie und Forsteinrichtung bis 2002. Lehrbuch: *Forstpolitik*, Verlag Eugen Ulmer, Stuttgart 2002.
Kontakt: eukoepf@t-online.de

Prof. Dr.-Ing. Bernd Meyer

ist Universitätsprofessor für Energieverfahrenstechnik, Direktor des Instituts für Energieverfahrenstechnik und Chemieingenieurwesen und seit 2008 Rektor der TU Bergakademie Freiberg. Seine Forschungsschwerpunkte sind Vergasungstechnologien, Modellierung von Brennstoffkonversionsprozessen sowie die Entwicklung kohlendioxidarmer Kraftwerkstechnologien. Er ist Ordentliches Mitglied der Sächsischen Akademie der Wissenschaften sowie Mitglied verschiedener wissenschaftlicher Beiräte zum Thema Energietechnik, wie z. B. des COORETEC-Beirates des BMWi und des Energiebeirates des sächsischen Wirtschaftsministeriums. Prof. Meyer hat eine der größten Konferenzen auf dem Gebiet der Vergasungstechnologien, die »International Freiberg Conference on IGCC & XtL Technologies« ins Leben gerufen. In seiner Amtszeit als Rektor der TU Bergakademie Freiberg erfolgte u. a. Gründung des Helmholtz-Instituts Freiberg für Ressourcentechnologie und des Weltforums der Ressourcenuniversitäten für Nachhaltigkeit.
Kontakt: rektor@zuv.tu-freiberg.de

Prof. Dr. Dr. Franz Josef Radermacher,

Vorstand des Forschungsinstituts für anwendungsorientierte Wissensverarbeitung/n (FAW/n), gleichzeitig Professor für »Datenbanken und Künstliche Intelligenz« an der Universität Ulm, Präsident des Senats der Wirtschaft e. V., Bonn, Vizepräsident des Ökosozialen Forum Europa, Wien, sowie Mitglied des Club of Rome. Studium der Mathematik und Wirtschaftswissenschaften und Promotion in beiden Fächern (RWTH Aachen, Universität Karlsruhe), Habilitation in Mathematik an der RWTH Aachen 1982. Seine Forschungsschwerpunkte sind u. a. globale Problemstellungen, lernende Organisationen, Umgang mit Risiken, Fragen der Verantwortung von Personen und Systemen, umweltverträgliche Mobilität, nachhaltige Entwicklung, Überbevölkerungsproblematik. Ausgezeichnet wurde er u. a. durch den Planetary Consciousness Award des Club of Budapest, den Preis für Zukunftsforschung des Landes Salzburg (Robert-Jungk-Preis), den Karl-Werner-Kieffer-Preis, den »Integrations-Preis« der Apfelbaum Stiftung und den Umweltpreis »Goldener Baum« der Stiftung für Ökologie und Demokratie e.V. Wichtige Publikationen: *Balance oder Zerstörung: Ökosoziale Marktwirtschaft als Schlüssel zu einer weltweiten nachhaltigen Entwicklung* (2002), *Die Zukunft unserer Welt – Navigieren in schwierigem Gelände* (2010), *Welt mit Zukunft – die Ökosoziale Perspektive* (mit B. Beyers, 2011), *Ökosoziale Marktwirtschaft – Historie, Programm und Perspektive eines zukunftsfähigen globalen Wirtschaftssystems* (mit J. Riegler und H. Weiger, 2011).
Kontakt: radermacher@faw-neu-ulm.de

Prof. Reinhard Schmidt,

war bis November 2011 als »Nachfolger« von Hans Carl von Carlowitz Sächsischer Oberberghauptmann in Freiberg Sachsen, er lehrt bis heute an der TU Bergakademie Freiberg Bergrecht und Bergbausicherheit und ist Vorsitzender des Hochschulrates.
Geboren 1946 in Oberhausen studierte er nach Abitur und Bundeswehr Bergbau an der TU Clausthal. Nach Tätigkeit in mehreren Bergbauzweigen, zuletzt im Steinkohlenbergwerk Minister Stein in Dortmund absolvierte er seine Referendarzeit in Nordrhein-Westfalen, arbeitete nach der Assessorprüfung an Bergbehörden und Ministerien Niedersachsens, des Bundes und des Freistaates Sachsen und wurde 1991 mit der Leitung des Sächsischen Oberbergamtes in Freiberg beauftragt, das er als Leiter des Referates Bergbau zuvor aufgebaut hatte.

Zahlreiche Veröffentlichungen zu Bergbau- und Rohstoffthemen sowie Co-Autor in mehreren Lehr- und Fachbüchern.
Kontakt: Karin.Kuettner@mabb.tu-freiberg.de

Prof. (em.) Dr. rer. silv. habil. Dr. ing. h. c. Harald Thomasius,

geb. am 5. 8. 1929 in Bräunsdorf, Forstlehre in der Fürstlich-Schönburgischen Forstverwaltung Waldenburg und im Sächsischen Forstamt Glauchau (1944–1947), Forstfachschule Tharandt (1948–1949), Revierförster und Standortskartierer im Kreisforstamt Wermsdorf und bei der sächsischen Landesforstverwaltung in Dresden (1949–1954), Studium der Forstwirtschaft an der Technischen Hochschule, Fakultät für Forstwirtschaft Tharandt (1954–1959), wissenschaftlicher Assistent und Mitarbeiter am Institut für Bodenkunde und Standortslehre Tharandt, Technische Universität Dresden (1959–1966), Dozent (1966–1968), Prof. (1958–1992) für Waldbau, Bereichsleiter, zeitweise Sektionsdirektor Abteilungsleiter Umwelt, Fa. Steine und Erden Dresden (1992–1999). Wiederholte Expertisen in zahlreichen Ländern wie Vietnam, Sudan, Kuba, Mexiko (1962–2003), umfangreiche Vortragstätigkeit im östlichen und westlichen Ausland, Ehrenpromotion Universität Sopron, Ungarn, 1983.
Über 300 Publikationen und fünf Buchveröffentlichungen.
Kontakt: Prof. Dr. Dr. H. Thomasius, Roßmäßlerstraße 20, 01737 Tharandt

Bildnachweis

S. 16: Sammlung Ulrich Grober, Marl

S. 19: Sammlung Ulrich Grober, Marl

S. 22: Kupferstich von Martin Bernigeroth, Herzog August Bibliothek Wolfenbüttel

S. 42: aus: Johann Friedrich von Flemming: Der vollkommene teutsche Jäger, Leipzig 1726.

S. 43: aus: Richard B. Hilf: Der Wald in Geschichte und Gegenwart, Akademische Verlagsgesellschaft Athenaion, Potsdam 1938, S. 197.

S. 47: aus: Vere T. Daly: The Making of Guyana, MacMillan Caribbean, 1974, S. 52.

S. 48: aus: Kremser 1990, Abb. 26 bei S. 385 (s. S. 80)

S. 54 links: Untere Forstbehörde im Landkreis Mittelsachsen / Kreisforstrevier Frauenstein, 2008

S. 54 rechts: Foto von Ernst Ulrich Köpf

S. 56: UN Population Division

S. 88: links: aus: Haber 1998 (s. S. 109); rechts: nach Dewilde 2012 (s. S. 112)

S. 92: aus: Haber 2011a (s. S. 109)

S. 95 aus: Haber 2011b (s. S. 109)

S. 96: Dirk Bryant, Daniel Nielsen, Laura Tangley, aus: Haber 2012b (s. S. 109)

S. 100: Sinus-Institut Heidelberg, Berlin, Zürich, Wien

S. 102: Archiv Landschaftsökologie, TU München

S. 104: Bundeszentrale für politische Bildung, Bonn

S. 106: MEA 2005

S. 107: Haber 2010

S. 113: Schloßbergmuseum Chemnitz

S. 135: Abbildung aus Sylvicultura oeconomica, Ausgabe von 1732

S. 150: Franz Josef Radermacher 2012

S. 175: Kupferstich von Martin Bernigeroth um 1712, SLUB Dresden

S. 184: aus: Jentsch 2011, S. 10 (s. S. 213)

S. 194: Uwe Jagusch

S. 198: Zeichnung von Johann Christian Simon aus: Gottfried 1989 (s. S. 213)

S. 199: aus: Wäger 1714, S. 128 (s. S. 216)

S. 217 oben: Bernd Bendix

S. 217 unten links: Ölgemälde, Privatbesitz

S. 217 unten rechts: Ölgemälde um 1713 von Georg Balthasar von Sand, Stadt- und Bergbaumuseum Freiberg

S. 218 oben und unten: Bernd Bendix

S. 219 oben: Museum Burg Schönfels

S. 219 unten: Sächsisches Staatsarchiv Leipzig

S. 220 oben: Bernd Bendix

S. 220 unten: Reinhard Jentsch

S. 221 oben: Museum Schloss Kuckuckstein Liebstadt

S: 221 unten: Ölbild von Eugen Bracht, Privatbesitz

S. 222 oben: Radierung von Hellmut Snethlage

S. 222 unten: Leopold von Carlowitz

S. 223 oben links: Historisches Museum Frankfurt am Main

S. 223 oben rechts, unten links, unten rechts: Familie von Carlowitz

S. 224: NASA

S. 233: Theresa Steinhäuser, crossign-werbung

S. 234: aus: Friedrich Georg Wieck, Sachsen in Bildern, 1841/42; Reprintverlag Leipzig, 1990.

S. 235 und 237: www.punkt191.de

S. 238: Oberbergamt Freiberg

S. 243: Plakette von Volker Beier

S. 251 und 252: www.punkt191.de

S. 253: Sächsische Hans-Carl-von-Carlowitz-Gesellschaft e.V.

S. 261: Foto von Lutz Weidler, TU Bergakademie Freiberg

S. 268–272: Sächsische Hans-Carl-von-Carlowitz-Gesellschaft e.V.

Dank des Herausgebers

Für die Mithilfe beim Zustandekommen dieser Publikation, sei es durch wissen-schaftliche Betreuung, durch fachgerechte Auskunft und Unterstützung bei Recher-chen, der Logistik und der Koordination, bei vielen aufwendigen Schreib- und Büroarbeiten, bei der Korrektur, beim Redigieren und bei anderer Hilfe, aber auch bei der Bereitstellung von Bildmaterial und technischem Gerät, bedankt sich der Herausgeber hauptsächlich bei folgenden Damen und Herren und den entspre-chenden Institutionen und Einrichtungen:

Dr. Franz Alt, Baden-Baden ◆ Peter Barthel (Campingplatz Chemnitz-Rabenstein) ◆ Michaela Bausch (Sächsische Bildungsagentur Chemnitz) ◆ Bildhauer Volker Beier, Leukersdorf ◆ Gunnar Bertram (Volksbank Chemnitz e G) ◆ Dr. Gabriela Betz (Historisches Museum Frankfurt) ◆ Dr. Thomas Bürger (Sächsische Landes- und Universitätsbibliothek Dresden) ◆ Dr. Leopold von Carlowitz, Berlin ◆ Johannes von Carlowitz, Falkenhain ◆ Wilhelm von Carlowitz, Brunkau ◆ Prof. Dr. Bern-hard Cramer (Oberberghauptmann Freiberg) ◆ Falk Drechsel (Universitätsbiblio-thek Chemnitz) ◆ Bastian Fermer (TU Bergakademie Freiberg, Pressestelle) ◆ Uwe Fiedler (Kunstsammlungen Chemnitz / Schloßbergmuseum) ◆ Bodo Flaig (Sinus-Institut Heidelberg, Berlin, Zürich, Wien) ◆ Rainer Glaß, Carlsfeld ◆ Karin Gokel (Zukunftsrat Hamburg) ◆ Ullrich Göthel (Staatsbetrieb Sachsenforst, Forstbezirk Chemnitz, Revier Grüna) ◆ Sabine Grau-Corsépius (Universität Ulm, Institut für Datenbanken und Künstliche Intelligenz sowie Forschungsinstitut für anwendungs-orientierte Wissensverarbeitung/n) ◆ Reiner Grimm (Sparkasse Chemnitz) ◆ Prof. Dr. Jens Gutzmer (Oberbergamt Freiberg) ◆ Dr. phil. Gerhard Hahn, Chemnitz-Rabenstein ◆ Wolfgang Hahn, München ◆ Dr. Martin Hamel (Ev.-luth. St.-Georg-Kirchgemeinde Chemnitz-Rabenstein) ◆ Volker Harms-Ziegler (Institut für Stadt-geschichte Frankfurt am Main) ◆ Manfred Hastedt (Umweltzentrum Chemnitz) ◆ Clemens Herrmann (oekom verlag München) ◆ Dr. Peter Hoheisel (Bergarchiv Freiberg) ◆ Prof. Dr. Klaus Höppner (Landeskompetenzzentrum Forst Eberswalde des Landesbetriebes Forst Brandenburg) ◆ Dipl.-Bergingenieur Konrad Hupfer; Dülmen ◆ Uwe Jagusch; Striegistal / OT Arnsdorf ◆ Steffen Jacob (Punkt 191 Mar-keting & Design) ◆ Annemarie Jahn (Otto-Dessoff-Forschung) ◆ Reinhard Jentsch, Dresden ◆ Ingrid Kasiske (Umweltzentrum Chemnitz) ◆ Swetlana Kasprowiak (Rat der Evangelischen Kirche Deutschland, Berlin) ◆ Ursula Keller (Umweltamt der

Landeshauptstadt Düsseldorf) ◆ Dr. Norbert Kessel (Remagen-Oberwinter) ◆ Angela Kießling (Universitätsbibliothek Georgius Agricola der TU Bergakademie Freiberg) ◆ Michaela Kirstein (Museum Schloss Kuckuckstein) ◆ Markus Klatt (Kessler Druck + Medien GmbH & Co. KG) ◆ Dr. Gerald Kolditz (Sächsisches Staatsarchiv Leipzig) ◆ Prof. Dr. Burkhard König (Institut für Organische Chemie Universität Regensburg) ◆ Dr. Gernot Kupfer (Stadtforstamt Chemnitz) ◆ Marcus Kühling (Deutscher Forstverein) ◆ Prof. Dr. Dr. h. c. Horst Kurth, Halle/Saale ◆ Bernd Lahl, Chemnitz ◆ Georg Prinz zur Lippe, Schloss Proschwitz ◆ Dr. Ines Lorenz (Stadtarchiv Freiberg) ◆ Petra Meister (Verein der Freunde und Förderer der TU Bergakademie Freiberg) ◆ Dr. Mario Marsch (Sächsisches Landesamt für Umwelt, Landwirtschaft und Geologie, Abt. Grundsatzangelegenheiten; Dresden) ◆ Dr. Guntram Martin (Sächsisches Hauptstaatsarchiv Dresden) ◆ Maritta Mögel (Sächsische Landes- und Universitätsbibliothek Dresden, Zweigbibliothek Forstwirtschaft Tharandt) ◆ Michael Müller (Freie Presse Chemnitz) ◆ Wolfgang Müller (Volksbank Chemnitz e G) ◆ Knut Nestler, Chemnitz ◆ Carola Olbricht (Sachsenfernsehen Chemnitz) ◆ Udo Pagel (Museum Werdau) ◆ Dr. Hinrich Jürgen Petersen, Meißen ◆ Torsten Pflittner, Blaustein ◆ Prof. Jorgen Randers (Norwegian Business School BI, Oslo, Norwegen) ◆ Lutz Richter (Staatliche Porzellan-Manufaktur Meissen GmbH) ◆ Eckhardt Riedel, Chemnitz ◆ Benno von Römer, Neumark ◆ Milko Roth (Bundesministerium für Finanzen, Berlin) ◆ Prof. Dr. Schattkowsky (Institut für Sächsische Geschichte und Volkskunde) ◆ Linda Schenk (Club of Rome, Winterthur) ◆ Thomas Scherzberg (Chemnitz) ◆ Dr. Ilse von Schönberg, Dippoldiswalde-Reichstädt ◆ Dr. Rüdiger Freiherr von Schönberg; Schloss Thammenhein ◆ Ina Schumann (Museum Burg Schönfels) ◆ Dr. Erhard Schuster, Tharandt ◆ Theresa Steinhäuser (crossign werbung) ◆ Dr. Ulrich Thiel (Stadt- und Bergbaumuseum Freiberg) ◆ Corinna Trips (Wirtschaftsjunioren Deutschland) ◆ Gabriele Viertel (Stadtarchiv Chemnitz) ◆ Evelyn Wolters (Büro Deutscher Nachhaltigkeitspreis, Düsseldorf) ◆ Universitätsprofessor Dr. Norbert Weber (Institut für Forstökonomie und Forsteinrichtung der Fachrichtung Forstwissenschaften in Tharandt der TU Dresden) ◆ Annett Wulkow, TU Bergakademie Freiberg ◆ Horst Ziegenfusz, Mörfelden-Walldorf ◆ Dr. Hubert Zierl, Berchtesgaden ◆ Cornelia Zink (Sachsenbau GmbH & Co KG, Chemnitz) ◆ Dr. Monika Zimmermann (Sächsische Staatskanzlei, Abteilung für Föderale Beziehungen, Politische Planung, Medien, Dresden).

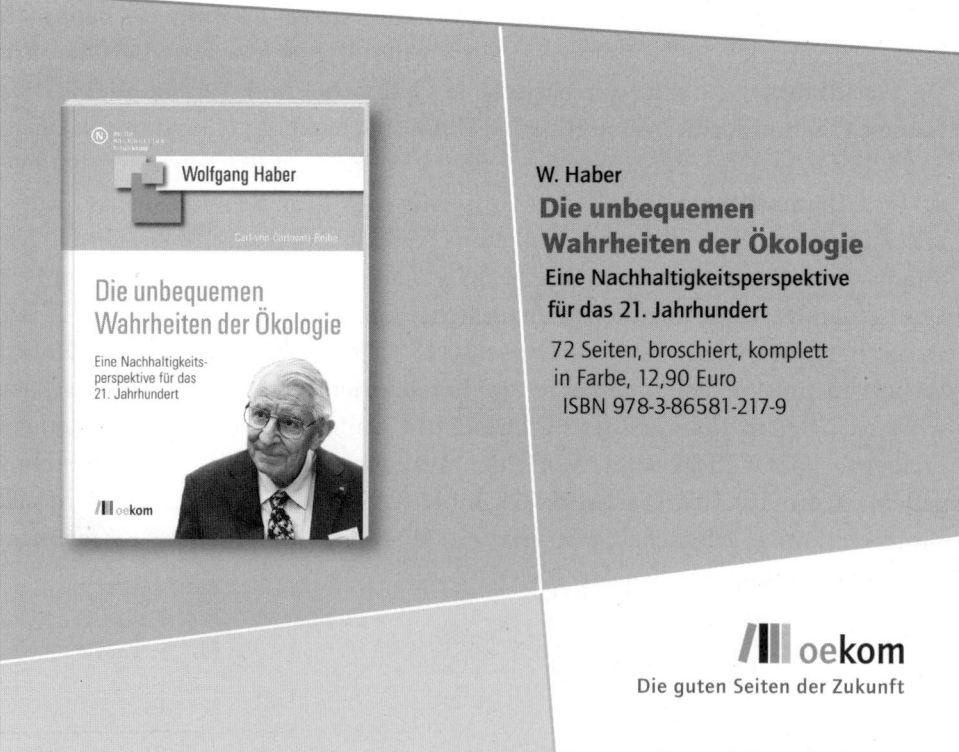